油田开发建设与井下作业

乔江宏　胡　进　肖志辉　主编

吉林科学技术出版社

图书在版编目（CIP）数据

油田开发建设与井下作业 / 乔江宏，胡进，肖志辉主编．— 长春：吉林科学技术出版社，2024.3
ISBN 978-7-5744-1143-2

Ⅰ．①油… Ⅱ．①乔… ②胡… ③肖… Ⅲ．①油田开发②井下作业 Ⅳ．① TE34 ② TE358

中国国家版本馆 CIP 数据核字 (2024) 第 064952 号

油田开发建设与井下作业

主　　编	乔江宏　胡　进　肖志辉
出 版 人	宛　霞
责任编辑	王凌宇
封面设计	刘梦杳
制　　版	刘梦杳
幅面尺寸	185mm×260mm
开　　本	16
字　　数	342 千字
印　　张	19.875
印　　数	1~1500 册
版　　次	2024 年 3 月第 1 版
印　　次	2024 年 10 月第 1 次印刷

出　　版	吉林科学技术出版社
发　　行	吉林科学技术出版社
地　　址	长春市福祉大路5788 号出版大厦A 座
邮　　编	130118
发行部电话/传真	0431-81629529 81629530 81629531
	81629532 81629533 81629534
储运部电话	0431-86059116
编辑部电话	0431-81629510
印　　刷	廊坊市印艺阁数字科技有限公司

| 书　　号 | ISBN 978-7-5744-1143-2 |
| 定　　价 | 90.00元 |

版权所有　翻印必究　举报电话：0431-81629508

前言

人们习惯上将石油工业分为石油上游工业和石油下游工业两大产业，上游指石油生产，下游指石油加工。上游又分为勘探与开发两大部分。勘探工作的主要目的是经济快速地发现油气田，在尽可能短的时间内准确找到盆地内的主力油气田；油田开发工作的主要目的是在发现油气田后，经济快速地、以尽可能高的采收率把油气开采出来。无论是勘探还是开发，都必须以深入了解工作对象的石油地质面貌为基础，因此都要以石油地质学及相关基础地质学科的理论为指导。然而油田开发和石油勘探的目的不同，需要研究的石油地质问题和地质工作方法也就有所不同。勘探地质学家需要研究和掌握的是石油如何从生成到进入油气藏的规律；而油田开发工程师则是要研究和掌握哪些地质因素控制和影响石油从油气藏中的采出。

随着油气田勘探技术的发展，尤其是随着复杂井的开发，完井越来越成为影响油田生产的决定因素，人们逐渐改变了完井工程是钻井或采油生产过程中的一个附属过程的观点，而且对完井的研究越来越重视。这一变化，符合科学技术发展的过程，也符合教育发展的认识过程。随着油气田油藏工程、钻井工程、采油工程技术的发展及石油工程教育的进步，完井技术在石油工程技术教育中的地位日益得到相应的重视。

井下作业是石油工程技术系列的重要组成部分，主要包含油气井的中途及完井测试、新井投产、酸化压裂、冲砂防砂、修井作业、检泵换泵等作业施工。井下作业过程中，由于井下的不确定因素很多，无论油气井的压力高低，都存在发生井喷的危险。作业施工中一旦发生井喷和井喷失控事故，既威胁着作业人员和设备的安全，又会破坏地下油气资源，还对环境造成严重的破坏。因此，应该特别重视井下作业技术和作业安全。

本书围绕"油田开发建设与井下作业"这一主题，以油田开发为切入点，由浅入深地分析油田开发方式的选择、油田的开发与利用，并系统地分析了气体钻井设计技术、气体钻井防爆技术、开发中后期提高单井产能技术，诠释了井下作业井控安全与油田开发指标综合预测方法，以期为读者理解与践行油田开发建设与井下作业提供有价值的参考和借鉴。本书内容翔实、条理清晰、逻辑合理，兼具理论性与实践性，适用于从事相关工作与研究的专业人员。

本书突出了基本概念与基本原理，在写作时尝试多方面知识的融会贯通，既注重知识层次递进，又注重理论与实践的结合，希望可以为广大读者提供借鉴或帮助。

由于时间仓促，加上作者水平有限，书中难免有错误或不足之处，欢迎批评指正。

目 录

第一章 油田开发方式的选择 ... 1
- 第一节 综合弹性压缩系数计算方法与应用 ... 1
- 第二节 压力—深度关系曲线的研究与应用 ... 2
- 第三节 油藏注水时机与压力保持水平 ... 4

第二章 油田的开发与利用 ... 23
- 第一节 一次采油 ... 23
- 第二节 二次采油 ... 26
- 第三节 三次采油 ... 45

第三章 气体钻井设计技术 ... 56
- 第一节 适合气体钻井选层技术 ... 56
- 第二节 气体钻井出水预测技术 ... 64
- 第三节 气体钻井井壁稳定预测和井壁保护技术 ... 69
- 第四节 钻具组合及钻井参数设计 ... 74
- 第五节 气体钻井注气参数计算 ... 75

第四章 气体钻井防爆技术 ... 77
- 第一节 空气钻井转成氮气钻井 ... 77
- 第二节 氮气混空气钻井技术 ... 80
- 第三节 气层安全起下钻技术 ... 82

第五章 井网注水方式的选择 ... 87
- 第一节 油田合理注水方式的选择 ... 87
- 第二节 面积井网注水方式的选择与调整 ... 95
- 第三节 裂缝性砂岩油藏水驱油机理与注水开发方法 ... 97
- 第四节 裂缝性低渗透油藏注水方式的选择 ... 105

第六章 开发中后期提高单井产能技术 ... 116
- 第一节 重复压裂技术 ... 116
- 第二节 油层解堵技术 ... 123
- 第三节 低产低效井治理技术 ... 128

第四节 主要增注技术 ………………………………………………… 135
第七章 油田井网加密技术 ……………………………………………… 150
第一节 剩余油 ……………………………………………………… 150
第二节 井网加密 …………………………………………………… 170
第三节 不同注采井网的开采特征 ………………………………… 175
第八章 油田水平井采油技术 …………………………………………… 180
第一节 钻水平井采油 ……………………………………………… 180
第二节 不同条件下水平井的应用 ………………………………… 193
第三节 国内外水平井配套工艺技术的应用 ……………………… 207
第九章 特低渗透油田试井技术 ………………………………………… 214
第一节 主要试井技术 ……………………………………………… 214
第二节 试井成果的应用 …………………………………………… 217
第十章 井下作业井控安全 ……………………………………………… 220
第一节 井控安全基本知识 ………………………………………… 220
第二节 井控安全的技术要求 ……………………………………… 223
第三节 防喷器 ……………………………………………………… 231
第四节 井下作业井控安全措施 …………………………………… 244
第十一章 试井与地层测试分析 ………………………………………… 253
第一节 渗流力学基础与试井分析基础 …………………………… 253
第二节 稳定试井分析 ……………………………………………… 260
第三节 钻杆地层测试（DST） …………………………………… 262
第四节 电缆地层测试器 …………………………………………… 264
第五节 射孔完井与产能预测 ……………………………………… 271
第十二章 油田开发指标综合预测方法 ………………………………… 281
第一节 油田开发动态指标综合预测方法 ………………………… 281
第二节 水驱特征曲线与 wang-Li 模型的联合应用 ……………… 299
第三节 水驱特征曲线与产量递减曲线的联合应用 ……………… 302
参考文献 …………………………………………………………………… 309

第一章 油田开发方式的选择

第一节 综合弹性压缩系数计算方法与应用

所谓开发方式,是指采用何种能量对油田或油藏进行开发。采用天然能量还是采用人工注水或注气补充能量的方式进行开发是油田开发设计必须首先解决的问题。

根据驱动能量来源的不同,可以将油藏的天然能量分为边水能量、底水能量、气顶气能量、溶解气能量、岩石孔隙介质和其中所含流体的弹性能量。如果通过油藏早期评价研究已经确定油藏天然能量充足或比较充足,则应利用天然能量进行开发;如果油藏具有一定的天然能量或天然能量不足,原则上应采用人工注水或注气补充能量的方式进行开发。

综合弹性压缩系数是油藏工程计算中的重要参数,在实践中用于计算这项参数的公式很多,其表达式也各不相同。但是,由于以往的文献中对这一参数的计算方法没有进行全面、系统的论证,更没有详细阐明不同计算公式的物理意义,在使用中造成混乱,甚至经常被用错。因此,有必要对不同综合弹性压缩系数的计算公式及其物理意义进行系统的推导和说明。

一、综合弹性压缩系数的基本计算公式

储层及其中的流体在其形成过程中积蓄的弹性能量在储层压力下降过程中被释放出来,在这种弹性力的作用下开采油藏被称为弹性驱动。弹性驱动的能量包括油藏中油、水和岩石的弹性压缩能,这种弹性能量的大小通常用弹性压缩系数表示为:

$$C = \frac{\mathrm{d}V}{V\mathrm{d}p} \tag{1-1}$$

压缩系数表示压力每变化 1MPa 时,油、水及岩石孔隙(或岩石)体积的变化率。式(1-1)中负号表示体积与压力的变化方向相反。

所谓综合弹性压缩系数则表示压力每变化 1MPa 时,油、水和岩石孔隙的总体积变化与油、孔隙或岩石的体积之比。由于所应用的基数量不同,其计算方法亦不相同。

二、综合弹性压缩系数应用中的几个问题

(一) 岩石孔隙压缩系数与岩石压缩系数不同

在油藏工程计算中，一个值得注意的问题是岩石的压缩系数与岩石孔隙的压缩系数不同，两者不应混淆。在不同文献和著作中，有时采用孔隙的压缩系数，有时采用岩石的压缩系数，不注意两者的区别就容易用错。例如有的学者把孔隙压缩系数称为岩石的压缩系数，这在使用中很容易混淆。

(二) 综合弹性压缩系数的应用

综合弹性压缩系数是试井分析和油藏物质平衡方程计算中的一项重要参数。应用定容油藏的压降资料和综合弹性压缩系数可以估算油藏体积的大小。

第二节　压力—深度关系曲线的研究与应用

一、储层中流体的压力—深度关系曲线

如果射开储层后井筒中流入某种流体，液柱高度为 H_1，流体密度为 ρ_L，井底受压面积为 S，由于井底所受的力与井筒中流体的质量相等（即 $F=H_1 S\rho_L g$），则井底压力为：

$$P_L = H_1 S \rho_L g \tag{1-2}$$

由于纯水的密度为 $1\times10^3 kg/m^3$，由式（1-2）可知：100m 水柱所具有的压力为 1MPa。将式（1-2）与 100m 水柱所具有的压力相比可知：

$$P_L = \frac{H_1}{100} D_L \tag{1-3}$$

其中，D 为相对密度，即某种流体的密度与标准状况下纯水密度之比。由于水的密度为 $1\times10^3 kg/m^3$，因此某种流体的相对密度在数值上与其密度相等。

如果油藏所在盆地的静水压头海拔高度为 H_2，各井油层中部海拔深度为 H_1，则由式（1-3）可得出油层中部的压力为：

$$P_L = A + \frac{H_1}{100} D_L \tag{1-4}$$

式（1-4）就是静水条件下压力—深度关系曲线（以下简称压—深关系曲线）的表

达式。式 (1-4) 中截距 $A = \frac{H_2}{100}D_w$，为静水压头 H_2 在海平面处的压力。如果各井钻遇的储层是连通的，即储层为同一水动力系统，则各井原始地层压力与海拔深度呈直线关系。对式 (1-4) 两端微分，则有：

$$\frac{dp}{dH} = 0.01D_L \qquad (1-5)$$

$\frac{dp}{dH}$ 压—深关系曲线的斜率（或称为压力梯度），表示单位长度上的压力变化。由式 (1-5) 可见，压—深关系曲线的斜率与流体的相对密度（或重度）有关，流体相对密度愈大，压—深关系曲线的斜率亦愈大。

如果储层中不同流体处于同一压力系统中，则由于流体密度的不同，其压—深关系曲线的斜率将存在明显差异。因此，不同性质流体界面的位置可由斜率的变化反映出来。换句话说，不同压—深关系曲线的交会点标志着不同性质流体界面的位置。

二、压—深关系曲线在勘探开发中的应用

(一) 储层的压力系统

将油气层分为不同压力系统的主要原因是油气层岩性变化和构造作用不同。因此，在利用测压资料判断压力系统时，要充分利用油气藏的地质资料。将油气层岩性、物性变化、断层密封情况、圈闭类型等资料与测压资料结合起来，通过综合分析做出正确的判断。

如果油气藏取得了较多的测压资料，则可将这些资料整理并显示在压力—深度关系图上。如果这些资料符合式 (1-4)，且原始地层压力与油层中部海拔深度之间的相关程度较高，结合其他地质资料，可判明该油藏各部分为同一水动力系统。

(二) 预测储层中不同流体界面的原始位置

（1）如果储层中不同性质的流体处于同一压力系统中，则可应用不同性质流体的压—深关系曲线交会法，确定流体界面的位置。

（2）当测压资料的可信度较高时，宜采用经验公式法，否则，应采用交会法确定。

（3）当油气藏所在盆地的静水压头一定时，影响储层中流体压力大小的主要因素是储层的埋藏深度和流体相对密度的大小。

（4）压—深关系曲线斜率的大小取决于流体的相对密度。因此，由一点的测压资料即可作出某种流体的压—深关系曲线。如果储层中不同流体处于同一压力系统中，将不同压—深关系曲线进行交会，就可得到油水、油气或者气水界面的位置。

（5）除应用交会法确定油水或气水界面外，只要取得了准确的测压资料，应用文中的经验计算方法也能快速、简便地确定储层中的油气水界面，为勘探部署和储量计算提供依据。

第三节　油藏注水时机与压力保持水平

一、油藏注水开发概述

（一）注水开发的优点及问题

1. 天然能量开发油田的特点

油藏都具有一定的天然能量，利用这些天然能量可以驱动流体流向生产井井底。利用天然能量驱动方式进行开发，资金投入相对较少，而且不存在类似注水开发产生的配伍性问题。因此，如果油藏天然能量充足，可以考虑采用天然能量开发油藏。对于异常高压油藏，初期可以考虑采用弹性开发方式；而对于具有充足边水和底水的油藏，可以考虑利用天然水压能量进行驱油；在具有较大气顶且地质特征有利的情况下，可以考虑采用气顶驱动方式；在溶解气油比高、原油黏度小，注水条件不具备的情况下，可以考虑采用溶解气驱的方式进行开发。

据统计分析，我国陆上油田地质储量约占96%的油藏天然能量是不充足的，类似于以上两例油藏的情况非常少见。天然能量大小和性质的差别，导致依靠天然能量开发油藏的生产动态和开发效果存在较大的差异。而且油田在采用天然能量开采时，还存在一系列的问题，主要表现在：

（1）多数油田的天然能量不充足，局限性大，作用时间短；

（2）天然能量释放不均衡，一般初期较大，油井产量高，后期天然能量小，油井产量低，油田产量递减快，难以实现稳产；

（3）天然能量不容易控制，难以进行有效的调整；

（4）依靠天然能量开发的油藏一般采收率比较低。

2. 注水开发油田的优点

基于天然能量开发出现的一些问题，为了保证油田具有较高的开发效果并按预定的方案进行开发，实际开发过程中常常采用人工补充能量开发。目前补充能量的方式一般有注水、注气、注蒸气等方式。注蒸气主要用于稠油油藏开发，对于非稠油油藏可以采用注水或注气的方式进行开发。与注气相比，注水具有明显的优点：① 水源方便，产出污水还可以回注地层；② 水的流动能力小于气体的流动能力，波及系数相对较高；③ 由于注入井中水柱自身具有一定的压力，注水要比注气容易得多。基于以上原因，一般都选取注水作为补充地层能量的方式。

从20世纪20年代开始，注水开发油田就已经成为一种主要的开发方式，到20世纪50年代，开始大规模注水开发油田，目前注水开发进入全盛时期，而且今后相当长的一段时间内，注水开发仍旧是油田主要的开发方式。我国90%的原油也是依靠注水采出的。经过对多年开发经验的总结，发现注水在保持地层能量开发油田具有以下几个方面的好处。

(1) 能实现油田长期高产和稳产。"压力是油田的灵魂"，油层压力是油藏的能量，是驱动流体运移的动力。注水保持地层压力开发可以使油藏保持充足的驱动能量，生产井生产能力旺盛，有利于保持长期的高产稳产。例如，大庆油田的喇嘛甸、萨尔图、杏树岗油田实施早期注水保持压力的开发方式，油井长期自喷开采，生产压差调整余地大，稳产时间长。开发初期平均单井产油36t/d，到含水60%时仍可以达到平均单井产油33t/d。大庆油田连续27年稳产5000×10^4t原油，与采取的早期注水保持地层压力开发方式是密切相关的。

(2) 可以保护流体和储层物性。对于原油黏度较大、溶解气油比较小的油藏，如果地层压力低于饱和压力，会出现溶解气驱，而溶解气分离并采出地面后，会使原油黏度升高，油井产量降低。此时即使注水保持压力，原油黏度仍旧恢复不到原来的水平，最终导致开发效果降低。大庆油田萨中地区历年原油性质的监测结果表明，由于采取早期注水保持压力，从无水采油期到高含水采油期，原油的性质基本没有太大变化。

此对于具有塑性的储层来说，地层压力降低后会使储层微观孔隙结构发生改变，表现为孔隙度和渗透率的降低，而这种改变是塑性的，是不可逆转的，会严重影响油井产量和开发效果。另外，储层塑性变形往往带来套损等严重问题，影响油田的正常开发。例如，新民油田投入开发1年后，地层压力和油井产量均下降了70%，采用人工注水补充能量后，虽然地层压力能恢复到原来水平，但油井日产油量仅为初期的59.4%。

(3) 注水开发可以获得较高的采收率。与溶解气驱、注气开发相比，注入水黏度比气体黏度高，可以保证较高的波及系数和洗油效率，达到较好的采收率。据已开发油田统计，砂岩油田溶解气驱的采收率为15%~31%，而水驱开发采收率可以达到36%~60%；碳酸盐岩油田溶解气驱采收率平均18%，而水压驱动采收率可以达到44%以上。

(4)注水保持压力有利于提高经济效益。在地层压力充足的情况下，可以自喷开采，此时采油和测试工艺简单，便于录取分层动态资料和改善油藏开发效果，提高经济效益。此外，油层压力保持比较高，有利于发挥工艺技术措施作用，酸化、压裂等增产措施效果好，提液和放大生产压差等增产措施容易顺利实施，稳产时间长，最终的经济效果也相对较好。

考虑到以上这些油田，目前我国大多数油田都采取了早期注水保持压力的开发方式，并取得了良好的开发效果。

3. 注水开发方式容易出现的问题

需要指出的是，采用注水方式开发油田也存在不足之处，这主要是因为注水开发油田的无水采收率较低，人工注水时的无水采收率一般为5%~8%，甚至更低。原油黏度愈大，油层非均质性愈严重，井网愈稀，则无水采收率愈低，达到相同采出程度所需注水量愈大。大部分可采储量将在中、高含水期采出，需要注入大量的水，采出大量的液，这给油田的中、后期开发带来很多困难，同时经济效益逐渐变差。

另外，对于注水开发油田，由于此时油井与油井之间、注水井与油井之间、注水井与注水井之间存在强烈的相互影响，因此在注水开发油田上，不能就只研究一口井，而必须将油田上相互连通的全部油水井作为一个既相互联系又相互制约的开采系统进行考虑。这样，注水开发油田就必须有一套合理的注采系统，使油田在此系统的控制下长期生产。因此，井网的确定是油田开发设计中的关键问题。

(二)注水方式

油田注水方式的选择总的来说要根据国内外油田的开发经验和本油田的具体特点来定。针对不同的油田地质条件选择不同的注水方式，油层的不同性质和构造条件是确定注水方式的主要地质因素。注水方式的选择取决于油藏类型、油藏的大小、油水过渡带的大小、地下原油黏度、储集层类型、储层物性尤其是渗透率、地层非均质性、是否有断层存在等。

所谓注水方式，就是注水井在油藏中所处的部位和注水井与生产井之间的排列关系。简单地说，注水方式是指注水井在油田上的布局和油水井的相对位置。对具有不同特征和不同开发层系的原油如果采用注水开发，必然形成注水方式的多样化，其中某一种注水方式只有在一定的地质条件下才是最有效的。目前国内外油田采用的注水方式或采油系统，归纳起来主要有边缘注水、切割注水、面积注水和点状注水等。

最早采用的注水方式是边外注水，它是将水注到距离内含油边界较远的井里，但很快就发现边外注水并不是在任何情况下都有效，它对于含油面积大的油藏和非均质严重的油藏并不理想，于是采用边缘注水，将水注到分布在边缘的井中，使人工供给边界更接近于采油区。随后又采用了边内注水方式并一直延续至今，作为油田普遍采用的常用注水方法。

1. 边缘注水

边缘注水就是把注水井按一定的形式布置在油水过渡带附近进行注水。边缘注水方式的适用条件为：油田面积不大（中小型油田）油藏构造比较完整；油层分布比较稳定含油边界位置清楚；外部和内部连通性好，油层的流动系数较高，特别是注水井的边缘地区要有好的吸水能力，保证压力能够有效地传播，水线能够均匀地推进。

根据注水井在油水过渡带附近所处的位置，可将边缘注水分为以下三种：

（1）边外注水。注水井按一定方式（一般与等高线平行）分布在外含油边界附近，向边水中注水。这种注水方式要求含水区内渗透性较好，含水区与含油区之间不存在低渗透带或断层。为了使注水井排接近采油区，注水井应尽可能地布在外含油边界附近，其水驱油的机理几乎与天然水压驱动相同，边外注水正是利用靠近油藏边界处来强化水驱油过程的。该方法可用于油藏和油气藏开发。当油藏宽度不大（4~5km），地下原油相对黏度很小（2~3mPa·s），储集层渗透率高（0.4~0.5μm^2或更大），生产层相对比较均质，油藏与边外区连通很好时，边外注水相当有效。边外注水适用于层状油藏，但在上述条件下对块状油藏也能起到很好的效果，其中包括碳酸盐岩储集层。

在上述非常有利的地质条件下采用边外注水方式，采油井布在内含油边界内时，能达到较高的采收率，一般为60%，有时会更高。这时油水过渡带的油将被注入的水驱替到采油井井底，这样在原油损失没有明显增加的情况下，可减少井数，降低与原油一起采出的水量。为了开发油气藏的含油部分，边外注水可以与利用自由气能量相结合，并用气顶调节产气量的办法使油气界面保持不动。

边外注水方式要求的注采井数比为1:4或1:5，即一口注水井一般要供应4~5口采油井。

由于具有上述特征的油藏不是经常能遇到，所以目前很少采用边外注水方式。例如，俄罗斯的巴夫雷油田成功采用了边外注水的方式，我国的老君庙油田也采用过边外注水方式。

（2）边上注水。由于一些油田的外含油边界以外的地层渗透率显著变小，为了保证注水井的吸水能力和注入水的驱油作用，减少注入水的外溢，将注水井布置在外含油边界上或油水过渡带上。

（3）边内注水。如果在油水过渡带处有高黏度稠油带，或这一带出现低渗透的遮挡层，或在过渡带注水不适宜，则将注水井布置在内含油边界（含水边缘）以内，以保证油井充分见效并减少注水量外溢，这样的注水方式称为边内注水。

采用边缘注水方式时，注水井排布置一般与等高线平行，而且生产井排和注水井排基本上与含油边缘平行，这样将有利于油水前缘均匀向前推进，以取得较高的采收率。

边缘注水的优点比较明显，表现为：油水界面比较完整，水线推动均匀，逐步由外向内部推进，因此较容易控制，无水采收率和低含水采收率较高。但边缘注水也有一定的局限性，如注入水的利用率不高，一部分注入水向边外四周扩散；由于能够受到注水井排有效影响的生产井排数一般不多于三排，因此对较大的油田，其构造顶部的井往往得不到注入水的能量补充而形成低压带，在顶部区域易出现弹性驱或溶解气驱。在这种情况下，仅仅依靠边缘注水就不够了，应该采用边缘注水并辅以顶部点状注水方式进行开采，或采用环状注水方式进行开采。

环状注水的特点是：注水井按环状布置，将油藏划分为两个不等区域，其中较小的是中央区域，而较大的是环状区域。理论研究表明，当注水井按环状布置在相当于油藏半径的2/5处时，能达到最佳效果。

2. 切割注水

在用注水井排切割油藏时，向地层注水是通过位于油藏内被称为切割井排或切割线的注水井注入的。一般切割井排上的所有井在完钻以后并不长期采油，而是在尽可能高的产量下采油，这样就可以充分清洗地层井底附近部分，降低该排井的地层压力，为顺利注水创造了条件；然后隔一口井注水，其他井继续强化采油，这样就使注入水沿切割井排流动，在间隔井水淹后就转注。采用这种工艺能使切割井排投产，并且在地层内形成水带。采油井分布在与切割井排平行的井排上，采油井采油，切割井排上的井注水，沿着切割井排已形成的水带逐渐加宽，边界向采油井方向推进。

切割注水方式的采用条件是油层大面积稳定分布，油层有一定的延伸长度，注水井排上可以形成比较完整的切割水线，保证一个切割区内布置的生产井与注水井都有较好的连通性，油层具有一定的流动系数，保证在一定的切割区和一定的井排距内，注水效果能比较好地传递到生产井排，确保在开发过程中达到所要求的采油速度。

俄罗斯的罗马什金油田采取边内切割注水方式，特别是在中央3个较大的切割区内增加切割水线后，注水效果很好，大部分油井保持了正常的自喷。

第一章 油田开发方式的选择

美国的克利-斯耐德油田，面积约为200km^2，初期依靠弹性能量开采并转为溶解气驱方式。为了提高采油速度及采收率，该油田设计了4种不同注水方式，采用切割注水方式后，油田由溶解气驱动转变为水压驱动，油层压力得到了恢复，大部分油井保持了自喷。

中国的大庆油田，由于油田面积大，也采用了边内切割早期注水的方式开采，其中一些好的油层由于储量大、油层延伸长度大，油层性质好，占储量80%~96%的油砂体都可以延伸到3.2km以上，所以它具备了采用边内切割注水方式的条件。经过研究表明，用较大的切割距和排距时，仍然可以控制住90%以上的地质储量。油田开发实践也证明对这类油层在采用边内切割大排距下生产，开发效果是良好的。

切割注水方式适用于层状油藏，其小层参数与边外注水要求的一样，只是含油面积很大，但油水过渡带渗透率不高，原油黏度偏高，渗流条件较差。切割注水有多种切割形式：切割成区、切割成带和顶部切割。

（1）切割成区。利用注水井排将油藏切割成为较小单元，每一块面积（叫作一个切割区）可以看成一个独立的开发单元，分区进行开发和调整。

注水将开发层系切割为独立开发的区块；可以将矿场地质特征有明显差异的区块（具有不同层数、不同采油能力，不同油水饱和等）划分成独立的开发面积。在开发层系含油面积很大、生产层较多的情况下，一般具有统一油水界面的含油小层含油面积由顶部向翼部逐渐减少，可将开发层系切割成具有不同含油层数的区块。

切割成区块注水方式的优点是：可以从最多储量，最高产油能力的含油面积开发。这种注水方式适用于投入开发时油田勘探程度较高，原始内、外含油边界的位置都已经很清楚的油藏。对具有下列矿场地质特征的开发层系可以用注水井排将其切割成区块：① 大型油田；② 地质非均质性严重；③ 低储集性能和低渗流特性；④ 地下原油黏度较高；⑤ 高分层系数；⑥ 低砂岩系数；⑦ 低流动系数。

（2）切割成带。用注水井排将油藏切割成带状，在油藏范围内布置相同方向的采油井排。对于伸长形的油藏切割井排应垂直于其长轴方向布置；对于"圆状"油藏，特别是当其含油面积很大时，选择井排方向时要考虑生产层的非均质性，切割井排应垂直于勘探资料所发现的储集层厚度较大的方向，使切割线穿过储量大的所有区域，以充分发挥注水作用。如果不考虑不同产能区的边界资料，采取其他方向切割，切割井排有很大部分可能落在低渗透区，这样会造成这些注水井的吸水能力很低，在高产区见不到注水效果。

根据带宽和带内采油井排数的多少，切割成带又可分为三排和五排注水两种。

带的宽度可根据地层的流动系数的大小选择1.5~4km，在其他条件相同的情况下，带宽的减少会提高注水系统的活跃性，这是因为在带的单位宽度上压差增加，可以部分补偿油藏产油能力。为了减少在含油边界收缩区的原油损失，在带范围内一般分布单数井排的采油井，中间井排一般起到"收缩"作用。带很宽（3.5~4km）时采用五排生产井，带很窄（1.6~3km）时采用三排生产井。生产井排的减少，再加上带的变窄，同样能够提高注水的活跃程度，这是由于水平压力梯度的增加和分配到一口注水井的采油井数的减少。

在三排和五排注水系统中，水油井数比相应地约为1：3和1：5。

值得说明的是，当必须高速开发或难以将油井转为机械采油时，为了延长其自喷生产周期，三排系统也可用于高产油区。

当油藏具有很宽的油水过渡带时，所有切割成带的开发系统应延伸到油水过渡带，除非其外围部分的含油厚度太薄。在某些情况下，高渗透地层结构完整时，在边缘区可以成功地采用综合注水方案。

切割成带状注水开发系统的优点在于没有含油边界外形的具体资料也可以设计并实施注水方案。采用这种注水方式可将开发系统的带按需要的顺序进行投产，用重新分配注水量来调整油田开发。

(3) 顶部切割。顶部切割注水是将水注到在油藏顶部一排线形或环形切割井排的井里。这种注水方式适用于具有中等含油面积的油藏和在地层边部渗透率急剧变坏又不能采用边外注水的油藏。

具有下列矿场地质特征的开发层系统适用于顶部切割注水：① 近似等矩形的较小油藏（1~3km）；② 渗流特征由顶部向边部有规律地变差的油藏；③ 较均质结构，有岩性置换的油藏；④ 地下原油黏度较低的油藏。

在设计顶部注水时应特别要注意油水过渡带的大小，在油水过渡带较宽的情况下，如采用顶部切割，可能使注水井布在纯油区内，而采油井大都分布在油水过渡带内，对这种情况最好采用带状切割注水。

顶部切割注水方式的选择取决于油藏的形状、大小和油水过渡带的相对大小。根据注水井在油藏中的位置又可分为轴部、环形和中心注水三种。针对现场的各种情况，顶部切割注水可根据地质条件单独采用，也可与边外注水结合应用。

(4) 切割注水方式的适用条件为：① 油层大面积稳定分布且具有一定的延伸长度（油藏宽度大于4~5km），注水井排可以形成完整的切割线；② 在切割区内，注水井排与生产井排间要有较好的连通性；③ 油层渗透率较高，具有较高的流动系数，以便保证注水效果能较好地传递到生产井排，达到所要求的采油速度。

俄罗斯的罗马什金油田采用了切割注水方式，特别是在中部三个较大的切割区，注水效果明显，大部分油井保持正常自喷开采。美国的克利-斯奈德油田初期依靠弹性能量和溶解气能量开采，后期采用了切割注水方式开采，地层压力得到恢复，大部分油井保持自喷开采。我国的大庆油田、克拉玛依油田均采用了切割注水方式，实践证明开发效果良好。在实施过程中，对注水井排上的井首先排液，降低井底压力，以便注水，且注水前要对井底进行清洗。注水井排上先间隔对注水井注水，其他注水井则强化采油，待水淹后注水井排形成水线，再进行转注。

(5) 采用切割注水方式的优点是：① 可以根据油田的地质特征来选择切割井排的最佳切割方向和切割区的宽度；② 可以优先开采高产地带，使产量很快达到设计要求；③ 根据对油藏地质特征新的认识，可以修改和调整原来的注水方式；④ 能减少注入水的外溢，切割区内的储量能一次全部动用，从而提高采油速度。

(6) 但这种注水方式也有一定的局限性，主要表现在以下几点：① 不能很好地适应油层的非均质性，对于非均质性严重的油层，注水线不一定在中间井排汇合，尤其对于平面上油层性质变化较大的油田，有相当部分的水井处于低渗地带，影响注水效率；② 注水井间干扰大，井距越小干扰越大，使吸水能力大幅降低；③ 生产井采用多排开采方式，中间井排由于受到第一排井的遮挡作用，注水受效程度明显变差，而一线井排产量高，但见水也快；④ 在注水井排两侧的开发区内，压力不总是一致，其地质条件也不相同，因此有可能出现区间不平衡，增大平面矛盾。

除以上问题外，在进行切割注水井网部署时，还应该考虑到以下两种特殊情况：一种情况是，如果地层中存在裂缝，由于裂缝导流能力高，注入水可能沿裂缝突进，造成油井暴性水淹，因此切割方向不能与裂缝延伸方向垂直；第二种情况是，如果地层中断层较多，断层会阻挡注入水的推进，造成断层背水一侧油井不能受效，因此切割方向不能与断层方向平行。

3. 面积注水

面积注水是将注水井和生产井按一定的几何形状和密度均匀地布置在整个开发区上进行注水和采油。这种注水方式实质上是把油田分割成许多更小的单元。一口注水井和几口生产井构成的单元称为注采井组，又称为注采单元。

面积注水方式适用的油层条件为：油层分布不规则，延伸性差；油层渗透性差，流动系数低；油田面积大，但构造不完整，断层分布复杂。另外，面积注水方式亦适用于油田后期强化开采。当油层具备切割注水或其他注水方式，但要求达到更高的采油速度时，也可以考虑采用面积注水方式。

在面积注水方式下，所有油井都处于注水井第一线，有利于油井受效；注水面积大，注水受效快；每口油井有多向供水条件，采油速度高。由于面积注水的特点较显著，目前面积注水方式几乎被所有注水开发油田或进行二次采油油田所采用。

井网的命名规则为：如果以注水井为中心，将其周围生产井两两相连起来形成的井网为反 N 点井网，其中 N 是该井网包含的所有井点个数，包括生产井和水井；

如果以生产井为中心，将其周围的注水井两两连接起来，形成的井网称正N点井网，N也是指井网中总的井点数目。一般情况下，正N点井网也称N点井网，如，正五点井网简称为五点井网。在假定油田具有足够大的线性尺寸前提下，可以用以下参数表示布井方案的主要特征：生产井数与注水井数之比，每口注水井的控制面积单元，在正方形和三角形井网条件下井网的钻井密度（每口井的控制面积）。

根据油井和注水井相互位置及构成的井网形状不同，面积注水可分为四点法面积注水、五点法面积注水、七点法面积注水、九点法面积注水、斜七点法面积注水和正对式与交错式注水等。三角形井网和四边形井网是两种基础井网，以此为基础拓展成五点法、七点法、九点法等复杂井网。不同的注水系统（注水井和生产井的布置关系）都是以三角形或正方形为基础的开发井网。其中，俄罗斯主要采用三角形井网，该面积注水井网波及系数较高；美国主要采用正方形井网，该井网比较适合于强注强采开发方式。

（1）九点法面积注水。九点法的每一个基本单元为一个正方形，包含1口生产井和8口注水井。生产井位于注水单元中央，4口注水井分布于正方形4个角上（称为角井），另4口井分布于正方形4个边上（称为边井）。

这种井网的注水井与生产井的井数之比为3∶1。生产上一般不采用正九点法，因为其注水井数与生产井数相比用量太多了，在经济上是不可取的。

反九点法为1口注水井控制8口采油井，反九点井网为现今使用最多的井网。反九点法的每一基本注水单元为一个正方形，其中有1口注水井和8口采油井，这8口采油井中，4口为角井，4口为边井，注水井与生产井的井数比为1∶3。

在理想的情况下，当边井见水时，面积驱油系数为0.74；而当边井见水后关井，角井继续生产至见水时，面积驱油系数为0.8。

对于早期进行面积注水的油田来说，选择反九点法比较好，因为注水井与生产井比例恰当（1∶3），有充足的生产井，可保证在短时间内有较高产量，注水井比例小，无水采收率高，见水时间晚，在后期需要强化开采时，并不需要补钻新采油井，只需把4口角井转注，就变成了五点法注采井网。或将一个方向上的边井全部转注，就构成了一排注水井和一排生产井的正对式行列注水。

（2）正七点法面积注水。在这种注水方式下，注水井布置在正三角形的顶点，三角形中心为1口油井，即油井构成正六边形，中心为注水井，每口油井受3口注水井影响，每口注水井控制6口油井，所以注水井与生产井之比为1∶2。

正七点法面积注水井网也可以看成是一种特殊情况下的行列注水井网，即在二排注水井排间夹二排生产井，排距与井距比为0.289。

反七点法是将油井布置在正六边形的顶点上，中心为1口注水井，注水井与采油井的井数比为1:2，每口油井受3口注水井影响，每口注水井控制6口油井。

斜七点法是将反七点法的生产井与注水井排转45°角，中心仍为一口注水井，斜六边形单元的6个顶点为生产井，每口生产井受3口注水井影响，每口注水井控制6口生产井，注水井与生产井的井数比为1:2。

(3) 四点法面积注水。如果将反七点法的注水井与生产井互换位置，或将一半生产井转注，就得到所谓的四点法面积注水方式。这时的注采井数比为2:1，而一口注水井可影响的井数由6口降为3口，因此这是一种高强度注水开发的井网。它要求钻更多的注水井。

反四点法是将油井布置在正三角形的顶点，三角形的中心为一口注水井，即注水井构成正六边形，每口油井受6口注水井影响，每口注水井控制3口油井；注水井数与生产井数之比为2:1。

根据理论计算，在均质等厚地层中，当油水流度比为1时，反四点井网见水时的面积波及系数等于0.74。这种井网由于波及系数较高，注采井数比也较合理，被多数油田所采用。

(4) 五点法面积注水。为均匀正方形井网，注水井位于每个正方形注水单元的中心上，即注水井同样在平面上构成一个相等的正四方形井网。每口注水井直接影响4口生产井，而每口生产井受4口注水井的影响。

五点法注采井网的注采井数比为1:1，注水井所占比例较大，因此这是一种强注强采的注水方式。这种注水方式既可以看成某一特定形式下的行列注水，也可以看成一排生产井与一排注水井交错排列注水，排距与井距比为1:2。

与正五点法相对应的是反五点法，反五点法的生产井为均匀地分布在正方形井网，而注水井布置于每个正方形注水单元的中心上，即注水井同样在平面上构成一个相等的正方形井网。每口注水井直接影响4口生产井，而每口生产井同时受4口注水井的影响，注水时的注采比为1:1，为强注强采的布井方式。

理论计算和室内油层物理模拟实验表明，这种布井方式在地层均质、流度比或油水黏度比等于1时，油井见水时的面积驱油系数为0.72。

(5) 正对式排状注水。正对式排状注水的注水井与生产井均为直线排列，井距相同，每一个基本注水单元为一个平行四边形，注水井位于平行四边形中心，生产井置于4个角上。

(6) 交错式排状注水。每一基本注水单元为一个长方形，注水井位于单元的中心，注水井距与生产井距相同，每口注水井影响4口生产井，每口生产井受4口注水井影响。

除以上介绍的6种常用注采系统外，还有一些为特定地质条件选定的注采系统，以提高注水波及效率。如蜂窝状注水、环状注水、中心腰部注水、中心注水以及轴线注水等。其中蜂窝状注水是对原油黏度要求偏高，属于裂缝-孔隙型的碳酸盐岩储集层广泛采用的，实质上它是反四点法的改进，即在两口采油井中间再加1口采油井。这类油田采油井中储集层为孔隙型，而注水井由于打开裂缝在高井底压力下表现为裂缝—孔隙型，这样使注水井的吸水指数高于采油井采油指数的好几倍，相应地注水井的日注量增大，采油井的日产油量很低。在这种条件下，如果采用一般的面积注水方式，虽然注水量很大，产油水平仍然是很低。蜂窝状注水系统在很多方面可以弥补这一缺陷，并能提高油藏的开发效果，保证采油井和注水井的井数比急剧增加（达6∶1以上），在保持采油井之间井距很小的情况下，加大采油井和注水井之间的距离。

面积注水开发系统与前面所叙述过的系统相比，具有很大的活跃性。这是由于在面积注水系统内，每口采油井从一开始就直接与注水井接触。而带状切割注水在开发一开始直接处于注水井影响下的只是外排（第一排）采油井，即对五排系统为采油井的2/5，对三排系统为2/3。

4. 点状注水

点状注水是指注水井零星地分布在开发区内，常作为其他注水方式的一种补充方式。该种注采井网形式主要用于岩性不均匀且不连通的油层中，尤其是对面积较小的小断块油藏，点状注水是一种适宜的注水方式。胜利油区某些断块就采用这种注水方式。

除以上介绍的常用注采系统外，还有一些为了某些特定地质条件而设计的注采系统，以提高注水波及系数，如环状注水、腰部注水、中心注水、轴状注水、两点法、三点法注采井网等。

5. 复合注采井网

目前水平井、定向井及复杂分支井越来越多地应用到油田开发过程中，这些特殊井型的应用能有效地扩大波及系数，挖掘剩余油潜力，改善开发效果。从注采系统完善的角度出发，这些特殊结构井也需要相应的注水井以构成完善的注采系统。

根据油藏具体的特征，可以部署多种多样的复合井网，在这些井网中，生产井可以是直井或者水平井，注水井也可以是直井或者水平井，参考面积注采井网的部署方式，可以形成多种多样的复合注采井网。

6. 注水井网的选择

以上对各种注水井网做了简单介绍，具体到一个油田应该选取哪种注水方式，需要考虑油田的具体地质特点、油层物性、开发要求等因素。从我国对大型油田注水开发取得的经验来看，对于油层分布稳定、延展性好、形状规则的大型油田来说，切割注水是一种比较好的选择，而且还可以实现对大型油田的分块开发，满足开发的要求。对于分布不稳定、油层延展性差、形状不规则的油田，采用各种面积注水井网是理想的选择。对于面积不大、油层构造陡峭、具有不充足边水的油藏，采用边缘注水是比较合适的。

随着油田开发的进行，含水量逐渐升高，采液量不断上升，出于稳产的目的，需要达到一定的采液速度，此时可以对注采井网进行适当的调整。例如，初期可以采用反九点注采井网，到后期转换为行列注水井网或正九点注采井网等，以适应开发的需求。

具体到一个实际的油田，选择注水井网一般是采用数值模拟方法，设计不同的井网，进行计算对比，优选适宜的开发方式。对各种方案的筛选一般需要考虑以下几个方面：① 选择的注采井网不仅能较好地适应油藏的非均质性特征，还能达到较高的水驱控制程度，并且能取得较高的最终采收率；② 能满足对油田的开发需求，采油速度和稳产期限应达到开发方案的要求；③ 注采井网应该能适应油田开发特点，需在开发后期做出灵活调整；④ 保证具有一定的单井控制储量，从而达到较高的经济效益。

此外，对于水敏性严重的储层，采用注水开发可能达不到理想的效果。针对储层的这个特点，可以考虑注气开发。注气开发也涉及注气井网的问题，常用的注气井网有两种：面积注气井网和顶部注气井网。面积注气井网与面积注水井网具有相似性，而顶部注气井网与注水井网有本质的区别。在注水开发油田过程中，一般要求在低部位注水，高部位采油，可以较好地利用油水的重力分异作用，延长油井的水淹时间。但对于注入气来说，由于其密度远远小于液体的密度，从重力分异的角度出发，注气井网应该在高部位，而生产井应该处于低部位。在顶部注气井网中，要求地层具有较大的倾角（不小于20°），以便利用重力分异作用；同时要求地层相对均质，油层厚度不应该太大，以减少气窜的发生。

（三）影响注水方式选择的因素

1. 油层分布状况

合理的注水方式应当适应油层分布状况，以达到较高的水驱控制程度。对于分布面积大、形态比较规则的油层，采用边内行列注水或面积注水，都能达到较高的控制程度。采用行列注水方式，由于注水线大体垂直砂体方向，有利于扩大水淹面积。对于分布不稳定、形态不规则、小面积分布的条带状油层，应采用面积注水方式比较合适。

2. 油田构造大小与断层、裂缝的发育状况

大庆油田北部的萨尔图构造，面积大、倾角小、边水不活跃，对其主力油层从萨北直到杏北大都采用了行列注水方式；在杏四至六区东部，由于断层切割影响，采用了七点法面积注水方式；位于三肇凹陷的朝阳沟油田，由于断层裂缝发育，各断块确定为九点法面积注水。

3. 油层及流体的物理性质

对于物理性差的低渗透油层，一般都选用井网较密的面积注水方式。因为只有这样的布置，才可以达到一定的采油速度，取得较好的开发效果和经济效益。在选择注水方式时，还必须考虑流体的物理性质，因为它是影响注水能力的重要因素。大庆油田的喇嘛甸、萨尔图、杏树岗纯油区，虽然注水方式和井网布置多种多样，但原油性质较差的油水过渡带的注水方式却比较单一，主要是七点法面积注水。

4. 油田的注水能力及强化开采情况

注水方式是在油田开发初期确定的，因此，对中低含水阶段是适应的。油田进入高含水期后，为了实现原油稳产，由自喷式开采转变为机械式采油，生产压差增大了2~3倍，采液量大幅度增加。为了保证油层的地层压力，必须增加注水强度，改变或调整原来的注水方式。如对于行列注水方式，可以通过对切割区的加密调整，转变成为面积注水方式。

在油田开发过程中，人们在深入研究油藏的地质特性的基础上，进行了多种方法的研究探讨，来选择合理的注水方式。一是采用钻基础井网的方法，即通过钻基础井网进一步对各类油层的发育情况进行分析研究，针对不同类型的油层来选择合理的注水方式；二是开展模拟试验和数值模拟理论计算，来研究探讨不同注水方式的水驱油状况和驱替效果，找出能够增加可采水驱储量的合理注水方式；三是开展不同的注水先导试验。

二、油田注水时间和注水时机选择

油田合理的注水时间和压力的保持水平是油田开发的基本，截至目前国内外尚无统一的认识。综合国内外油田的开发实践，所采用的注水时间主要有两种：一是早期注水开发油田，但开始注水的时间有较大的差别，一般比油田投入开发的时间晚1~2年；另一种是在油田开发后期天然能量枯竭以后作为二次采油方法运用。这时油层压力降低的界限可以降到饱和压力以下，也可略高于油藏饱和压力，甚至在原始地层压力附近。由于各油田的具体情况及原油的物理性质不同，油田开始注水的时间、油层压力降低的界限和注水后压力保持的水平应有所差别，不能对所有油田按同一标准要求。

(一) 油层开始注水时间和压力的保持水平与所要达到的目的有关

单纯从提高采收率的角度出发，油层压力可以略低于饱和压力以下，一般降低10%。因为在油层中存在一定气体饱和度，水驱混气驱采油通常比注水采油可获得较高的最终采收率；如果要使油田有较高的采油速度和较高的单井产量，且要求较长时间的稳产，就必须在早期注水时保持油层压力，并需保持较高的压力水平。如美国要达到的目的就是最大限度地追求经济效益，具体油层开始注水的时间与所要达到的目的：① 与油层最大采油量有关；② 与最高年收入有关；③ 与单位投资的最高年收入有关；④ 与目前或未来的最大利益有关。

此外，还应考虑原始地层压力梯度值。如果是异常高地层压力梯度时，为了节省注水费用可适当晚些注水。

注水时间的早晚还取决于油井自喷能力的强弱。若油井自喷能力弱，油井停喷压力高，则需要早期注水；反之，若油井自喷能力强，则可晚些注水以提高油田开发的经济效益。

(二) 影响注水时间选择的主要因素

开始注水的最佳时间取决于许多因素，现在只限于最大限度地提高采收率方面来讨论，尽管在许多情况下诸如最大限度地回收资金等经济问题也是很重要的，但有两类因素主要控制开始注水的最佳时间：压力因素、油藏的几何形状和渗透率的变化。

1. 对于均质油层，在地层压力等于饱和压力下开采时，注水采收率最高

因为注水后油层中残余油量最低，饱和压力时的原油黏度对注水最有利。如果忽略自由气体对非均质油层残余油饱和度的影响，注水时最合理压力应略低于饱和压力。如果饱和压力非常低，在此压力下采油速度将很低，早期阶段开始注水是合理的，高于饱和压力条件下开始对非均质油层注水，最终结果可能导致采收率低一点，但经济上证明是合理的。

从获得最多可采油量的观点出发，油层注水时的最合理压力是原始饱和压力，因为这时地下原油黏度最小，最有利于提高流度和体积波及系数，增加产油量。饱和压力时注水的优势是生产井的采油指数最高，因为开始注水时地层已饱和液体，注水后见效快且不会产生滞后现象。油层在原始饱和压力时开始注水与溶解气驱开采一定阶段后注水相比，其缺点是注入相同数量的水需要较高的注入压力，开发早期就需要在注水设备上投资。

从提高采收率的观点出发，油层压力可以降至较低水平，允许油层在溶解气驱下开采一段时间，因为自由气饱和度有利于水驱油效率增加。经验表明：原油物性受压

力影响较小的油田，当油层压力低于饱和压力20%时，水驱混气油的采收率可增加5%~10%；原油物性受压力影响较大的油田，油层压力低于饱和压力的界限为10%。

2. 油藏的几何形态和渗透率变化对注水时间也有影响

不规则形状油藏的体积驱油系数低，注水采收率也比较低，在确定最佳注水时间时，所考虑的采收率应为一次注水采收率。采收率与开始注水时压力的关系图可用来确定最佳压力，从而确定开始注水的时间。

(三) 油田注水时间

油田合理的注水时间和压力保持水平是油田开发的基本问题之一。对不同类型的油田，在油田开发的不同阶段进行注水，对油田开发过程的影响是不同的，其开发效果也有较大的差别。对多个油田注水效果的统计表明，早注水比晚注水效果要好。根据油田开发时间和地层压力的保持情况，注水时间大致可以分为三种类型：早期注水、晚期注水和中期注水。

1. 早期注水

早期注水就是在油田投产的同时进行注水，或是在油层压力下降到饱和压力之前及时进行注水，使油层压力始终保持在饱和压力以上，或保持在原始油层压力附近。由于油层压力高于饱和压力，油层内不脱气，所以原油性质较好。注水以后，随着含水饱和度的增加，油层内只是油水两相流动，其渗流特征可由油水两相相对渗透率曲线来反映。

早期注水的特点是在地层压力还没有降到饱和压力之下就开始注水，使地层压力始终保持在饱和压力以上。由于地层压力高于饱和压力，所以油层内不脱气，原油性质较好。注水以后，随着含水饱和度增加，油层内只有油、水两相流动，两相相对渗透率曲线能很好地反映其渗流特征。

早期注水方式可以使油层压力始终保持在饱和压力以上，使油井有较高的产能，有利于保持较长时间的自喷开采期，而且生产压差调整余地大，有利于保持较高的采油速度和实现较长的稳产期，但这种方式使油田投产初期注水工程投资较大，投资回收期较长，所以早期注水方式并不是对所有油田都是经济合理的，尤其是对那些原始地层压力较高、饱和压力较低的油田更是如此。

对于天然能量不足的油藏，无疑要注水补充能量，其注水时间的早晚取决于边水能量的大小，采油速度的高低。若边水能量小，采油速度高，则地层压力下降较快，需要早期注水；对于天然能量比较充足的大型油藏一般也要考虑早期注水，当油藏面积很大时，即使天然能量充足，在较高的采油速度下，在距边水较远的范围仍会形成较大的压力降，从而造成局部油井停喷。因此，除天然能量的大小外，油藏的大小，形状都对注水时间早晚有影响。

早期注水开发的油田，使得开发系统较灵活，易调整，能延长自喷期，增加自喷采油量，减少产水量，单井产量较高，提高了主要阶段的采油速度。因此可在很长时间内提供较高的技术经济生产指标，目前我国大多数油田均采用早期注水开发的方法。

2. 晚期注水

晚期注水是指油田利用天然能量开发时，在天然能量枯竭以后进行注水。这时的天然能量将由弹性驱转化为溶解气驱，所以在溶解气驱之后的注水称为晚期注水，也称二次采油。溶解气驱以后，原油严重脱气，原油黏度增加，采油指数下降，产量下降。注水以后，油层压力回升，但一般只是在低水平上保持稳定。由于大量溶解气已被采出，在压力恢复后，只有少量游离气重新溶解到原油中去，溶解气和原油性质不能恢复到原始值。因此注水以后，采油指数不会有较大的提高，而且此时注水将形成油水两相或油气水三相流动，渗流过程变得更加复杂。对原油黏度和含蜡量较高的油田，由于原油脱气还会使原油具有结构力学性质，渗流条件更加恶化。但晚期注水方式的初期生产投资少，原油成本低，对原油性质好、面积不大且天然能量比较充足的油田可以考虑采用此方式。

晚期注水的特点是油田开发初期依靠天然能量开采。在没有能量补给的情况下，地层压力将逐渐降到饱和压力以下，原油中的溶解气析出，油藏驱动方式转为溶解气驱，导致地下原油黏度增加，采油指数下降，产油量下降，油气比上升。如我国新疆吐哈油田，在地层压力下降到饱和压力以下后注水，油气比由 $77m^3/t$ 上升到 $157m^3/t$，平均单井日产油由 10t 左右下降到 2t 左右。

3. 中期注水

中期注水介于早期注水和晚期注水两种方式之间，即投产初期依靠天然能量开采，当油层压力下降到饱和压力以后，在生产气油比上升到最大值之前进行注水。在中期注水时，油层压力要保持的水平可能有以下两种情形：

（1）使油层压力保持在饱和压力或略低于饱和压力，在油层压力稳定条件下，形成水驱混气油驱动方式。如果油层压力保持在饱和压力，此时原油黏度低，对开发有利；如果油层压力略低于饱和压力（一般认为在 15% 以内），此时从原油中析出的气体尚未形成连续相，这部分气体具有较好的驱油作用。

（2）通过注水逐步将油层压力恢复到饱和压力以上，此时脱出的游离气可以重新溶解到原油中，但原油性质不可能恢复到原始状态，产能也将低于初始值，然而由于生产压差可以大幅提高，仍然可使油井获得较高的产量，从而获得较长的稳产期。

对于中期注水，初期利用天然能量开采，在一定时机及时进行注水，可将油层压力恢复到一定程度。这种注水开采的优点是开发初期投资少，经济效益较好，也可以保持较长稳产期，并且不影响最终采收率。对于地饱压差较大，天然能量相对较大的油田，中期注水是比较适用的。

除以上三种注水时间外，对于低渗透油藏或者超低渗透油藏，储层具有明显的压敏特征，开发过程中地层压力损耗大，如果要建立起有效的驱替系统，需要在生产油井投产前即进行注水，此时地层压力维持在原始地层压力以上，保证低渗透油藏能顺利进行开发，这种注水时机称为超前注水。

(四) 油田注水时机的选择

每个油田的具体状况不同，需要注水的时间可能也随之不相同，具体的注水时机与油藏自身特征、对开发的要求、采用的开发方式等因素有关。

1. 油田天然能量的大小

油田的天然能量是指弹性能量、溶解气能量、边底水能量、气顶气能量和重力能量等，这些能量都可以作为驱油动力。对于不同的油田，由于各自的地质条件不同，天然能量的类型将会不一样，能量的大小也不一样。要确定一个油田的最佳注水时机，首先要研究油田天然能量的大小，以及这些能量在开发过程中可所起的作用。有的油田边水充足且很活跃，水压驱动能够满足油田开发要求，就不必采用人工注水方式进行开采；有的油田地饱压差较大，有较大的弹性能量，此时就不必采用早期注水。总之，应该尽量利用天然能量，提高经济效益。

2. 油田的大小和对油田产量的要求

不同油田由于地质、地理条件及储量规模不同，对产量的要求是不同的。从技术经济角度来看，宏观经济的石油市场对其影响也是不同的。要求长期稳产的油田一般需要进行早期注水；较大型油田一般也采用早期注水；小断块油田可以考虑晚期注水。

3. 油田的开采特点和开采方式

不同油田的地质条件差别较大，因此其开采方式的选择与注水时机的确定也有一定关系。在采用自喷方式开采时，所要求注水时间相对早一些，压力保持的水平相对高一些。有的油田原油黏度高，油层非均质性严重，只适合机械采油方式时，油层压力就没有必要保持在原始油层压力附近，因此就不一定采用早期注水开发。

4. 考虑油田经营管理者所追求的目标

如果考虑达到油藏原油采收率最高或者稳产期长，一般考虑早期注水；如果考虑未来的纯收益最高或者投资回收期最短，可以考虑晚期注水。

以下几种情况下需要考虑早期注水：

（1）近饱和油藏需要早期注水。这类油藏地饱压差小，原始气油比低，天然能量小，需要考虑早期注水保持地层压力开发。

（2）低渗透和特低渗透油藏需要早期注水。这类油藏弹性能量小，渗流阻力大，能量消耗快。此外，低渗透油藏一般具有弹塑性特征，在地层压力下降后，孔隙度、渗透率会下降，即使注水恢复地层压力，孔渗特征也很难恢复，油井产量也恢复不到原来的水平。在这种情况下仅仅采用早期注水是不够的，往往还要采用超前注水，以保证油层渗透率不发生明显改变而影响后期的开发效果。例如，陕甘宁盆地的大部分油藏都采用早期注水或者超前注水。

（3）常规稠油油藏需要考虑早期注水。这类油藏原油黏度相对较高（地下原油黏度为 50~200MPa·s），如果地层压力低于饱和压力，溶解气析出，原油黏度会增大，影响油藏最终采收率，因此需要早期注水保持地层压力。例如，胜利油区的孤东油田、孤岛油田和坦东油田都是常规稠油油藏，开发过程中也都采用了早期注水的开发方式。

总之，确定注水最佳时机最好的办法是先设计几个可能的开始注水时间，采用数值模拟方法计算可望达到的原油采收率、产量和经济效益，进行优化分析后确定适宜的注水时机。

三、压力保持水平与油田开发经济效益的关系

从经济意义来讲，油井产量就是货币，就是经济效益，油井产量的高低是决定油田开发经济效益的最直接因素。在油田规划年产油量时，油井产量越高、稳产时期越长、钻井与地面建设工作量越小、油田利润投资比越高、投资回收越快时开发经济效益就越好。

油田开发要以经济效益为核心，就应当采取早期注水、保持压力的开发原则。大庆油田采取早期注水保持压力开发，无论在自喷开采阶段还是油井转抽阶段，始终应把地层压力保持在原始压力附近，油田才实现长期稳产、高产。在油田开发过程中，在保持压力的同时利用油田非均质、多油层的特点采取了多次加密井网，调整注采系统等技术措施使油田年产增加，为国家生产了大量原油，有力地支援了国民经济建设，创造了巨大的社会效益与经济效益。因此，采取早期注水保持压力开发使油田具有较长的高产、稳产期，是实现油田高效开发的根本途径。

四、地层压力保持的合理界限

中国绝大多数油田应从投入开发时就开始注水，并把地层压力保持在饱和压

力以上、原始压力附近。大庆喇、萨、杏油田地层压力已比原始压力提高 0.39MPa，个别地区 (来如萨尔图油田北部过渡带) 地层压力已比原始压力提高 1.69MPa。从喇、萨、杏油田开发实践来看，地层压力并非越高越好，地层压力过高，会给油田开发带来许多负面影响，如：

(1) 对于非均质多油层油田，地层压力过高会加剧层间矛盾，增加低渗透层的动用难度；

(2) 会加剧钻加密调整井、修井、井下作业的难度，压力过高会加速注水井的套管损坏速度；

(3) 会造成过渡带地层原油外流，如萨尔图油田北部过渡带；

(4) 地层压力过高，注水泵压必须相应提高，在相同注入量下所消耗的能量会增加，设备管线的耐压要求也需提高，这些都将大幅度增加原油的开采成本。

为了确保油田合理开发，大庆喇、萨、杏油田开始转变开采方式，将自喷井开采逐步转为抽油开采，通过降低井底流压继续减缓产量递减速度，通过调整注采系统，把地层压力控制在原始压力附近，其上限不超过 +0.5MPa，其下限不低于 −1.0MPa。

对于高压异常油田，允许把地层压力降低至静水柱压力附近，以便利用油藏自身多余的那部分能量；对于低压异常油田，可以把地层压力提高到静水柱压力附近，以保证油藏具有正常的驱动能量；对于高挥发油油藏，当油层压力低于饱和压力以后，随着地层压力的下降，挥发油的轻质组分，以及中间经组分将不断转化为气相，储层内液相中的重经成分增多，促使地下原油黏度升高，油井产量快速下降，随着生产气油比的持续升高，使油井生产动态类似于气井。要想取得较好的挥发性油藏开发效果，更需要采取早期注水以保持压力开发。对于特低渗透油藏，由于储层流度低、渗流阻力大，即使采取同步注水采油，压力也会有一定幅度的下降，必须采取各种技术措施，如调整注采系统、加强注水等，尽可能减少其压力下降幅度。

综上所述，得出：

(1) 中国绝大多数油藏为陆相沉积的黑油油藏，天然能量不足是其重要特征之一，因此在油田开发中应当采取早期 (分层) 注水、保持压力的方法措施。

(2) 压力就是产量，就是经济效益。把地层压力保持在原始压力附近，使油层能量充足、油井生产能力旺盛是实现油田高产、稳产和高效益开发的根本保证。

(3) 早期注水是指在地层压力高于饱和压力条件下就实施注水。鉴于中国油藏的具体地质情况，除个别特殊油藏 (如高凝油藏，特低渗透油藏) 外，均应把油藏压力保持在原始压力附近，以上、下幅度不超过 ±0.5MPa 为宜。油藏压力过高或过低都会给油田的合理开发带来不利的影响。

第二章 油田的开发与利用

第一节 一次采油

一、油田的驱动方式

驱动方式是指油藏在开采过程中主要依靠哪一种能量来驱油。在油田开发过程中，可能出现的驱油能量分为两大类。第一类为天然能量，包括油、束缚水和岩石的弹性能，溶解气的膨胀能，气顶气的弹性和气体压头，边底水的弹性和静水压头，原油本身重力，以及异常高压系统的再压实作用；第二类为人工补充能量，包括注入水的水力压头、注入气压头等。

由于油层的地质条件和油气性质上存在差异，不同油田之间，甚至同一油田的不同油藏之间，它们的驱动方式也是不同的。由于驱动方式不同，其开发方法和开发效果也就不同。因此，油田开发初期就必须根据地质勘探成果和高压物性资料，以及开发之后所表现出来的开采特点，来确定该油藏属于什么样的驱动方式。另外，一个油田投入开发以后，其原来的驱动方式还会因开发条件的改变而变化，这就需要经常性地研究油田的生产特征，分析判断驱动方式的变化情况，以便正确而及时地确定其驱动方式。

油藏的驱动能量不同，开采方式则不同，从而在开发过程中产量、压力、生产气油比等重要开发指标就会表现出不同的变化特征。它们是表现驱动方式的主要因素，所以可以从它们的变化关系判断驱动方式，反过来采油速度和总采液量也影响油藏的驱动方式。

（一）驱动类型及其开采特征

1. 弹性驱动

弹性驱动是依靠油藏岩石及其中所含油和束缚水的弹性膨胀能来驱油。因此，产生弹性驱动的条件是：未饱和油藏的边水、底水不活跃，且没有实施人工注水或注气。弹性驱动油藏的采出程度很低，通常只有2%~5%。油藏开采时，油藏压力将不断下降，产油量也随之下降，但生产气油比例保持不变。

2. 溶解气驱动

在弹性驱动阶段，油藏压力不断降低。当油藏压力降至饱和压力以下时，便转变为溶解气驱动方式。随着压力的降低，原来溶解状态的气体分离出来，并发生膨胀和流动而将原油推向井底。

(1) 溶解气驱油的作用表现在三个方面：① 分离出来的溶解气占据部分孔隙；② 随着压力降低气体发生膨胀；③ 当孔隙中含气饱和度大于气体的平衡饱和度时，气体发生流动。

(2) 产生溶解气驱的条件是：① 边水、底水不活跃，无气顶（或气顶很小）；② 没有实施人工注水、注气；③ 油藏压力低于饱和压力。

(3) 溶解气驱油藏的开发特点是：

① 压力急剧下降。由于没有边水、底水、注入水及气顶气可用来占据被采出的原油所空出的空间，所以压力下降快。

② 生产气油比初期略微下降，然后快速上升，达到最高值后又快速下降。

③ 原油产量不断下降，生产无水原油。压力的下降，气体的不断分离，导致气相渗透率急剧增加，油相渗透率急剧下降，原油黏度不断上升，因此原油产量就会不断下降。

④ 原油采收率低。由于油中气的不断溢出造成油的黏度不断增加，油相渗透率急剧下降，使得原油在地层中的流动越来越困难，会增加地层能量的消耗，造成溶解气驱油藏的采收率较低，通常只有 10% ~ 20%。

3. 水压驱动

当油藏存在边水或底水时，则会形成水压驱动。水压驱动分为刚性水压驱动和弹性水压驱动两种。

(1) 刚性水压驱动。刚性水压驱动的驱动能量主要是边水、底水或人工注入水的水力压头。产生刚性水压驱动的条件是：油层与边水或底水相连通，油水区之间没有断层遮挡；水层有露头，且存在着良好的供水水源，与油层的高差也较大；油水层都具有良好的渗透性；或者实施人工注水，使得水浸入油层的速度等于采液速度。因此，该驱动方式下能量供给充足，其水侵量（或/和注入量）完全可以补偿液体的采出量。

油藏进入稳定生产阶段以后，由于有着充足的边水、底水或注入水，能量消耗能得到及时的补充，所以在整个开发中地层压力保持不变。随着油的采出及当边水、底水或注入水推至油井后，油井开始见水，含水率将不断上升，产油量开始下降，而产液量则保持不变。由于开采过程中气全部呈溶解状态，所以生产气油比等于原始溶解气油比。其最终采收率可以达到 35% ~ 60%。

(2) 弹性水压驱动。弹性水压驱动主要是依靠含水区和含油区压力降低而释放出的弹性能量来进行开采。产生弹性水压驱动的条件是：

① 含水区远大于含油区，边水活跃，但通常边水无露头，其活跃程度不能弥补采液量；

② 有时虽有露头，但油层与供水区之间的连通性差，二者距离又远（如达 50~100km），或存在断层、岩性变差的影响，致使水源供给不足；

③ 若采用人工注水，注水速度跟不上采液速度时，也会出现弹性水驱的生产特征。

弹性水压驱动的开采特征是：当压力降到封闭边缘之后，要保持井底压力为常数，地层压力将不断下降，因而产液量也将不断下降。由于地层压力高于饱和压力，因此不会出现脱气区，生产气油比保持不变。其最终采收率可以达到25%~50%。

通常，弹性水压驱动的驱动能量是不足的，尤其在开采速度较快的情况下，它很可能向着弹性溶解气混合驱动方式转化。

4. 气压驱动

当油藏存在气顶且气顶中的压缩气为驱油的主要能量时为气压驱动。若对油藏进行人工注气，也可造成气压驱动。气压驱动可分为刚性气驱和弹性气驱。

(1) 刚性气压驱动。实际上，通常只有向地层注气，并且注入量足以使开采过程中的地层压力保持稳定时，才可能出现刚性气压驱动。在自然条件下，如果气顶体积比含油区的体积大，且构造完整、倾角大、厚度大及垂向渗透率高，使得开采过程中气顶或地层压力基本保持不变或下降很小，也可看作刚性气压驱动，但这种情况是非常少见的。

刚性气压驱动方式的开采特征与刚性水压驱动的开采特征相似。开发初期，地层压力，产量和生产气油比基本保持不变。当油气边界线推移至油井之后，油井开始气侵，气油比便会不断上升。其最终采收率可以达到25%~50%。

(2) 弹性气压驱动。当气顶体积较小而且没有进行人工注气时，随着开采的进行，气顶将不断膨胀，其膨胀的体积相当于采出原油的体积。虽然在开采过程中，由于压力下降将从油中分离出一部分溶解气，并且补充到气顶中去，但总的来说作用有限，所以气顶能量还是要不断消耗。即使减少采油量，甚至停止生产，也不会使地层压力恢复到原始状态。由于地层压力不断下降，产油量也会随之下降。同时，气体的饱和度和相对渗透率却不断增加，因此生产气油比也就不断上升。

(3) 重力驱动。依靠原油自身的重力将油驱向井底为重力驱油。通常情况下，在油藏开发过程中，重力驱油是与其他能量同时起作用的，但在多数情况下，重力所起的作用不大。以重力作为主要驱动能量多发生在油田开发的后期和其他能量已枯竭的情况下，同时要求油藏倾角大、厚度大及渗透率高。开采时，含油边缘逐渐向下移动，地层压力（油柱的静水压头）随时间而减小，油井产量在上部含油边缘到达油井之前是不变的。

(二) 复合驱动方式

如上所述，每一个油藏都存在着一定的天然驱动能量，这种驱动能量是可以通过地质勘探成果和原油的高压物性实验来认识的。油田投入开发并生产了一段时间以后，就可以根据不同驱动方式下的生产特征，来分析判断这种能量是属于哪一种类型的驱动能量。但是，在实际油藏的开采中，生产特征通常会表现出较为复杂的情形。在这种情况下，需要找出起主要作用的那种驱动方式。

此外，一个油藏的驱动方式不是一成不变的，它可以随着开发的进行和开发措施的改变而发生变化。

油田的一次采油，往往是由以上某一驱动方式来完成驱动地下原油的全过程。综观以上驱动，油藏在开采过程中单一的驱动方式很难形成规模。一个油田完整的开发，往往需要有以上两三种油藏驱动方式同时存在方可起到作用。

第二节　二次采油

二次采油主要是指利用人工注水、注气来弥补油藏采出油的亏空体积，保持和储存地下储层能量，恢复油层压力，使开采油田能长时间稳定在一定的生产水平。

油田二次采油油藏的驱油方式，主要是以水、气作为石油驱替剂驱使地下原油，并将其由井底推向井筒至井口。

一、水驱

(一) 水驱渗流物理特征

1. 油藏岩石的润湿性

岩石的润湿性是岩石—流体的综合特性，研究岩石的润湿性对于选择提高采收率方法及油藏动态模拟等具有重要的意义，岩石的润湿性决定着油藏流体在岩石孔道内的微观分布和原始分布状态，也决定着地层注入流体渗流的难易程度及驱油效率等。

固体表面对不同物质的吸附能力是不同的，遵循"极性相近原则"，即极性吸附剂易吸附极性物质，非极性吸附剂易吸附非极性物质。

砂岩颗粒的原始性质是亲水性的，但砂岩表面常常由于表面活性物质的吸附而发生润湿反转，变成亲油性。

岩石矿物分为两类：一类是亲水矿物，包括石英、长石、云母、硅酸盐、玻璃、碳酸盐、硅铝酸盐等；另一类是亲油矿物，主要有滑石、石墨、烃类有机固体和矿物中的金属硫化物等。

原油中烃类所含碳原子数量越多，接触角就越大。在同一岩石表面上，油的性质不同，其润湿性可能为亲水性，也可能为亲油性。石油中的极性物质沥青质，很容易吸附在岩石表面上使其表现出亲油性，且沥青质的吸附性很强，常规的岩心清洗方法都无法将它洗掉。岩心在空气中暴露时间过长，沥青或重组分在岩样孔隙表面的沉淀，都会使储层岩心呈现出更亲油的状态。

由于各相表面张力相互作用的结果，润湿相总是附着于颗粒表面，并力图占据较窄小的粒隙角隅，而把非润湿相推向更畅通的孔隙中间。

近中间润湿性的采收率最高，因为此条件下导致油非连续和捕集的界面张力最小。在强水湿系统中，水趋向于通过较小孔隙，从而使较大孔隙中的一些油被绕过，界面张力更容易"掐断"油流。在强油湿系统中，水有指进较大孔隙的趋势，同时也绕过一些油。而在中间润湿性情况下，很少有水绕过和"掐断"油流的可能。

组成岩石的矿物多是极性的，水是一种极性很强的液体，所以水易被岩石所吸附。石油中的各种烃类为非极性物质，不易被岩石所吸附，而油中各种烃的氧、硫、氮化合物，如环烷酸、胶质和沥青质具有极性结构，可以被岩石表面所吸附。石油中的极性物质在岩石表面的吸附取决于石油中所含极性物质的多少，同时也受岩石成分、温度、压力等因素的影响。

液体对固体的润湿程度通常用润湿角（或接触角）θ表示，润湿角θ是指通过三相周界点，对液滴界面所作切线与液固界面所夹的角，一般规定从极性大的一面算起。$0°<\theta<90°$时，表示液体润湿固体；$\theta=0°$时，表示液体完全润湿固体；$90°<\theta<180°$时，表示液体不润湿固体；$\theta=180°$时，表示液体完全不润湿固体；$\theta=90°$时表示中间润湿。

储层岩样润湿性是指油、水对岩石颗粒表面的亲润程度。获取岩石颗粒表面润湿性的方法目前常用的是自吸流动驱替法，其原理是在毛细管压力作用下，润湿流体具有自发吸入岩石孔隙中并排驱其中非润湿流体的特性。通过测量并比较油藏岩石在不同性质的流体状态下（指油和束缚水），毛细管自吸水或油的数量注入水驱替排油量（或注油驱替排水量）则可定性判别储层的润湿性。

影响储层润湿性因素主要包括：原油中分离的表面活性物质、矿物（尤其是黏土矿物），表面吸附原油重质组分——沥青质和树脂组分的量及氮、氧、硫极性化合物的吸附量。岩石吸附极性组分含量低则水湿性强，反之则油湿性强。

2. 毛细管压力

(1) 基本含义。油藏岩石的孔隙极小，流体在其中的流动空间是一些大小不等、彼此曲折相通的复杂小孔道，这些孔道可看成是变断面且表面粗糙的毛细管，因而可以将储层岩石看成一个相互连通的毛细管网络，流体的基本流动空间是毛细管。

流体物质分子间存在的一个与分子距离成反比的引力，内部某分子受力平衡；表面分子受力不平衡表现为界面张力。表面张力使流体表面收紧，保持最低表面能，毛细管压力是跨越两种非混相流体界面所必须克服的压力，在同一位置处，毛细管压力＝非湿相压力－湿相压力。毛细管力方向指向弯液面内侧。

油藏岩石的毛细管压力和湿相（或非湿相）饱和度的关系曲线称为毛细管力曲线，油藏模拟中毛细管力曲线可以确定过渡带内流体饱和度的分布，油藏岩石的孔隙可以近似为一系列直径不同的毛细管束，若油藏岩石是均匀的，整个油藏将具有相同的孔隙分布。在油水界面处，由于毛细管力的作用，水将沿着各毛细管上升或下降；对油气界面，油将沿着各毛细管上升，由于各毛细管中水（或油）上升的高度不同，因此形成流体过渡带。

理论上，对亲水岩石的水驱油过程采用吸吮过程毛细管压力曲线，而对油驱水过程采用驱替过程毛细管压力曲线，但由于处理上比较复杂，考虑到油藏的形成过程一般是油驱水的过程，属于驱替过程，为了准确地计算油水过渡带的原始储量，需要使用驱替过程曲线，因此，在一般的开发方案设计过程中常不考虑毛细管滞后现象而只使用驱替过程曲线。

(2) 毛细管压力曲线的主要特征参数。对于毛细管力曲线还有几个重要的概念，描述毛细管力曲线的四个特征参数及特征参数的含义，对于刻画毛细管压力曲线具有重要的意义。

① 阈压。非湿相流体进入岩样前，必须克服毛细管阻力，非湿相流体开始进入岩心中最大喉道的压力称为阈压。

② 饱和度中值压力。饱和度中值压力是指驱替毛细管力曲线上非湿相饱和度为50%时对应的毛细管压力，简称中值压力，与中值压力相对应的喉道半径称为饱和度中值喉道半径，简称中值半径。岩石物性越好，中值压力越低，中值半径越大。

③ 最小湿相饱和度。当驱替压力达到一定值后，压力再升高，湿相饱和度也不再减小，毛细管力曲线与纵轴几乎平行，此时岩心中的湿相饱和度称为最小湿相饱和度。对于亲水岩石，最小湿相饱和度相当于岩石的束缚水饱和度。

④ 最小含汞饱和度。压汞毛细管力曲线上，最高压力点对应的岩心中的含汞

饱和度称为最大含汞饱和度(相当于强亲水油藏的原始含油饱和度);在退汞曲线上,压力接近零时岩心中的含汞饱和度称为最小含汞饱和度(相当于亲水油藏水驱后的残余油饱和度)。

影响毛细管力的因素很多,如两种非混相流体的界面张力、岩石的润湿性和岩石孔隙结构特征、两种流体的密度差等。由于储层岩石是由大小尺寸不同、形状各异的毛细管孔道组成,因而不同储层的毛细管压力曲线并不相同,即使同一油层或气层也会因孔隙结构的差异而不同。

3. 相对渗透率

(1)相对渗透率与相对渗透率曲线。当有两相和三相流体同时通过多孔介质时,对每一相流体通过介质的能力称为相(有效)渗透率,相渗透率与绝对渗透率的比值称为相对渗透率。

引入相(有效)渗透率,达西定律中绝对渗透率可以用相(有效)渗透率代替,表达某一相流体的流量。

当润湿相和非润湿相流体在油藏岩石同时流动时,每相流体是沿着不同的路径流动。两相流体的分布决定了润湿相和非润湿相的相对渗透率。

① 由于在低饱和度时,润湿相占据较小的孔隙,而这些小孔隙对流体流动不作贡献。因此,当润湿相饱和度较小时,对非润湿相的渗透率的影响是有限的。由于非润湿相占据的是大孔隙,这些孔隙对流体流动起主要作用,即使非润湿相饱和度较小,也将大幅减少润湿相的渗透率。

② 以上结论也可以用于气油相对渗透率数据。对于气油相对渗透率曲线,也可以看作气液相对渗透率曲线。对于存在原生水情况下气液相对渗透率曲线,由于在油和水存在时,束缚水(原生水)一般占据最小的孔隙,因此,无论是油还是水占据这些孔隙都没什么区别。在应用气油相对渗透率曲线时,一般用总的液体饱和度来估算气油相对渗透率。

③ 气油系统中的油相渗透率曲线与油水系统油相渗透率曲线的形状完全不同。在油水系统油相一般为非润湿相;当存在气相时,则油相一般为润湿相。

④ 另一个与多孔介质流动相关的概念是残余饱和度。当用一非混相驱替另一相流体时,要把被驱替流体的饱和度降到0是几乎不可能的。在饱和度很小的情况下,一般认为被驱替相将停止连续流动,这个饱和度看作残余饱和度,它决定着油藏的最终采收率。反过来,某一相流体开始流动之前,必须达到某一最小饱和度。

⑤ 残余油。这一概念主要用于描述油藏中高含水期的地下含油饱和度。残余油饱和度是某种驱动方式结束后,尚残留在油层中的含油饱和度。被工作剂驱洗过,仍然不能采出滞留或闭锁在岩石孔隙中的油,该部分油占储层的孔隙体积的百

分数称为残余油饱和度。注入水驱残余油饱和度，是注水到技术极限时的含油饱和度。不同驱动方式的残余油饱和度值各不相同。一般来说，在其他条件相同的情况下，溶解气驱残余油饱和度最大，水驱残余油饱和度次之，混相驱残余油饱和度最小。可见，残余油饱和度的大小可反映驱油效率的高低，因而与采收率的高低密切相关。

⑥剩余油。剩余油是由于开发过程中众多因素造成的，例如重力分异、渗透性夹层、储层非均质性、注水方式和注水速度等。剩余油多是由于未被工作剂驱扫或波及而造成的。例如油层内存在透镜体，高、低渗透层相间，断层或其他的非均质性构造使注入的工作剂绕行，形成未动用或少动用的油区或油带，这种区域性地层油显然不同于残余油。目前，提高采收率的技术之一就是确定和寻找剩余油区或剩余油带的分布，然后有针对性地开采这一区域的剩余油。

理论上，临界饱和度和残余饱和度应该完全相等。然而它们并不相等。临界饱和度是在饱和度增加方向上测得，残余饱和度是在饱和度减少方向上测得。两种测量饱和度方法的流体饱和顺序过程是不相同的。

（2）相对渗透率的影响因素。相对渗透率与岩石的润湿性、流体饱和度之间存在着复杂的关系。由实验确定的相对渗透率与含水饱和度的关系称为相对渗透率曲线。影响相对渗透率曲线的因素有润湿性、饱和顺序、岩石孔隙结构、温度及其他因素。

相对渗透率曲线是油田开发过程中最重要的依据，在油田注水开发后，油水在多孔介质中的运动规律，综合体现在油水相对渗透率曲线上。

研究表明，长期注水开发油田的油水相对渗透率是伴随油田含水期的不同而发生明显的变化，主要与储层油藏、油水黏度比和储层孔隙度结构等有关。

①润湿性的影响。亲水岩心束缚水饱和度高于亲油岩心；亲油岩心油相渗透率低于亲水的岩心，而水相渗透率则高于亲水岩心。亲油岩心交点饱和度小于0.5%，而亲水岩心交点饱和度大于0.5%。

润湿性对孔隙结构差的岩样的影响比孔隙结构好的岩样大些。

②油水黏度比的影响。在以束缚水时的油相渗透率为油水相对渗透率分母的条件下，油水黏度比对油水相对渗透率曲线的影响不大。

在以空气渗透率为油水相对渗透率曲线的影响下，束缚水时油相渗透率随着油水黏度比的增加而增加，当黏度比大于57.3时影响不大；残余油时的水相渗透率也稍有增大的趋势。

③岩样孔隙结构的影响。岩样孔隙结构变好，在相同饱和度条件下，油相渗透率高，水相渗透率低。多孔介质中油水相对渗透率曲线受到诸多因素的影响，还要

受人工对资料处理方法上差异的影响,所以在整理和分析油水相对渗透率曲线资料时,必须综合考虑。

④水洗油层相对渗透率变化规律。由于长期受注入水的冲刷,储层孔隙结构发生了变化,测得的相渗透率曲线的形态与一般渗透率曲线的形态不同。

⑤饱和顺序的影响。在测定相对渗透率的过程中,采用的是驱替过程或者吸吮(吸入)过程。过程不同,不仅影响流体在孔隙中的流动与分布,也影响相对渗透率曲线的特征。

a. 排驱。如果岩样首先被润湿相(如水)饱和,然后注入非润湿相(如油),减少湿相饱和度,从而测定相对渗透率,这个过程称为排驱或饱和度减少过程。

排驱过程:一般认为油藏岩石的孔隙空间最初被水冲填,之后油进入油藏,驱替了部分水,水的饱和度逐渐减少直至残余饱和度。当油藏被发现后,油藏孔隙空间被原生水和油饱和充填。如果是气体驱替介质,则气进入油藏驱替原油。

b. 吸吮(渗吸)。若通过增加润湿相饱和度的方法来获得相对渗透率数据,这个过程称为吸吮或饱和度增大过程。

吸吮过程:吸吮过程首先先用水(润湿相)饱和岩心,接着注入油,驱替水直到束缚水(原生)饱和度。这一"排驱"过程可以建立油藏发现时的流体原始饱和度;然后润湿相(水)被重新注入岩心,使得水相(润湿相)饱和度不断增大。它所测得的相对渗透率数据在油藏工程中主要用于水驱或水淹计算。

与排驱过程相比,吸吮过程使得非润湿相(油)在较高水饱和度条件下会失去流动能力。这两个过程对润湿相(水)相渗曲线基本相同。与吸吮过程相比,排驱过程使得润湿相在较高湿相饱和度下就会停止流动。

(3)两相相对渗透率的计算方法。相对渗透率一般通过室内实验确定,在缺乏要研究的油藏样品的相对渗透率数据,就必须用其他方式获得。目前已经有多种方法计算相对渗透率数据,计算时采用了多种数据,包括残余油饱和度、原始饱和度和毛细管压力等。

(4)相对渗透率数据的标准化和平均处理。对一个油藏的不同岩心样品,测试的相对渗透率结果通常是不一样的,因此有必要对每个岩样获得的相对渗透率进行平均处理。在将相对渗透率曲线用于预测原油采收率之前,应该对其进行标准化处理,以消除不同原始水饱和度及临界油饱和度的影响,然后对相对渗透率进行非标准化处理,根据目前每个油藏的临界流体饱和度情况,将相对渗透率曲线分配到这些油藏区域。

4. 储层的敏感性

(1)储层岩石敏感性的概念及其研究意义。通常意义上的储层"五敏性"是指储层的速敏性、水敏性、盐敏性、酸敏性和碱敏性,这"五敏性"同储层的应力敏感性一起构成了在油气田勘探开发过程中造成储层伤害的主要因素。

通过对储层敏感性的形成机理研究,可以有针对性地对不同的储层采用不同的开采措施。在油气田投入开发前,应该进行潜在的储层敏感性评价,搞清楚油层可能的伤害类型及伤害的程度,从而采取相应的对策。

油气储层中普遍存在着黏土和碳酸盐等矿物。在油气田勘探开发过程中的各个施工环节——钻井、固井、完井、射孔、修井、注水、酸化、压裂,直到三次采油过程,储层都会与外来流体及其所携带的固体微粒接触。如果外来流体与储层矿物或流体不匹配,会发生各种物理、化学作用,导致储层渗流能力下降,影响油气藏的评价,降低增产措施的效果,减小油气的最终采收率。

油气储层与外来流体发生各种物理或化学作用而使储层孔隙结构和渗透性发生变化的性质,即称为储层的敏感性。储层与不匹配的外来流体作用后,储层渗透性往往会变差,会不同程度地伤害油层,从而导致产能损失或产量下降。

为了防止油气储层被伤害,使其充分发挥潜力,就必须对储层的岩石性质、物理性质、孔隙结构及储层中的流体性质进行分析研究,并根据油气藏开发过程中所能接触到的流体进行模拟试验。对储层的敏感性开展系统的评价工作,进行储层敏感性研究。保护好储层,是增加油气储量、提高油气产量及采收率的关键环节。

(2) 储层敏感性的主要内容。储层损害是由储层内部潜在伤害因素及外部条件共同作用的结果。内部潜在伤害因素主要指储层的岩性、物性、孔隙结构、敏感性及流体性质等储层固有的特征。外部条件主要指的是在施工作业过程中引起储层孔隙结构及物性的变化,使储层受到伤害的各种外界因素。内部潜在因素往往是通过外部条件的变化而发生变化的。

一般而言,储层的敏感性是由储层岩石中含有的敏感性矿物所引起的。敏感性矿物是指储层中与流体接触易发生物理、化学或物理化学反应,并导致渗透率大幅下降的一类矿物。在组成砂岩的碎屑颗粒、杂基和胶结物中都有敏感性矿物,它们一般粒径很小(小于 $20\mu m$),但比表面积很大,往往分布在孔隙表面和喉道处,处于与外来流体优先接触的位置。

同一种矿物,可能同时具有几种不同的敏感性,储层所受的伤害往往是各种敏感性叠加的结果。

(3) 储层的敏感效应。

① 储层的酸敏性。酸敏性是指酸液进入储层后与储层中的酸敏性矿物发生反应,产生凝胶、沉淀,或释放出微粒,致使储层渗透率下降的性质。酸敏性是酸—岩、酸—原油、酸—反应产物、反应产物—反应产物及酸液中的有机物等与岩石及

原油相互作用的结果。酸敏性导致地层伤害的形式主要有两种：一是产生化学沉淀或凝胶；二是破坏岩石原有结构，产生或加剧酸敏性。

油层酸化处理是油井开采过程中的主要增产措施之一。酸化的主要目的是通过溶解岩石中的某些物质以增加油井周围的渗透率。但在岩石矿物质溶解的同时，可能产生大量的沉淀物质，如果酸处理时的溶解量大于沉淀量，就会导致储层渗透率的增加，达到油井增产的效果，反之，则得到相反的结果，造成储层伤害。

② 储层的碱敏性。碱敏性是指具有碱性的油田工作液进入储层后，与储层岩石或储层流体接触而发生反应产生沉淀，并使储层渗流能力下降的现象。

碱性工作液与地层岩石反应程度比酸性工作液与地层岩石反应程度弱得多，但由于碱性工作液与地层接触时间长，故其对储层渗流能力的影响仍是相当可观的。碱性工作液通常为 pH 大于 7 的钻井液或完井液，以及化学驱中使用的碱性水。

③ 储层的盐敏性。储层盐敏性是指储层在系列盐液中，由于黏土矿物的水化、膨胀而导致渗透率下降的现象。储层盐敏性实际上是储层耐受低盐度流体的能力的度量，度量指标即为临界盐度。

当不同盐度的流体流经含黏土的储层时，在开始阶段，随着盐度的下降，岩样渗透率变化不大，但当盐度减小至某一临界值时，随着盐度的继续下降，渗透率也将大幅减小，此时的盐度称为临界盐度。

④ 储层的水敏性。储层的水敏性是指当与地层不配伍的外来流体进入地层后，引起黏土矿物水化、膨胀、分散、迁移，从而导致渗透率出现不同程度下降的现象。储层水敏程度主要取决于储层内黏土矿物的类型及含量。

在储层中，黏土矿物通过阳离子交换作用可与任何天然储层流体达到平衡。但是，在钻井或注水开采过程中，外来液体会改变孔隙流体的性质并破坏平衡。当外来液体的矿化度低（如注淡水）时，可膨胀的黏土便发生水化、膨胀，并进一步分散、脱落、迁移，从而减小甚至堵塞孔隙喉道，使渗透率降低，造成储层伤害。

大部分黏土矿物具有不同程度的膨胀性。在常见黏土矿物中，蒙皂石的膨胀能力最强，其次是伊/蒙混层和绿/蒙混层矿物，而绿泥石膨胀力弱，伊利石更弱，高岭石则无膨胀性。储层水敏性与黏土矿物的类型、含量和流体矿化度有关。储层中蒙皂石（尤其是钠蒙皂石）含量越多或水溶液矿化度愈低，则水敏强度愈大。

⑤ 储层的速敏性。在储层内部，总是不同程度地存在着非常细小的微粒，这些微粒或被牢固地胶结，或呈半固结甚至松散状分布于孔壁和大颗粒之间。当外来流体流经储层时，这些微粒可在孔隙中迁移，堵塞孔隙喉道，从而造成渗透率下降。

储层中微粒的启动和堵塞孔喉是由于外来流体的速度或压力波动引起的。储层因外来流体流动速度的变化引起储层微粒迁移，并堵塞喉道，造成渗透率下降的现象称为储层的速敏性。速敏性研究的目的在于了解储层的临界流速及渗透率的变化与储层中流体流动速度的关系。

速敏矿物是指在储层内，随流速增大而易于分散迁移的矿物。高岭石、毛发状伊利石及固结不紧的微晶石英、长石等均为速敏性矿物。如高岭石常呈书页状（假六方晶体的叠加堆积），晶体间结构力较弱，常分布于骨架颗粒间而与颗粒的黏结不坚固，因而容易脱落、分散，形成黏土微粒。

⑥储层的水锁效应。在油气开发过程中，钻井液、固井液及压裂液等外来流体侵入储层后，由于毛细管力的滞留作用，地层驱动压力不能将外来流体完全排出地层，储层的含水饱和度将增加，油气相渗透率会降低，这种现象被称为水锁效应。低渗透、特低渗透储层中水锁现象尤为突出，成为低渗透致密气藏的主要伤害类型之一。

水锁效应就其本质来说是由于存在毛细管力而产生了一个附加表皮压降，它等于毛细管弯液面两侧非润湿相与润湿相压力之差，其大小可由任意曲界面的拉普拉斯方程确定。造成水锁效应的原因有内外两方面：储层孔喉细小，存在敏感性黏土矿物是造成外来流体侵入，引起含水饱和度上升而使油水渗透率下降的内在原因；侵入流体的界面张力，润湿角、流体黏度及驱动压差和外来流体侵入深度等则是外部因素。

水锁效应大小的决定因素为储层毛细管半径。特低渗透储层由于可供流体自由流动的孔喉细小，表皮压降往往很大，所以更容易发生水锁效应。解决水锁效应的最佳途径是减小外来流体侵入储层的总量及深度，而加大返排压差，采用低黏度、低毛细管力入井液是减轻水锁效应的有效途径。

⑦储层的应力敏感性。岩石所受净应力改变时，孔喉通道变形，裂缝闭合或张开，导致岩石渗流能力变化的现象叫作岩石的应力敏感性，它反映了岩石孔隙几何学及裂缝壁面形态对应力变化的响应。

众所周知，岩石在成岩或后期上覆压力增加过程中，随着有效应力的增加，当岩石颗粒不可压缩时，颗粒之间越来越紧密，孔隙空间越来越小，孔隙之间的连通性越来越差，渗透率也随之显而易见地减小。

一般来说，变形介质的渗透率随地层压力变化的程度是孔隙度的 5~15 倍，渗透率的应力敏感性远比孔隙度的应力敏感性强，因此，在高压作用下，渗透率的变化是非常大的。在实际生产过程中，开发的进行，地层压力逐渐下降，导致有效应力增加，岩石中微小孔道闭合，从而导致渗透率的降低。渗透率的下降必然会影响储层渗流能力的变化，进而影响油井的产能。因此，当前的应力敏感性研究均以渗透率的应力敏感性为重点。

(4)研究方法。对储层的各种敏感性进行研究和评价,是为了在开发生产过程中避免各种敏感性的发生,保护油气储层。油层保护是油田必须研究的课题,而油层保护最主要的就是要搞清楚油层可能的伤害类型及伤害的程度,从而采取相应的对策。在储层伤害评价研究中,储层敏感性评价是最主要的手段之一。

储层敏感性评价包括两个方面的内容:一是从岩相学分析的角度,评价储层的敏感性矿物特征,研究储层潜在的伤害因素;二是在岩相学分析的基础上,选择代表性的样品,进行敏感性实验,通过测定岩石与各种外来工作液接触前后渗透率的变化,来评价工作液对储层的伤害程度。

5. 可动流体饱和度

对于低渗透油藏,在做开发方案的时候,还必须考虑一个重要参数,那就是可动流体饱和度。为什么物性评价相似的低渗透油藏的开发效果会有很大差别?研究表明,这与低渗透油藏中的可动流体有关。

可动流体应该作为低渗透油田经济有效开发的一个关键依据,在研究低渗透储层物性的同时,应该考虑是否把可动流体作为评价低渗透油田开发效果的一个相对独立的重要参数。

低渗透油藏之所以有别于高渗透油藏,不仅是其渗透率低,而且低渗透油藏有其特殊的微观孔隙结构与渗流特征,通过核磁共振可以评价研究低渗透储层可动流体。

随着孔隙度、渗透率的增加,可动流体百分数均有增大的趋势,但相关性不强。有些岩心孔隙度较高,但可动流体百分数却较低;而有些岩心孔隙度较低,但可动流体百分数却很高。可动流体百分数与孔隙度基本没有相关关系,孔隙度低的储层也可能具有较强的开发潜力。

可动流体百分数与渗透率之间的相关关系好于可动流体百分数与孔隙度之间的相关关系,渗透率、孔隙度相类似的低渗透储层开发效果不同与可动流体有密切关系。为了开发效果,一般都是通过核磁共振实验建立渗透率与束缚流体饱和度关系式。

(二)采收率及影响因素

采收率是指采出原油量与地下原始储量的比值。一个油藏原油采收率的高低既和该油藏的地质条件有关,又和目前的开发采油工艺水平有关。实践表明,油藏的原油采收率首先和油层能量及驱动方式有关,不同的驱动方式采收率不同。提高采收率是油田开采永恒的主题,提高采收率问题自油田发现到开采结束,自始至终地贯穿于整个开发全过程。

1. 注入工作剂时的采收率

实际油藏能完全靠天然能量驱油的井不多见。普遍采用向地层注入工作剂（如水）的办法来实现人工水驱。这时，油层中会由于油层非均质性和油与水的黏度差，而地层中的实际情况一方面在宏观上由于注水前缘的不规则，地层中有的部位可能完全没有受到水的波及，形成死油区。

另一方面，在水波及（或水淹）区内，孔隙内的油未能被水全部驱走，小孔道中的油可能未被水驱走或滞留下一定数量的油滴或形成油膜依附于孔道壁表面。

由此可见，当注入工作剂驱油时，原油采收率取决于工作剂的波及或在孔道中排驱原油的程度这两个方向，换言之，采收率取决于波及系数和驱油效率。

（1）波及系数。波及系数表示注入工作剂时在油层中的波及程度；它是注入剂所波及的油层体积与整个油层（注水应控制区）体积的比值。

（2）驱油效率。驱油效率又称排驱效率，是指驱替剂进入孔隙中所驱出的油量占总孔隙体积的百分比，表示在孔隙中注入工作剂时清洗原油的程度。由于油藏岩石微观孔隙大小不一，工作流只能将一部分大孔道中的油驱替出来，其他一些小孔道可能未受波及或者虽然水已经流过孔隙，但未将油驱净，孔隙中还有残余油。因此，驱油效率只是在微观上表征原油被注入工作剂清洗的程度。

影响驱油效率的主要因素主要有储层物性（主要是渗透率）和流体性质（主要是油水黏度比）等。

2. 影响因素

由于原油采收率是注入工作剂的宏观波及系数和微观驱油效率的乘积，凡是影响波及系数和驱油效率的因素，都会影响原油采收率。

大量现场资料表明：地层的非均质性、原油的黏度、岩石润湿性和驱油能量等都是影响采收率的主要内因；井网的合理布置、注水方式、油井的工作制度、采油工艺技术水平及经营管理水平等都是影响采收率高低的外因。因此，原油采收率一方面取决于油藏天然的地质埋藏条件，另一方面还受到人为因素的影响与制约。

因此，对油层的深刻认识是能否正确选择提高原油采收率方法的关键。下面主要从油藏本身的特点，从油层的非均质性、原油的黏度和岩石的湿润性等方面来讨论对原油采收率的影响。

（1）油层非均质性。近年来，国内外都特别强调在采取措施前，除了解油层的基本特性（如孔渗性质）外，还必须对其地质特征，如高渗透带、裂缝、断层存在与否、方向性等方面进行深入的了解，即对于油层的各种非均质性要做到心中有数。

油层的非均质性通常是由沉积条件造成的。当然，次生的成岩作用和断层作用也对油层的非均质性产生影响。由于沉积条件不同，造成沉积碎屑物的分选程度、堆积方式和充填不同。岩石的胶结物数量与类型不同，导致造成油层岩性在平面上和垂直剖面上有极大的差异。在沉积过程中，尽管岩层成层沉积，但水流方向与垂直于水流方向的渗透率却相差甚大，有时可达几十倍甚至上百倍。

油层的非均质性可以划分为垂直剖面上、平面上和结构特征上的非均质性三种类型。前两种统称为宏观非均质性，即油层岩石宏观物性参数（孔隙度和渗透率）的非均质性，一般认为宏观非均质性比对注入工作剂的波及系数影响很大。后一种岩石孔隙结构特征的非均质性则属微观的非均质性，它表现为孔隙大小分布、孔隙喉道的曲折程度、毛细管力作用及表面润湿性等，主要影响注入工作剂的驱油效率。当然，严格意义上讲，无论是宏观还是微观的非均质性，都对波及系数和驱油效率有直接而明显的影响。

下面重点讨论油层渗透率变化与不同的沉积韵律对原油采收率的影响。

① 油层渗透率的非均质性。油层渗透率的变化包括两个方面：一是各向异性，即某一点渗透率在不同的方向上其值不同；二是非均质性，即从油层的一点到另一点的渗透率值不同。

油层渗透率在垂直剖面上的非均质性，往往导致油层水淹厚度上的不均一。这是因为注入水沿不同渗透率层段，推进的速度快慢各异。当渗透率的级差（最大渗透率值与最小渗透率值之比）增大时，常出现明显的单层突进，高渗透层见水早，造成水淹厚度小，波及效率低。

渗透率在平面上的非均质性，会导致水线推进不均匀，使生产井过早见水和水淹。

② 沉积韵律的影响。油层沉积韵律直接反映岩相、岩性在纵向剖面上的变化。注水开发油层时，沉积韵律不同，注水的波及系数及驱油效率也表现出不同的特性。这是因为油、水在正韵律油层、反韵律油层及复合韵律油层中的运动规律性不同所致。

例如，正韵律油层的岩性特点是从下而上由粗变细，这种沉积韵律的油层，由于油层纵向上渗透率的差异，下部渗透率高，上部渗透率低，再加上油、水的密度差，其结果是油层下部水流快、连通好，表现为纵向上水洗厚度小，但水洗层段驱油效率高，在平面上水淹面积大，含水上升快，水淹快。

反韵律油层的岩性特征正好与正韵律油层相反，油层从下至上颗粒由细变粗。这类油层油、水运动规律和开采效果与正韵律油相比亦迥然不同。其水淹规律是油层见水厚度大，含水上升慢。但驱油效率不高，无明显的水洗层段，大量的原油需要在生产井见水后，继续增加注水量后才能采出。

复合韵律的油层的岩性变化顺序兼有正韵律油层及反韵律油层的特征。在复合韵律油层内，油、水运动的规律取决于高、低渗透率带所处的位置。如果高渗透带偏于下部，油层以正韵律为主，这时的油水运动特征与正韵律相类似，即层内驱油底部效率高，而顶部效率低。但与正韵律高渗透层相比，其见水厚度更大，水线推进较均匀，水窜现象更轻些。

通过油层沉积韵律与水驱效果间的探讨可以看出，为了提高波及系数及驱油效率，必须针对不同的油层的油、水运动规律采取不同的措施。例如，增加水洗厚度是开发正韵律高渗透油层的关键，也是制定措施的依据和出发点，而开发好反韵律油层最重要的考虑因素则是设法提高其驱油效率。

(2) 流度比和油层流体黏度。如前所述，水驱油时的流度比为驱动液（水）的流度与被驱动液（油）的流度之比值。

(3) 油藏润湿性。油藏润湿性是影响驱油效果的关键参数之一，克塞尔认为，对于一个中等润湿的和水湿的油藏比一个油湿的和中等润湿的油藏聚合物驱的经济效益可以相差 1~2 倍。因此，确定油藏内润湿性分布是极其重要的。

油藏润湿性对原油采收率的影响，是由岩石对油和水的润湿性不同所引起的。有的油层岩石为亲水（或偏亲水），有的为亲油（或偏亲油），有的部分亲水、部分亲油。对于亲水油层，在水驱过程中，由于水能很好地润湿孔壁，水易于驱净亲水油层内的油，而对亲油油层的油则难以驱净。根据实际油田统计资料，目前亲油油层的采收率最高的也只有 45% 左右，而亲水油层的采收率可达 80%。

由于亲油油层的油能优先润湿岩石的颗粒表面，油与固体颗粒间存在着较强的附着力。当注入流体进入亲油孔道时，由于油与岩石表面的附着力，使得油很难与岩石表面接触和在岩石表面流动，并且毛细管力为驱油阻力。另外，由于水的黏度比油更小，水会沿孔道中心窜流而留下油膜，成为剩余油。增大注水速度时这种窜流现象会更加明显。

(三) 剩余油形成原因及研究方法

1. 常见剩余油形成原因

常见剩余油形成原因如下：

(1) 注采关系不完善区剩余油富集：两排水井夹多排油井井网的二、三线位置；注水区非主流线位置；井况原因导致的局部井网不完善区。

(2) 构造因素导致局部剩余油富集：断层的边角部位，微构造的高部位。

(3) 沉积相带差异导致局部剩余油富集：平面上，剩余油饱和度较高的部位主要在水下分流河道、废弃河道、井网未控制的透镜砂体及砂体边缘等低压差滞留区，剩余油较为富集；纵向上，正韵律和复合韵律的上部，剩余油较为富集。

2. 剩余油分布研究方法

剩余油分布研究方法一般包括：

（1）应用油田动态监测资料、密闭取心井岩心分析资料，结合油层沉积特征，确定剩余油分布。

（2）应用常规测井系列，建立岩性、物性、含油性及电性的"四性"关系图版和公式，解释新钻井的水淹层情况，从而确定出油层原始、剩余、残余油饱和度的数值。通过原始饱和度、剩余饱和度、残余油饱和度（或单储系数）曲线重叠法确定剩余油分布。

（3）应用数值模拟方法确定各类油层剩余油的分布。

（4）在精细地质研究的基础上，应用动静综合分析确定各类油层剩余油的分布。总结各油层平面、纵向剩余油分布情况，编绘出单层及叠加剩余油分布图。

（5）对造成剩余油的原因进行总结，针对不同原因形成的剩余油挖潜方法不同。

（四）水驱调整提高采收率

当分析油田开发动态或评价阶段开发效果时，如发现由于原开发方案设计不符合油藏实际情况，或当前油田开发系统已不适应开发阶段的变化，导致井网对储量控制程度低、注采系统不协调、开发指标明显与原开发方案设计指标存在较大差距时，应及时对油田开发系统进行调整。

这里，需要指出的两个重要概念是水驱储量控制程度和水驱储量动用程度。

水驱储量控制程度指现有井网条件下与注水井连通的采油井射开有效厚度与井组内采油井射开总有效厚度之比，用百分数表示，也称注采对应率。有时为了统计方便，也把与注水井连通的采油井射开油层数与井组内采油井射开总油层数之比称为注采对应率或水驱储量控制程度。

水驱储量动用程度是指油田在开采过程中，油井中产液厚度或注水井中吸水厚度占射开总厚度之比，用百分数表示，也称油层动用程度。

1. 油田开发的调整原因

油田开发的调整是必然的，原因如下：

（1）所面对的对象是复杂的，从认识论的角度对油田的认识是要经过长期的螺旋式地逐渐加深的过程，油田的开发，不可能完成一次开发方案就能知道油田整个的生命周期，必然经过多次调整。

（2）所面对的对象是动态的，当油田开发的方式、方法已经不适应于油田的变化时，必须做出调整。

（3）随着科学的进步和技术的创新，随着对油田开发实践的丰富积累，不断产生新的思维、方法、技术和手段，也有能力对油田开发做出一定的调整，有能力对前期难动用的资源进行更高效的开发。

(4) 调整方案是对前期方案的补充、修改、改进和完善。

(5) 调整方案的主要内容可参考开发方案的要求。

2. 采取的开发调整原则

由于注水开发油藏的不同阶段暴露的问题，因此采取的开发调整原则和达到的调控目的也应有所不同。

(1) 低含水期：该阶段是注水受效、主力油层充分发挥作用、油田上产阶段。要根据油层发育状况，开展早期分层注水，保持油层能量开采。要采取各种增产增注措施，提高产油能力，以达到阶段开发指标要求。

(2) 中含水期：该阶段主力油层普遍见水，层间和平面矛盾加剧，含水率上升快，主力油层产量递减。在这一阶段要控制含水率上升，做好平面调整，层间接替工作。开展层系、井网和注水方式的适应性研究，对于注采系统不适应和非主力油层动用状况差的区块开展注采系统和井网加密调整，提高非主力油层的动用程度，实现油田的稳产。

(3) 高含水期：该阶段是重要的开发阶段，要在精细油藏描述和搞清剩余油分布的基础上，积极采用改善二次采油技术和三次采油技术，进一步完善注采井网，扩大注水波及体积，控制含水上升速度和产量递减率，努力延长油田稳产期。

(4) 特高含水期：该阶段剩余油高度分散，注入水低效、无效循环的矛盾越来越突出。要积极开展精细挖潜调整，采取细分层注水、细分层压裂、细分层堵水，调剖等措施，控制注入水量和产液量的增长速度。要积极推广和应用成熟的三次采油技术，不断增加可采储量，延长油田的生命周期，努力控制成本，争取获得较好的经济效益。

3. 调整方案

根据油田存在的问题，调整方案的调整对象有多种情况，比如层系细分调整，加密井调整，注采井网调整，井更新调整，开发方式调整，压力系统调整和采油工艺调整等。

(1) 对于非均质多油层合采，一套层系小层过多，层间矛盾严重，应进行层系细分调整。

(2) 对于因注采井距大，注采系统不适应，造成采油速度太低或大幅下降，不能达到合理采油速度或无法满足国民经济需要的，应进行加密调整。

(3) 对于注采系统不完善，致使注采不平衡、压力系统失调且影响采液量提高的情况，则进行注采系统调整。

(4) 对于套管损坏区块，当搞清造成损坏的原因并采取相应措施后，应进行油水井更新调整。

（5）不能构成注采系统的小断块，可利用天然能量开发，按照先下后上、逐层上返、小泵深抽等方法进行接替稳产。开采后期也可利用同井间注、间采，利用重力分异作用提高采收率。

（6）对于断层及构造形态不落实的断块油藏，此类断块区的综合调整，应按照滚动勘探开发原则进行开发调整。

(五) 改善水驱的水动力学方法

油层一般是不均质的，注入油层的水大部分水被高渗透层所吸收，注水层吸水剖面很不均匀，且其非均质性常常随时间推移而加剧，因为水对高渗透层的冲刷，提高了其渗透性，从而使它更容易受到冲刷。因此，注水油层常常出现局部的特高渗透性，使注水油层的吸水剖面更不均匀。

为了调整注水井的吸水剖面，提高注入水的波及系数，改善水驱效果，向地层中的高渗透层注入堵剂，堵剂凝固或膨胀后，降低高渗透层的渗透性，迫使注入水增加对低含水部位的驱油作用，这种工艺措施称为注水井调剖。

注水井综合调驱技术，就是将由稠化剂、驱油剂、降阻剂和堵水剂等组成的综合调驱剂，通过注水井注入地层。它可在地层中产生注入水增黏、原油降阻、油水混相和高渗透层颗粒堵塞等综合作用。其结果是可封堵注水井的高渗透层，均衡其吸水剖面，降低油水的流度比，进一步驱出地层中的残余油，并可在地层中形成一面活动的"油墙"，产生"活塞式"驱油作用，以降低油井含水提高原油采收率。其中的驱油剂可与原油产生混相作用，有效地驱出残余油，在地层中形成向油井运移的类似于活动的"油墙"的原油富集带，具有较长期的远井地带调剖作用。堵水剂可对地层的高渗透大孔道产生封堵作用，均衡其吸水剖面，使驱油剂更有效地驱油。调剖剂可不断地调整地层的吸水剖面，并可更有效地驱油。它对低渗透层的渗透率无影响，用它对注水井进行处理后，在同样的注水量下，注水压力下降或上升的幅度不大。

常见的水动力学方法调整有调剖、堵水、异步注采、周期注水、点状注水、强化排液和渗吸等。

二、气驱

(一) 天然气驱油技术

天然气驱油机理主要是使原油膨胀、降低原油黏度、改变原油密度、汽化和萃取原油轻组分、通过压力下降造成溶解气驱、高压下混相等。目前提高天然气采收率技术主要包括4种方法：一是重力稳定驱方法，即从油藏顶部注气向下驱动原油，重力作用削弱了注入气的黏性指进现象，特别适用于垂向厚度大、面积相对较小的油藏，加拿大多数天然气混相驱采用垂向重力稳定驱形式，可比水驱提高采收率15~40个百分点。二是水平混相驱水气交替注入方法，通过降低流度比提高注入气的波及体积，同时注入气和水段塞在油藏中混合抑制了注入气的垂向流动，可比水驱提高采收率5~20个百分点。三是降低最小混相压力技术，通过向干气中渗入富气或富化剂降低最小混相压力，改善驱油效果，此方法在加拿大应用较多。四是通过加大天然气的注入体积，提高注入气与油藏的接触程度，以增大波及效率。

(二) 空气驱油

1. 空气驱油机理

对于注水开发来说，注空气提高采收率的方法具有更多优势，注空气提高采收率综合了许多驱油机理，对不同的油藏来说，其驱油机理也有所不同，归纳起来有以下几种。

(1) 空气驱可提高或维持油藏压力，且气驱能驱替水驱波及不到的 $1~10p\mu m$ 的微细裂缝的剩余油 (水驱波及的裂缝宽度下限为 $10\mu m$，而气驱波及的裂缝宽度下限为 $1\mu m$)。

(2) 烟道气驱效应：在油藏温度下，注入油藏中的空气能够和原油发生低温氧化反应，消耗掉空气中的氧气，实现间接烟道气驱，同时在较高的油藏压力下，烟道气可与原油之间发展为混相驱。氧化反应产生的烟道气，在注入压力下，比较容易溶解于原油中，使原油密度降低，易于驱动。

(3) 低温氧化反应热效应：空气和原油的氧化反应会产生热效应，可以降低原油黏度，增加原油的流动性，增加原油的流度，使驱油效率增加。

(4) 二氧化碳溶胀效应：二氧化碳易溶于原油，可以显著降低原油黏度，降低界面张力，使原油体积膨胀，启动盲端及喉道处的残余油，具有溶解气驱作用。

(5) 二氧化碳对原油中轻质组分的抽提作用：驱动前缘的原油，在一定程度上提高驱油效率，同时，由于抽提作用，残留下的原油重组分增加，不利于后续原油的流动。

(6) 产生的二氧化碳易溶于水产生弱酸，对碳酸盐岩层起酸化作用。

(7) 重力泄油驱替作用：对于陡峭或倾斜的油藏，在顶部注空气时，可以产生重力泄油驱替作用，同时针对正韵律油藏依靠气体重力分异作用能改善顶部油层低渗透部位的开发效果。

(8) 非均质油藏的气体上浮作用：发生气体超覆现象，增强油藏气驱动能，提高了油藏顶部的动用程度。

2. 空气—泡沫机理

空气—泡沫驱除具有空气驱的驱替机理以外还具有以下几种机理。

(1) 扩大波及体积：泡沫在高渗透层、水窜孔道形成了有效的封堵作用，改变了平面上注水的流向，增加薄差层的吸水量，调整吸水剖面。

(2) 提高驱油效率作用：发泡剂能大幅降低油水界面张力有利于提高驱油效率。

此外，延时作用机制在空气—泡沫驱过程中也会发挥积极的作用，泡沫的贾敏效应对空气具有较强的封存作用，增加空气在地层的贮留时间，延迟空气的突破时间，确保空气与原油有足够的时间实现低温氧化，使注入空气的氧含量降低到安全极限范围之内。

中国石油在重大开发试验的实践基础上，创造性提出了减氧空气—泡沫驱，在注入空气过程中把氧气含量降到爆炸极限以内，剩余氧气在油藏中将继续和原油发生低温氧化作用。地层中发生的氧化、溶解等作用，基本上能够消耗掉空气中的大部分氧气，确保了空气驱的安全问题。

3. 低温氧化实质

空气中的氧气与原油接触将会发生氧化反应。原油组成极其复杂，很难描述原油组分的分子结构及含量，通常以黏度、密度、族组成、元素组成等物理指标来衡量低温氧化前后的定量变化情况。

原油低温氧化生成了酸、醛、酮、醚等氧化产物，反应主要以加氧反应为主，氧气从气相转移到液相，并有少量的裂键反应出现。

原油中不同族组分间的氧化反应特性差异较大，原油的族组成对原油的氧化反应特性具有决定性影响。注空气时，原油中参与低温氧化反应的主要为饱和烃和芳香烃组分，胶质和沥青质主要参与燃烧反应。原油样品中饱和烃和芳香烃含量较高，有利于发生低温氧化反应。

当实验温度进一步提高时，明显特征为放热加速，温度急剧上升，此时产生大量的 CO_2，原油氧化反应逐渐由放热较少的加氧反应向大量放热的裂键反应转变。

当实验温度在 120℃左右时，氧化反应以加氧反应为主，裂键反应为辅；当实验温度在 180℃左右时，氧化反应以裂键反应为主，加氧反应为辅；当实验温度在 120℃~180℃时，加氧反应和裂键反应并存，加氧反应和裂键反应的拐点温度在 150℃左右。

4. 氧化前后原油性质变化

加氧反应是一个增黏过程，随着压力升高，加氧反应增强，原油黏度进一步增加；鉴于气体在原油中溶解使原油黏度降低的幅度大于低温氧化增黏的幅度，原油黏度增加可忽略，减氧空气作用时效果更明显。

5. 影响低温氧化因素分析

在高压静态反应装置中，对大港油田原油在不同条件下（黏土、地层水、温度、压力），开展了原油与空气接触后的氧化速率测试。结果表明：地层砂和黏土矿物的存在增大了空气与原油的接触面积，促进氧化，地层砂中存在某些金属化合物及蒙皂石等黏土矿物，这些物质对原油氧化有一定的催化作用；地层水在地层条件下也能发生耗氧反应，地层水中由于存在某些金属离子，从而对原油氧化起着促进作用；原油中不同组分在较高的温度下，具有相对较多的反应活性组分，温度增加，氧化速率加快；压力越高，氧分子和原油碰撞概率增高，反应速率加大；在减氧情况下，氧气浓度越低氧化速率越慢，基本上呈线性变化，生成 CO_2 和 CO 的速率明显降低。

6. 不同条件下空气驱机理

注空气采油综合了多种驱油机理，每种机理的作用也各不相同：烟道气驱效应、保持或提高油藏压力，原油溶胀效应、原油降黏、轻质组分的抽提作用和热效应。注空气过程初期主要是保持或提高地层压力和气驱效应，其次是热效应。多年来，关于注空气驱油机理有很多的争议，一些研究者认为注空气是就地产生烟道气驱过程，和地面注入烟道气驱基本是相似的；但是另外一些研究者认为该过程应该是一个热过程。

在低温低压油藏中，由于温度不能有效累积而且压力低于最小混相压力，此时空气驱就是典型的非混相气驱，相当于烟道气驱，驱油效率偏低；当压力增高，且能够在油藏条件下形成混相或者近混相时，此时空气驱表现为混相驱，驱油效率较高；当油藏温度进一步升高，原油氧化作用增强放热速度增大时，温度在油层中能进一步累积且自燃，此时空气驱表现为非混相气驱和热的综合效应，只不过热前缘在时间和空间上滞后于气驱前缘，开发效果较高；当直接点火形成火驱时，注空气又表现为火驱的生产动态。因此不同的地层条件、空气驱可以具有不同的机理且表现为不同的生产动态，最终生产效果也具有较大的差异。

三、油藏的适应条件、时机选择开采特点

（一）油藏的适应条件

采取向地下注水的二次采油，适应的油藏主要包括：低饱和油藏（油藏油饱压差小，原始气油比低，天然能量小），低渗透、特低渗透油藏（油藏弹性能量小、渗流阻力大、能耗消耗快、压力恢复慢）以及常规稠油油藏（原油黏度较高）。

上述油藏通过注水可有效地补充地下能量、保持油层压力，最终获取最佳的开采效果。

(二) 时机选择

二次采油注水时机的选择，一般分为早期注水和晚期注水两种。

早期注水：是指油层的地层压力保持在饱和压力以上的注水。此时油层内没有溶解气渗流，原油基本保持原始性质，注水后油层内只有油、水两相流动。此时，采油井的生产能力较高，能保持较长时间的自喷开采期。

晚期注水：是指在溶解气驱之后的注水。此时原油性质发生了变化，油层内出现油、气、水三相流动，大量溶解气的采出使原油黏度增加。虽然后期注水可以使油层压力得到一定的恢复，但采油井的生产能力很难恢复到原有的水平。

从目前世界石油开采现状和发展趋势看，绝大多数油田采取的是早期注水的方式开发油田。

(三) 开采特点

油出二次采油与一次采油的开采特点相比，技术相对复杂，油田投入的费用较高，但油田生产能力旺盛，经济回报受益较大。

利用二次采油油田的平均采收率，一般可以达到40%～50%，开发效果好的油田采收率可达55%～65%。

第三节　三次采油

三次采油是指采用化学剂水溶液或化学剂组成的驱油剂，驱替油藏中的剩余油，进一步扩大油层波及体积，提高驱油效率的方法。

目前国内外三次采油技术驱油方法主要包括：化学驱、微生物驱等技术。

一、化学驱

(一) 聚合物驱油机理

聚合物驱，是指在注入水中加入水溶性聚合物来提高水相黏度，从而改善水驱油流度比，提高波及体积的一种三次采油方法。目前聚合物驱所采用的聚合物多为部分水解聚丙烯酰胺。聚合物驱提高采收率的幅度可达10%左右，是一项发展较为成熟的三次采油技术。

中国强化采油效果主要依靠化学驱，其中聚合物驱所占比例较高。与国外海相沉积油田的油藏条件不同，中国油田大多数是陆相沉积油田，油藏的非均质性较强，水驱流度比较高，适合化学驱；而在众多的化学驱中，聚合物驱以其操作方便、原料易得及成本较低，并可与调整油水剖面相结合的特点，在化学驱中技术比较成熟，效果优异而备受青睐。聚合物驱是有效提高采收率的方法之一，它主要靠提高水相黏度，降低水相渗透率，进而提高水相和油相的流度比，从而扩大波及体积。在微观上，聚合物溶液由于其固有的黏弹性，在流动过程中产生对油膜或油滴的拉伸作用，增加了携带力，提高了微观洗油效率。

一般水驱条件下的毛细管数在 10^{-7} 数量级。由于聚合物驱只能将毛细管数提高 1~2 个数量级，因此不能大幅地提高驱替效率。聚合物驱油提高原油采收率主要是利用聚合物来调整渗透率剖面、提高驱替工作液的黏度及降低油水流度比，进而提高波及参数来提高最终采收率。另外，聚合物优先进入较大孔喉，当无法通过时，聚合物则形成一定强度的封堵，促使后续的聚合物溶液绕流，从而达到启动较小孔喉中残余油的效果。其机理如下：

(1) 聚合物使水相黏度增大，聚合物流经孔隙介质后可降低水相的相对渗透率。

(2) 降低油水流度比，从而减少指进现象。

(3) 改善注入水在纵向油层间的分配比，调整吸水剖面，使水相黏度增大，水相相对渗透率下降，后续注入的流体可转入未波及的区域，从而提高波及体积。

(二) 聚合物—表面活性剂二元复合驱驱油机理

聚合物—表面活性剂二元复合驱是在碱–表面活性剂–聚合物三元复合驱的基础上，去掉碱，使体系的油水界面张力仍然能够达到超低。

聚合物—表面活性剂二元复合驱驱油机理如下：

1. 降低流度比，提高波及系数和驱油效率

原油采收率与波及系数及洗油效率有关，聚合物通过增加水的黏度和吸附或滞留在油层孔隙中来降低水相渗透率，从而使驱替液与原油之间的流度比降低。油滴在聚合物前缘聚集，油相渗透率增加，油流度加大，提高了平面波及体积，既克服了注水指进，又提高了垂向波及体积；同时表面活性剂的低界面张力性质能够促使残余油的启动，因此能够既扩大波及体积又提高驱油效率。

2. 降低界面张力，增加毛细管数，提高洗油效率

毛细管力是造成水驱油藏水驱波及区滞留大量原油的主要原因，而毛细管力又是油水两相界面张力作用的结果，毛细管力使一部分原油圈闭在低渗透层孔隙之中。

通过降低界面张力和提高注入水的黏滞力，降低毛细管压力，增大毛细管数，提高洗油效率，从而提高采收率。

3.高分子聚合物黏弹性作用驱扫盲端中的残余油

由于聚合物的存在，体系的黏弹性增大，从而引起驱油效率增加，二元复合驱体系启动了盲端类残余油和膜状残余油，启动的方式主要是通过将残余油拉成油滴从而形成大量的乳状液，或拉成油丝。

聚合物–表面活性剂二元复合驱与单独的表面活性剂驱或聚合物驱相比，之所以采收率更高，是因为其混合体系不仅发挥了各自的效应，二者还可以相互协同，共同作用。

微观驱油实验中水驱后进行聚合物—表面活性剂二元复合驱的驱油效，二元复合体系综合了聚合物高黏度和表面活性剂降低界面张力的优点，与聚合物驱效果不同，油被拉成细丝，最后剥离采出，且启动的原油呈连续状态被采出，因此二元复合驱不仅能够扩大波及体积，还能够通过降低油水界面张力增加洗油效率。

二元复合体系既能启动柱状和簇状残余油，又可减少孔隙和喉道处的膜状残余油，相比单一表面活性剂驱和单一聚合物驱，二元复合驱具有显著扩大波及体积和提高驱油效率的双重效果，相对于单一聚合物驱，能够再提高采收率5%左右。对于层内非均质储层，二元复合驱可较大幅地提高低渗透层的采收率，然后是中渗透层；而对于层间非均质储层，进一步改善低渗透层开发效果的能力有限，二元复合驱提高采收率由高到低的排序为中渗透层，高渗透层，低渗透层。在高渗透微观模型中，不同驱油体系对孔喉残余油的启动过程与低渗透模型相似，二元复合驱后所剩残余油最少，二元复合驱既能发挥聚合物扩大波及体积的作用，又能够增强表面活性剂的洗油能力，使波及区域内的大量残余油启动，比单一聚合物驱提高采收率幅度更大。

现场应用的聚合物多为分子量高、强水解性的聚丙烯酰胺，而表面活性剂多为阴离子表面活性剂，聚丙烯酰胺与表面活性剂之间的静电力和氢键作用，以及表面活性剂的极性头与聚合物极性部分的离子—偶极作用使两者对增油起到很好的协同效应。聚合物改善了表面活性剂溶液对原油的流度比，稠化驱油介质、减小表面活性剂的扩散速度，从而减小了表面活性剂的损耗；与钙镁离子反应，保护表面活性剂，使之不易形成表面活性低的钙、镁盐；增强表面活性剂所形成的水包油乳状液的稳定性，提高了波及系数和洗油能力。表面活性剂可以乳化原油，提高驱油介质的黏度，可以降低聚合物溶液和原油的界面张力，提高洗油能力。

二元复合驱既发挥了表面活性剂降低界面张力及提高洗油效率的作用，又发挥了聚合物扩大波及体积及控制后续化学剂流速的作用，更重要的是发挥了二者的协同效应。

(三) 碱—表面活性剂—聚合物三元复合驱驱油机理

因为单一的聚合物驱、碱水驱、表面活性剂驱有各自的优缺点，所以将它们联合使用，利用化学剂之间协同效应来进一步提高采收率，从而形成各种形式的复合化学驱。三元复合驱的特点是利用表面活性剂和碱的协同作用，使复合体系与原油形成超低的界面张力，油、水界面张力能够降至 10^{-3} mN/m 以下，从而具有较好的乳化原油的能力；三元复合驱中的聚合物降低了驱替液的流度比，提高了波及系数，三者的共同作用使原油采收率大幅地提高；而且三元复合体系中表面活性剂的浓度仅为 0.1%~0.6%，大幅降低了化学驱的成本。室内实验和矿场试验表明：三元复合驱可提高原油采收率20%以上。但是随着三元复合驱在油田的广泛应用，也出现了一些问题，尤其是加入碱后带来了种种不利因素。如引起地层黏土分散、运移而导致地层渗透率下降；形成碱垢等不利于生产和运输的因素；此外，碱还能降低聚合物的黏弹性，弹性损失会使原油采收率损失5%左右。

与单一聚合物驱油技术相比，由于表面活性剂和碱的存在，三元复合体系在增大波及系数的同时有效地降低了油水界面张力，提高了洗油效率；与表面活性剂或碱水驱油技术相比由于聚合物的存在使得三元复合体系波及范围更大，洗油效率更高，增大了表面活性剂体系的利用率。三元复合驱除具有各组分的全部驱油机理外，还可以发挥碱、聚合物及表面活性剂三者的协同作用。

(1) 表面活性剂的作用：表面活性剂的加入可有效降低界面张力，提高洗油效率；碱水虽然与石油酸生成一定量的表面活性物质但是量较少，表面活性剂可以弥补这一缺点；在一定条件下，表面活性剂可与聚合物形成络合结构，有利于增大复合体系的黏度；表面活性剂的乳化作用可增大驱替相的黏度。

(2) 聚合物的作用：聚合物可有效增大其他驱油成分（表面活性剂、碱等）的黏度，减小流度比，增大表面活性剂或碱水体系波及范围，利于洗出更多的残余油；聚合物也可以作为牺牲剂与地层中二价离子反应减小表面活性剂或碱的消耗；提高乳状液稳定性等。

(3) 碱的作用：与表面活性剂发生协同效应，弥补表面活性剂体系的不足；与地层水中的二价离子反应，减小了表面活性剂的消耗，降低驱油成本；可有效乳化原油，通过乳化捕集和乳化携带作用将原油采出。

二、微生物驱

(一) 微生物驱机理

油田开发中决定采收率的主要因素是驱油效率和波及系数,因此研究提高驱油效率和波及系数是提高采收率技术的主要内容。影响驱油效率的主要因素可以归纳为油水界面张力、岩石孔隙表面润湿性、岩石的孔隙结构和矿物组成。影响波及系数率的主要因素是油藏非均质性和油水流度比。

1. 微生物驱油提高采收率途径

微生物驱油提高采收率主要是通过提高驱油效率和波及系数两个途径来现的。

(1) 微生物代谢生物表面活性剂、有机溶剂、酸、气体等产物,降解原油、乳化原油或者降低原油黏度。

(2) 通过降低油水界面张力、改善油藏孔隙表面润湿性、改善油水与岩石的物理化学特征、改善渗流特征来提高驱油效率。

2. 微生物提高波及系数的主要机理

微生物提高波及系数的主要机理是:

(1) 微生物菌体的聚集。

(2) 微生物代谢生物膜、生物聚合物、生物气体堵塞大孔道和高渗透层。

(3) 形成乳状液,增加流体黏度。

(二) 微生物驱技术优势

1. 工艺简单、成本低

相对于气驱、热采和化学驱等其他提高采收率技术而言,微生物驱油现场注入工艺投资相对较少,仅需对已有水驱注水系统略加改造即可实现,不需大量的设备投入。如果能科学地选择菌种和对菌种生产方式加以改良,扩大生产规模,微生物菌液生产成本都会低于化学驱油剂成本。如果使用激活油藏微生物驱油技术,可使用糖蜜、氮磷化肥等工农业副产物作为营养激活剂,则成本更低。

2. 使用范围广

以往的实践表明,微生物驱油技术可适用于中高含水、稠油、低渗透及聚合物驱后等多种类型的油藏,注入的微生物菌液或营养液不容易造成注水井附近和地层深部的地层伤害,产出液不需要特殊处理,不损害储运和炼制设备。

3. 环境友好

微生物提高采收率技术所使用的原料多数是可生物降解的或可循环使用的,对人体无毒性，不会造成环境污染。因此，微生物提高采收率技术是一种环境友好的"绿色"技术。

(三) 微生物驱主要影响因素

油藏是由固、液、气三相构成的，其物理化学性质对微生物的生存、繁殖和代谢活动都有决定性影响，使用微生物驱油技术必须考虑影响微生物生长的影响因素，以选择适宜的油层条件。微生物驱油的主要影响因素有：

(1) 油藏地质条件：包括渗透率、孔隙率、原油饱和度、油层温度、压力；

(2) 油藏化学条件：主要是原油类型和组成、地层水 pH、溶氧量、地层水矿化度及离子组成；

(3) 微生物生长代谢所需的碳、氮、磷等基本营养物；

(4) 油层内源微生物含量及群落组成。

(四) 油藏微生物及群落研究与认识

油藏环境中存在着多种多样的微生物，这些微生物有的有利于提高原油采收率，有的则对采油不利，研究油藏中有益微生物和有害微生物的生理和生化特性及相互关系，有助于选择合适的激活剂，选择性地激活有益菌，同时对有害菌进行有效抑制，形成一个对油田开发有益的良性生态系统，最终达到提高原油采收率的目的。

1. 油藏微生物分类及代谢特征

油藏中与采油生产相关的主要内源微生物按功能分类主要包括烃氧化菌、腐生菌、厌氧发酵菌、产甲烷菌、硫酸盐还原菌、硝酸盐还原菌六类主要细菌。其中烃氧化菌是指可以利用石油烃作为生长底物的菌群，在注水井近井地带最为丰富，通过自身的代谢作用产生分解酶，裂解重质烃类和石蜡，降低原油的黏度，改善原油的流动性能，提高原油采收率；腐生菌是各类营腐生生活的细菌的总和，通常存在于油藏近井地带，主要利用各类含糖类的物质，它能够分解糖，代谢产生 CO_2，改变 pH，可能会对油井生产以及生产设备带来一些不利影响；厌氧发酵菌是油藏内源微生物生态系统中一类非常重要的群落，具有兼性厌氧特征，在油藏中的适应性很好，是内源微生物中最主要的激活目标菌，它的代谢产物也很复杂，其中的很多代谢产物如表面活性剂、溶剂、气体等对原油生产具有有益的作用；产甲烷菌是一类严格厌氧的古细菌，有 H_2 存在时 CO_2 经微生物作用还原成甲烷，也可以利用乙酸盐为营养，代谢产物为甲烷和水；硝酸盐还原菌是指具有反硝化(脱氮)功能的细菌，在硝酸盐和挥发性脂肪酸等有机物存在条件下，它迅速繁殖，一方面可以代谢产生大量的 N_2、CO_2 和 N_2O 等气体及大分子增黏剂等有利于驱油的物质，另一方面可以清除体系中的硫化物，通过生存竞争抑制硫酸盐还原菌的生长；硫酸盐还原菌属于厌氧菌，它将油藏地层和水中存在的硫酸根还原为单体硫，单体硫与氢结合后形成硫化氢，对石油设备产生严重的腐蚀，对人体健康和生产安全产生严重影响，是石油开采生产过程中需要抑制的有害菌。

2. 油藏微生物群落的分子生态学研究

深埋地下的油藏储层是典型的极端环境，其厌氧、高温、高压和高矿化度等极端的理化因子造就了独特的油藏微生物生态系统，形成了油藏极端微生物资源和基因资源。

传统的油藏微生物群落分析是建立在已经被实验室培养出来的油藏微生物的基础上，而微生物对环境、营养条件，以及与其匹配的生态系统的要求十分苛刻，实验室内只有少部分微生物能够被富集培养，研究人员现在还无法完全认知油藏微生物的营养条件和生长规律，也不能完全模拟油藏营养条件和氧环境，因此油藏中能够被培养出来的微生物仅占油藏微生物的0.1%~15%，大部分无法在实验室条件下生长繁殖的微生物也就无法被认识和研究。快速发展和建立的微生物分子生态学方法，尤其是基于细菌16S rRNA的PCR扩增技术，为我们认识各种生态系统中的微生物群落结构提供了手段和方法。将微生物分子生态学方法应用于油藏微生物群落研究是近些年迅速发展的克服对传统培养方法依赖的有效研究方法。

分子生态学方法以微生物核糖体DNA/RNA中保守序列的进化史为主要研究对象来研究微生物系统生态组成，这种方法对微生物系统的研究不需要建立在对微生物系统的培养和富集的基础上，不受微生物状态影响。微生物DNA/RNA中存在进化中的保守序列和特异性序列，生态学方法通过保守序列来设计扩增引物，通过对特异性序列和其数量的检测来反映油藏微生物系统的组成和比例。提取环境中微生物总DNA，通过保守序列扩增其16SrRNA片段，通过对其特异性序列种类和相对量的研究，能比较全面客观地了解油藏微生物系统的组成。分子生态学研究微生物生态系统的群落组成，不仅避免了传统富集培养对培养环境的高度依赖性和繁重工作量，而且其获得信息量大、准确全面的优点非常适合用在油藏微生物生态系统的检测中。

综上所述，微生物采油对特定群落的定向激活和调控要求技术上能够更全面地了解油藏微生物生态系统，通过分子生态学技术方法则可以为详细研究油藏生态系统中微生物种群组成及各自的代谢活性提供有效手段和方法。

(五) 油藏微生物激活研究

激活策略的制定决定最终的提高采收率原理及试验效果，策略制定需综合考虑油藏开发存在问题和油藏内源微生物群落结构问题，进行内源微生物激活时需针对具体的油藏问题选择合适的激活策略。

对油藏微生物分析和认知是开发和应用微生物采油技术的前提条件，激活前必须充分考虑内源微生物的群落组成及功能特性。为了实现定向调控油藏微生物群落、开发和应用有效微生物，需要利用各种提高油藏微生物可培养性的方法和非培养技术，解析不同油藏微生物的群落结构、功能和多样性。

1. 油藏地层水分析

通过对油田多个水样离子组成进行检测，适合微生物采油技术的油藏区块水样离子组成存在以下规律。

（1）氮、磷极度缺乏，远远不能满足微生物生长需求，是油藏微生物生长繁殖的限制性营养因子，需要对之进行补充，以实现微生物生长的营养平衡；钠、钾、钙、镁等元素比较充足，均在微生物生长繁殖的最佳作用范围，不需再向油藏补充这类无机盐离子，以免造成水质离子强度过高，对微生物的生长繁殖产生不利影响。

（2）各试验区块易于结合磷营养盐形成沉淀的钙离子含量差异较大，因此，在进行激活体系筛选过程中应合理选择磷营养盐的种类和用量。

（3）硫酸根离子普遍存在于各试验区块，含量差异较大。由于硫酸根离子的存在能够促进硫酸盐还原菌的生长繁殖，因此，需要考虑加入一些能够抑制硫酸盐还原菌生长的物质。

（4）各试验区块注入水硫酸根离子含量明显高于油井产出液，表明注入水中的硫酸根离子在地层中部分被地层滞留或者被硫酸盐还原菌代谢利用，所以，油藏地层和注采系统中可能存在着大量硫酸盐还原菌。

（5）各试验区块地层水总矿化度不高，微生物可大量生长繁殖，不会对微生物的生长繁殖造成抑制作用，因此加入无机营养盐的量不能过于改变地层水总矿化度，以免造成水质离子强度过高，抑制微生物的生长繁殖。

2. 激活策略制定方法

应综合应用现场生产动态资料和油藏工程方法，对油藏近期开发出现的问题进行研究，根据生产的实际情况制定行之有效的激活策略，提高目标微生物的可培养性，使其在油藏条件下发挥功能和作用，进而提高油井的产量。

（1）好氧乳化激活策略。为提高油藏驱油效率，在好氧条件下以激活产表面活性剂的微生物为主要目标的一种激活策略。

① 目标微生物。激活的主要微生物类群为烃氧化菌和部分腐生菌，包括假单胞菌、诺卡氏菌、红球菌、不动杆菌、芽孢菌属（Bacillus）、地芽孢杆菌属、弧菌属、微球菌属、节杆菌属等。

②激活剂类型。应用好氧乳化激活策略时，除了需要补充电子受体，如空气（最常用）、H_2O 等，常见的激活剂组成还包括磷酸盐、铵盐和微量元素液。

③代谢方式。好氧微生物在向油藏中补充氮源、磷源、电子受体及微量元素液的激活过程中，被刺激和诱导利用原油中的烃类物质或其他碳源作为基质生长。

④提高采收率原理：

a.在注水井近井地带，由于高水洗倍数残余油饱和度较低，通过注入营养物激活烃氧化型微生物的生长并产生大量的疏水生物量，这些疏水生物量能够乳化原油，形成水包油型乳状液，通过这种机制提高了残余油的流动性并介导了残余油的启动过程，降低了这些区域的残余油饱和度，提高了水驱的洗油效率。

b.水包油型乳状液在流动过程中，遇到比乳状液小的孔隙喉道而使乳状液被捕集，或者大量的乳状液集中通过高渗透条带时，由于捕集效应使得乳状液聚集，油相含量增加，出现乳化反转，形成高黏度的油包水型乳状液，从而产生阻塞作用，抑制了水驱油过程中的黏性指进，改善了油藏非均质性，提高了水驱波及效率。

c.水包油型乳状液在流动过程中，不断接触油相，乳状液体积不断膨胀，最终在水驱前缘形成一个连续的油带，缩小了油水过渡带，使得水驱前缘均匀推进，提高了水驱波及效率。

(2)厌氧产气激活策略。为了实现气驱的作用效果，在厌氧或严格厌氧条件下，以激活油藏中能够大量产气的发酵菌或产甲烷菌为主要目标的激活策略。

3.内源微生物激活效果评价体系

在确定激活策略的基础上，介绍室内模拟油藏条件，应用数理统计中多种优化方法，遴选确定激活体系的评价指标。

选择性激活主要目的是增加目标菌的可培养性，使其成为优势菌，更好地发挥其功能。内源微生物激活过程中，菌浓与功能产物浓度有一定的相关性，评价指标除了重点研究微生物及代谢产物的功能外，还应该掌握内源微生物的群落变化。内源微生物激活效果评价主要涉及油藏微生物的激活、油水样生化参数变化，以及能够综合反映二者变化引起物理模拟实验采收率的变化幅度。

两种激活体系的筛选优化以物理模拟实验结果为最终目标，同时兼顾培养实验的结果，若采用好氧乳化激活策略主要以原油乳化效果和菌浓作为指标，采用厌氧产气激活策略主要以产气量、气体组成和激活周期作为指标。

(六) 内源微生物驱油相关配套技术

通过多年研究和现场试验，内源驱油藏筛选标准、现场跟踪监测体系、现场效果评价方法等相关配套技术得到了完善发展。

1. 油藏筛选

微生物驱油油藏筛选标准是各国依据各自的研究工作特别是矿场试验的结果提出的，随着研究的深入和矿场试验的广泛程度不同，各国筛选标准的参考价值也不同。其中美国能源部国家石油能源研究所提出的筛选标准抓住了主要因素，常为其他国家或企业所参考或引用。俄罗斯根据其筛选标准在一些大油田进行了比较广泛的矿场试验，取得了很好的效果。罗马尼亚的微生物驱油研究工作研究比较深入，它的筛选标准比较细致，也有很好的参考价值。

根据油藏微生物生存营养特征，以及油藏环境条件对微生物生存代谢的影响和微生物驱油潜力的分析评估，参考国内外的经验，选择具有较大驱油潜力的油藏需要考虑很多参数，通过对这些文献收集并整理，综合油藏地质、内源微生物驱油特点及反应动力学特征，我们筛选出8个主要指标(温度、原油黏度、渗透率、孔隙度、地层水矿化度、原油含蜡量、含水率、采出水中总菌浓)作为微生物驱油藏筛选评价指标参数。

2. 油藏开发现状分析

水驱开发现状分析内容包括注入能力、产液能力、注采井网连通情况及剩余油分布。单井或区块注采比、注入量、吸水强度、吸水指数、吸水能力、产液量和产液强度测试对注采井网完善、油水井配产配注、微生物和激活剂现场注入量对注入速度设计提供参考和理论依据。目标油藏注采井网连通状况为下一步示踪剂检测和堵水调剖配套工艺设计提供依据。剩余油分布规律研究分析剩余油分布的主控因素、不同油砂体分布特征，确定微生物驱剩余油富集区及挖潜有力区带。

3. 剩余油分布特征研究

油藏开发后期，地下剩余油分布零散，而剩余油的分布状况是一切开发调整的核心依据之一，它决定了今后开发方式的选择与开发调整的方向。因此，准确地进行剩余油分布规律的描述和预测，成为油田改善开发效果的首要任务。

数值模拟技术是在对不同储层、井网、注水方式等条件下，应用流体力学模拟油藏中流体的渗流特征，定量研究剩余油分布的主要手段，目前中国绝大多数油田均应用数值模拟方法进行剩余油分布的定量研究，模型本身比较完善，但在应用数值模拟方法时必须充分考虑油藏的非均质性，真正实现精细地质建模与油藏模拟模型之间一体化，提高数值模拟技术的精度。

4. 调整措施及配套工艺

配套工艺主要有堵水和调剖工艺。一方面由于微生物驱选择是水驱后的油藏，因此存在大孔道易导致水窜；另一方面由于微生物驱油体系的黏度与水相近，相比于原油更容易发生窜流。为了确保微生物驱油试验效果，需要保证微生物在油藏中的滞留时间,因此在注微生物前应根据示踪剂检测结果选择合适的调剖工艺技术对目标油藏进行调剖试验,改变水流方向,减小水线推进速度。在调剖剂选择之前需进行调剖剂与油藏配伍性试验,防止调剖剂与地层速敏和水敏反应导致渗透率下降。

5. 施工方案设计

现场注入体系及工艺参数优化设计是现场实施方案编制中重要组成部分,为微生物驱油现场实施方案设计提供理论依据。其中体系优化主要通过实验室对微生物驱油剂基本性能评价和微生物驱油物理模拟实验评价结果来完成的。注入工艺优化主要包括微生物、激活剂注入量、注入浓度、注入方式优化和配气量的大小选择,通过分析油藏开发动态,结合微生物驱油物理模拟实验结果以及数值模拟技术手段来优化出矿场试验使用的各项注入工艺参数,体系与工艺的优化一方面要求能够最大限度地提高原油采收率,另一方面也要考虑成本与经济因素。微生物驱油剂的注入一般是在注水站完成的,如果注入井数量少,可以安排在井口注入。要在注入站或井口安排微生物菌液、营养剂、清水罐等液体储罐及注入泵等。此外,如果要考虑从注入井补充空气,则要考虑在井口使用压风车或高压注气车或压缩机。

第三章　气体钻井设计技术

第一节　适合气体钻井选层技术

一、气体钻井概述

(一)气体钻井技术概念

气体钻井是使用气体作为循环介质或作为循环介质的组分来冷却钻头并带出井筒内岩屑的钻井工艺技术。常用的气体有空气、氮气、天然气、柴油机尾气等。气体还可以与液体按不同比例并配活性剂进行雾化钻井、泡沫钻井和充气钻井。

(二)气体钻井技术分类

气体钻井按气体钻井工艺可分为纯气体钻井、雾化钻井、泡沫钻井和充气钻井等。

1.纯气体钻井

纯气体钻井按使用气体成分可分为空气钻井、氮气钻井、天然气钻井和柴油机尾气钻井等。

(1)空气钻井。空气钻井是以空气作为循环介质的钻井技术，主要用于非产层提高钻井速度，缩短钻井周期。

空气是气体钻井应用最多的循环介质。钻进时空气压缩机从大气中吸入空气，并经过输出高压空气。如果该压力能满足气体钻井需要，可以直接注入井筒循环。如果压力不足，可经过增压机继续增压直到达到钻井所需的压力。注入管线要有气体流量计，实时监测注入流量是否达到设计注入量；注入管线还要有两根泄气管线，接单根时泄掉设备管线和立管中的高压空气。从井筒中返出的气体和岩屑经过旋转防喷器侧口进入排砂管线。排砂管线要设置取样口，供录井人员取岩样。还需设置除尘口，通过向里面喷水的方式减少出口的粉尘排放。如果空气钻井遇到可燃气体，则有发生井下燃爆的危险，因此钻进时需要及时监测返出物中可燃气体、氧气和二氧化碳含量变化，判断是否出气和发生燃爆。为避免燃爆，可应用氮气钻井、天然气钻井或柴油机尾气钻井三种方式。

(2) 氮气钻井。氮气钻井是以氮气作为循环介质的钻井技术，主要用于产层。氮气钻井流程与空气钻井流程完全相同，只是增加了一个制氮环节。

氮气钻井主要是解决空气钻井遇可燃气体可能发生燃爆的问题，如果氮气钻井中注入气体的氧气含量低于发生燃爆比例，就不会发生井下燃爆。氮气钻井的氮气有两种供氮方式。

① 液氮供氮。在常压下，液氮的沸点为-160.55℃，因此，采用低温罐将液氮运到施工现场。用泵将低温罐中的液氮抽出，经过热转换器，利用泵组产生的废气加热、蒸发液氮。

② 现场通过膜过滤生产氮气。这种方式不涉及低温液氮的运输和储存问题，只是在常规空气压缩机系统增加制氮膜。常规压缩机输出空气的压力为1.5MPa，压缩的空气经过一系列的过滤，过滤掉一些杂质，例如灰尘、压缩机的润滑油及大气中的水分，后流经膜过滤器。膜由许多排列非常细的、中空的聚合纤维组成，轻的氮分子通过纤维，而重的氧分子穿过纤维壁，两种气体分子分离后，将氮气输送到增压机，而后到达立管，而氧气则排放到大气中。氮气的纯度主要由入口的空气速率和膜装置的回压来控制，经过膜过滤产生的氮气纯度达到90%~99.5%。大庆油田氮气钻井也采用这种方式。

(3) 天然气钻井。天然气钻井是以天然气作为循环介质的钻井技术，其流程与氮气钻井相同，只是以天然气气源代替空气压缩机。

天然气钻井需要天然气气源、连接管线和增压机。在向井内注气之前，尽可能地除掉天然气中的水分，否则会形成滤饼环或者影响井壁稳定性。由于天然气中含有水分，井内高压天然气降压后会膨胀降温，此时天然气温度可能降到0℃以下，从而在低洼处水积累冻冰造成冰堵。增压机的下游需安装可调节的节流阀，在钻进和起下钻作业时，控制天然气的流量。如果连接管线有泄漏造成天然气聚集，遇到明火可能发生燃爆。在井口接单根时也会有天然气溢出，因此连接管线、放喷管线出口及钻台上需要安装天然气探测器，及时发现天然气泄漏并用风扇吹散。当采用天然气钻井时，排放的天然气需要点燃，并需要设计相应的燃烧池。循环天然气时，点燃的火焰较高。

(4) 柴油机尾气钻井。柴油机尾气钻井是以柴油机尾气作为循环介质的钻井技术。

该柴油机需要采用专门的生产废气的柴油机，产生的气体需要经过冷却和除尘，再经过增压机增压入井。若二氧化碳含量较高，对设备和钻具腐蚀性强。同时氧气含量控制不好仍有燃爆的可能。

2. 雾化钻井

将少量的水、发泡剂和压缩的空气一起注入井内，通过发泡剂降低井眼中水的界面张力，在返出的气流中水分散成极细的雾状物，和气体一起返出井口，称为雾化钻井。

纯气钻井时地层少量出水能把岩屑混合成泥，形成泥环，导致卡钻，此时可通过雾化钻井解决。通过注入雾化液，可避免岩屑形成泥团，并将岩屑携带到地面。雾化钻井一般需要比纯气钻井增加30%~40%的气量。

3. 泡沫钻井

泡沫钻井是指钻井时将气体分散在少量含起泡剂的液体中作为循环介质的工艺，液体是外相(连续相)，气体是内相(非连续相)，其产生黏度的机理是气泡间的相互作用。

当地层出水较多通过雾化解决不了时，可转为泡沫钻井。泡沫不仅可以大大减少空气量，还因其携屑能力强而更具优越性。

稳定泡沫的当量密度可在 $0.06 \sim 0.72 \text{g/cm}^3$ 范围内调节。

4. 充气钻井

即在常规的钻井液中注入气体，形成一种钻井液和气体的混合物，其密度可根据井深和注入的气量进行调整，一般充气钻井液的当量密度控制在 $0.8 \sim 1.0 \text{g/cm}^3$ 范围内。该方式一般用于欠平衡钻井。

(三) 气体钻井技术应用

1. 气体钻井所能解决的钻井难题

综合国内外气体钻井应用，在解决以下三方面问题时效果最为突出：非产层硬地层钻速慢、溶洞裂缝性漏失地层井漏、低压水敏性地层储层钻井液伤害。

(1) 解决硬地层钻速慢的问题。对于非产层段，用气体钻井技术降低井底钻头处的压持作用，可提高坚硬岩层的钻井速度5~10倍，在相同寿命条件下，则可提高钻头进尺5~10倍，减少钻头用量到原来的1/10~1/5，减少起下钻次数到原来的1/10~1/5，大幅缩短了钻井周期，降低钻井成本。

国内西南油气田、长庆油田、吐哈油田和大港油田应用气体钻井在解决硬地层钻速慢的问题上都取得了较好的效果。例如四川川东北部高陡构造，井深、井眼尺寸大、被眼段长、地层可钻性差、易发生断钻具事故、井漏频繁、治漏难度大、探井钻井速度周期长等问题一直是钻井工程的"瓶颈"。气体钻井技术的研究和现场试验作为西油气田提高钻井速度的重点研究项目，在七北101井、东升1井、七北103井龙岗井、七里北2井等井开展了气体钻井试验，均取得了显著效果。

(2) 解决溶洞或裂缝地层恶性井漏问题。溶洞或裂缝地层钻井液严重漏失，井口甚至不返钻井液，常规堵漏效果不好。

Tabnak 气田位于伊朗 Fars 省南部的波斯湾北岸山顶上。平均海拔高度为 1200m，距波斯湾 20km，距最近省城 Shiraz 市 500km。T 和 S 构造裂缝、溶洞发育，连通性好，非目的层段地层压力系数极低。该地区上部地层没有地层压力，漏失严重，无规律可循，有时连空气泡沫都不能返出。根据实钻情况，500～2600m（3000m）有 4 个水层，即 1 个淡水层和 3 个盐水层，含盐量从海水逐渐到欠饱和盐水，盐水层最低压力梯度为 0.85MPa/100m。从 2600m（3000m）到井底是产气层，压力梯度为 0.75～0.91MPa/100m。当钻井液和地层孔隙之间存在正压差时，就完全漏失，或者先漏后喷（产层）并导致卡钻，风险较大。

Laffan 和 Kazhdumi 地层泥页岩遇水膨胀、缩径、垮塌严重，恶性卡钻频繁。Gadvan 以下硬脆性灰岩和泥页岩互层，漏失和掉块卡钻同时存在。1998 年，伊朗国家钻井公司曾在该区钻过一口井，漏失和垮塌问题严重。在 Laffan 和 Kazhdumi 地层用空气/泡沫和水基钻井液钻进，曾造成两次严重卡钻，最终用油基钻井液侧钻解除。3345m 的井，完井周期竟长达 402 天。

长城钻井公司在伊朗南部规模运用空气/泡沫钻井技术钻井 29 口，并在部分产层段采用了微泡沫钻井技术。平均井深 3000m，平均钻进周期 78 天，完井周期 94 天，钻井速度大幅提高，缩短了钻进周期，获得了较好的经济效益。

（3）解决低压水敏性地层储层钻井液伤害严重问题。有些产层压力系数低于 1，使用液体钻井液，相对密度最低可达到 0.9g/cm^3，再加上循环摩阻接近 1g/cm^3，液体无法实现欠平衡，过平衡钻井会对产层造成伤害。有些黏土遇水膨胀堵塞油气通道，从而降低产能。而气体钻井井底压力很小，也无水，对产层几乎没有伤害，可以保持原始产能。

国内的吐哈油田、长庆油田和西南油气田进行了天然气、氮气钻井和柴油机尾气钻井，最大限度地保护了储层，获得了新的发现：气体钻井开发低压、低渗透、易损害储层效益十分显著。

2. 气体钻井技术局限性

气体钻井技术也存在局限性，包括先期的设备投入较大、工艺较常规钻井复杂等。同时对地层条件要求高，不符合气体钻井条件的地层一般不可用气体钻井。有些地层可以应用气体钻井，但要有相应的配套技术措施。气体钻井应用好可以降低钻井成本，提高产能，应用不好也会增加钻井成本。

（1）需要增加额外的气体设备成本和相关的配套技术措施。

① 气体钻井需要在常规钻井设备基础上，增加专用的气体设备、连接管线及配套仪器仪表设备成本投入。

② 气体钻井工艺比常规钻井复杂。

(2) 下列地层不能用气体钻井：
① 含硫化氢地层；
② 高压油气储层；
③ 极易坍塌地层；
④ 出水较大且有水敏层；
⑤ 有塑性流动岩性的地层；
⑥ 地质认识不详的地区。

以上情况地层应用气体钻井，存在技术局限，成本较高，危险性较大，应尽量不采用气体钻井。

(3) 气体钻井容易出现的问题：
① 井壁稳定问题。

a. 气体钻井钻成的井眼力学上不如钻井液钻井稳定。气体钻井是以气体作为循环介质的钻井工艺，由于气体的密度相当低，作用于井壁上的侧压力很小，当气体钻井钻成井眼后，井眼周围的岩石需要承担地应力。由于岩石本身存在节理、层理、微裂缝、构造运动产生的破碎带、断层，使得岩石的各向异性程度较高。在气体钻井过程中，如果地层应力超过岩石结构极限强度，在空井眼井壁周围的岩石就会发生脆性破裂、垮塌，井眼常常表现出井径扩大较多或井壁坍塌。

b. 气体钻井条件下，泥页岩水化会降低岩石的强度，泥页岩含水量变化会改变胶结的完整性，使泥页岩表面水化，泥页岩微裂缝扩展，导致地层出水或水基钻井液置换后井壁易于失稳。

② 地层出水问题。于气钻井遇到少量地层出水，可形成泥团，不及时处理会造成泥包卡钻，可以通过转换成雾化泡沫钻井解决。

地层出水后可引起水敏性地层井壁坍塌，造成井径扩大率大，导致返屑困难，引起井斜，有些可以通过技术手段解决。

③ 井下燃爆问题。空气钻井如果遇到可燃气体，则有发生井下燃爆的危险，因此钻进时需要及时监测返出物中可燃气体、氧气和二氧化碳含量变化，判断是否出气和发生燃爆，返出物监测过程中发现异常，要及时转成氮气钻井避免燃爆。

3. 气体钻井技术适用前提

为获得好的效果，气体钻井具体应用要求如下：

(1) 选择具有气体钻井可解决难题的地层，即钻井速度慢非产层硬地层、溶洞裂缝性漏失严重地层；钻井液伤害严重低压水敏性地层储层。

(2) 要有科学准确的选层选井技术。筛选出合适的地层井段，算出相关的参数，确定需要增加的设备和相关技术措施，给出预计增加的投入。

(3)要有准确的经济性评价技术。根据选井选层结果和气体钻井经济性计算模型算出提速效果和可能节约的成本，如果所选井应用气体钻井节约成本多于投入，则获得经济效益的可能性就高。

(4)要有完善的配套技术措施。对于气体钻井正常钻进，或者可能遇到的井稳定问题、地层出水问题、井下燃爆问题、井斜问题、可能的事故等要有完善的技术预案。

(5)设备仪器及管线必须配备完整好用。技术方案所需的设备仪器及管线要确保完整、耐用，仪器必须准确灵敏可靠，管线必须符合要求并试压合格。所有的设备仪器管线必须及时维护和按要求更换。

(6)制定的技术措施必须执行到位，出现的问题必须及时处理。

(7)相关技术人员必须经过培训合格，能够正确熟练操作相关的设备和仪器才能上岗。

(8)现场负责人组织管理必须认真负责并具有相关的资质和能力。现场负责人能够协调各单位关系，监督现场工作人员认真执行相关技术措施；并具有相关的资质和能力，能够根据出现的情况及时判断原因，并做出合理的决策。

二、气体钻井选层原则

气体钻井选层主要原则是同时满足以下三个条件。

(1)该区块地层具有以下难题之一：
① 非产层硬地层常规钻井钻速慢；
② 溶洞裂缝性漏失地层井漏；
③ 低压水敏性地层储层钻井液伤害严重。

(2)地层稳定性好，无易坍塌层。

(3)地层出水少。

三、气体钻井适用地层

(1)不出水的坚硬地层。在坚硬地层中，采用空气钻井可以大幅地提高机械钻速。由于地层水能使黏土颗粒凝结膨胀，容易造成环空堵塞及卡钻事故，所以出水地层不适于空气钻井。在空气钻井过程中，出于对井壁稳定和井下安全的考虑，如果地层的出水量小于$0.48m^3/h$，可加大气量排水；如果出水量在$0.48 \sim 7.9m^3/h$范围内，建议采用雾化钻井方法；当出水量更高时，则不宜采用空气钻井或雾化钻井方式，需转为钻井液钻井。

(2)严重漏失地层。对于严重漏失地层，如晶间渗透率大于$1 \times 10^{-3} \mu m^2$的地层、具有宏观开放型裂缝的地层等，在这些地层常规钻井方式难以实施，这时就可以考虑采用空气钻井方式。

（3）严重缺水地区。由于空气钻井是以空气作为循环介质，对水的需求量降到了最低，所以特别适合于沙漠、高原等缺水地区。

（4）地层压力低且分布规律清楚的地层。空气钻井的静气柱压力极小，较高的地层压力会加重井控设备的负担。此外，如果不清楚地层压力的分布规律，空气钻井施工的安全性就难以得到保证。因此，对于地层压力较高和分布规律不是很清楚的井，不适合使用空气钻井技术。

四、应用气体钻井提速可能适合层位总体筛选

以大庆油田为例，介绍储层特性、气体钻井井段地层含水性分析。

（一）储层特性

大庆油田深层气体储层类型比较丰富，不同层位存在致密砂岩、砂砾岩、火山岩、花岗岩及变质岩风化壳五大类储层。断陷区边部砂岩、砾岩是有利储层，断陷区内部火山岩是最主要的储层。

1. 孔隙特征

火山岩储层，以凝灰岩为主，孔隙类型以溶孔＋微孔型为主，裂缝不发育，岩心孔隙度为2.96%~10%，水平渗透率为0.04~0.17mD，垂直渗透率平均为0.018mD，属于低孔隙度特低渗透率储层。砾岩储层砾石成分以脉岩、石英岩、安山岩为主，裂缝以砂砾岩间的微细裂缝为主，裂缝孔隙度为0.52%。储层孔隙以小孔隙为主，但存在较大孔隙，孔隙大小不均。岩心分析孔隙度2.4%~4.2%，平均为3.4%。水平渗透率0.107~0.794mD，平均为0.377mD，垂直渗透率介于0.028~0.291mD，平均为0.146mD，有发育的微裂缝。

2. 温度和压力

对深层已钻40口探井试油资料进行了统计分析，大庆油田深层总体上地温梯度在4.00~4.20℃/100m，肇州地区平均地温梯度4.19℃/100m，朝阳沟地区和丰乐地区平均地温梯度4.07℃/100m；地层压力系数为0.85~1.14，较多集中在0.95~1.06。大庆深层储层地层压力梯度大多不超过1.05MPa/100m。虽然少数层系压力系数略高（在1.10左右），但孔隙压力和渗透率较低，井口压力能够保证在可控范围内，可以应用气体钻井。

（二）气体钻井井段地层含水性分析

根据出水层判识标准及出水量的计算，对大庆深层已钻深井的测井解释数据进

行了统计计算，大庆深层 QT 组一段和 DLK 组若采用气体钻井都将会遭遇若干较小出水层，出水量一般为 0.1～5m^3/d，可以看出大多出水量较少，可能适合气体钻井。

(三) 气体钻井井段筛选结果

通过以上对大庆深层地层岩性、储层物性、流体性质、井壁稳定性的分析和计算，筛选出大庆深层适合气体钻井的井段和层位。根据测井数据进行统计分析的结果，虽然总体上大多可能适合气体钻井，但具体到各个区块和每口井不同深度层位会有所不同，需要具体分析。有些区块深层适合气体钻井层段短，没有经济效益；有些区块深层适合气体钻井井段长，应用气体钻井有经济效益，需要根据邻井的实钻资料和测井数据进行详细分析优选，才能选出合理的层段，获得好的经济效益。

五、气体钻井保护储层适合层位选择

(一) 应用气体钻井保护储层地层的原则

由于不同区块储层物性千差万别，本书只能给出一些基本方法和原则。应用气体钻井发现和保护油气储层，其应用的原则是：

(1) 该地层具有气体钻井技术可行性，可以应用气体钻井。

(2) 应用气体钻井发现和保护油气层，其带来的经济效益大于投入。

(二) 储层气体钻井技术应用地层条件

(1) 气体钻井地层稳定，没有易坍塌地层。

(2) 没有高压和高渗透率相结合的地层。从地层伤害角度看，虽然埋藏较深的高压、高渗透率地层比较适合应用气体钻井，但产出的气体太多，难以有效控制，给地面安全和井控带来了很大的隐患。

(3) 没有多压力层系的地层。具有不同压力的多个产层的油气藏或在给定目的层中存在明显压力变化的油气藏，易造成井下的油气窜流。

(三) 应用气体钻井易于获得经济效益条件的地层类型

该地层确定含有一定可采储量油气层，在技术上适合气体钻井，应用气体钻井可获得比常规钻井更好的投入产出比，经济性计算见气体钻井产能经济性评价模型，其中以下地层应用气体钻井易于获得好的经济效益：

(1) 力系数比较清楚，有一定的可选密度，而油气层位置不清楚的地层，气体钻井可以有效地发现和保护油气层，提高勘探的精度。

(2) 水敏性储层。若进入储层的外来液体的矿化度与储层中的黏土矿物不匹配时，将会引起黏土矿物水化膨胀和分散，导致储层渗透率降低和产能下降。影响储层水敏的因素主要有黏土矿物类型、含量、存在状态，储层物性，外来液体的矿化度大小，矿化度降低速度及粒子成分。

(3) 润湿性反转型储层。储层岩石可以是亲水性（水润湿）、亲油性（油润湿）或中等润湿性，其取决于极性组分的含量和天然岩石的表面性质。因化学处理剂的作用，使岩石的润湿性发生改变称为润湿性反转。润湿性改变后，储层的孔隙结构、孔隙度、绝对渗透率均不改变，但是当水润湿地层转变为油润湿地层后，却能大幅地改变油、水的相对渗透率，一般可使油相渗透率降低15%~85%，平均能达40%。在渗透率较低的岩石中，渗透率降低的百分数更大。

(4) 钻井液与地层流体可能发生反应产生沉淀的地层。一种是钻井液中矿物与地层流体发生化学反应产生的无机沉淀，从而堵塞油气通道，常见的有碳酸钙、碳酸锶、硫酸钡、硫酸钙、硫酸锶等，其受温度、压力、接触时间、矿化度等影响；另一种是外来液体与地层原油不配伍产生有机沉淀，主要指石蜡、沥青质及胶质在井眼附近地带的沉积。有机沉淀不仅可以堵塞储层的渗流通道，还可能使储层的润湿性发生反转，从而导致储层渗流能力的下降。

(5) 裂缝型渗透通道的产层。该地层易于在过平衡钻井中受到伤害，且伤害的范围广，对产能影响大。裂缝表面积大，亲水势能强，造成高水势能强，形成高束缚水饱和度，从原始常欠饱和状态，吸水至饱和状态，从而使流道减小甚至水锁。在裂缝储层过平衡钻井中，钻井液的渗透距离也比孔隙性储层大得多，从而减少了油气的产量。

(6) 孔隙压力和破裂压力系数接近的地层。孔隙压力和破裂压力系数接近的地层中，应用过平衡钻井的钻井液密度窗口小，如果钻井液排量稍大可能造成漏失，而密度稍小可能造成溢流，使平衡钻井难以控制。对于这种情况，如果坍塌压力系数较低时，应用于气体钻井的钻井液密度窗口较大，因此应用气体钻井更容易施工。

第二节　气体钻井出水预测技术

一、概述

气体钻井中往往遇到地层出水的复杂情况，地层出水后水将岩屑黏结在一起，在钻杆上形成泥包，引起井眼缩小、循环阻力增大，严重时发生卡钻等复杂情况。2003年威德福公司在玉门的青西油田进行气体钻井试验时，在推覆体内和下部白垩系都遇到了水层，不得不转换介质，没有实现预期的气体钻井目标。长庆油田在苏里格地区尝试天然气钻井，但在延长组和延安组地层遇到了地层大量出水而不得不改变钻井方式、调整井身结构。钻前识别水层的问题已经成为目前限制气体钻井应用的一个关键问题，实现钻前水层预测对合理安排气体钻井井段具有非常重要的意义。

目前利用测井解释判断地层流体类型的方法有很多，但钻井时判断水层的问题是近年来随着气体/欠平衡钻井的发展越来越受到关注。许文革研究了在气体钻井过程中如何从立管压力、机械钻速、综合录井的电导率参数、排屑口状态来及时发现水层的方法。乔剑华等借鉴测井解释方法提出了利用测井资料进行钻前预测出水地层的方法。

二、出水影响机理

(一) 理论分析

C.H.Yew 和 M.E.Chenevert 提出的利用热扩散模拟水扩散，然后根据平面应变力学方程联立，得到水化后的应力、应变及位移，根据该理论研究了泥页岩水化对岩石弹性模量的影响，并指出岩石弹性模量与其含水量增量存在直线关系；随着含水量的增加其弹性模量减小。

在对大庆油田的泥页岩岩心做了大量实验后，发现岩石弹性模量与其含水量之间的关系不是直线关系，而是对数关系，得出岩石泊松比、内聚力和内摩擦角都与其含水量存在一定的关系，内聚力和内摩擦角随着岩石含水量的增加相应减少，而泊松比则随着岩石含水量的增加而增加。

(二) 实际分析

在气体钻井过程中，气体超低密度的特性，决定了岩屑只能以粉尘或极其微小的颗粒形式，通过高速的气流携带出井眼。当钻遇水层时，细小的岩屑遇水会凝结成块，当岩屑和水的比例达到一定值时，岩屑便会黏附在钻具与井壁上，形成段塞，阻止环空气体流通，使得岩屑无法正常返出地面，而且随着这些间歇的空气大段塞沿着井眼向上运移，还会堵塞地面设备。特别是水敏性岩屑，如泥页岩，会造成黏附卡钻和井塌掩埋钻具等复杂情况或事故。因此，及时准确发现地层出水对气体钻井尤为重要。根据 C.L.Moore 等人的理论，少量的出水比大量出水更易造成井下复杂情况。而目前常用的判断地层出水的方法主要根据立压变化、排砂管出口状态、机械钻速变化等来判断，但是在刚刚钻遇水层、出水量较小时无法及时准确地进行识别。

三、钻前出水定量预测技术

钻前对水层的准确预测是气体钻井顺利实施的关键，需要解决以下几个问题：地层流体的判断、地层物性的解释、地层压力的解释、出水量的计算。

（一）地层流体类型的判断

不同测井信息对储层物性、含流体性质有不同的响应特征，综合分析这些差异，能评价储层的含油性、可动油气、可动水显示，进而评价储层产液性质，进行储层流体性质判别。常见的流体性质判别方法比较多，主要有深浅双侧向判别法、正态分布法、孔隙度重叠法和交会图法等。

（二）地层渗透率的解释

渗透率是流体流过地层难易程度的度量。可渗透的岩石必须具备连通的孔隙（孔洞、溶洞、毛细管、裂缝或者裂隙）。通常比较高的孔隙度对应比较高的渗透率，但也不绝对。孔洞的尺寸、形状和连通性，与孔隙度一样也影响地层的渗透率。

虽然一些细粒砂岩的单个孔洞和孔道相当小，但是仍然可以具有高的连通孔隙度。可见，供流体运动的狭窄孔洞的路径是相当细小和曲折的。由极细小的颗粒构成的泥岩和黏土，经常显示出很高的孔隙度。然而，由于孔洞和孔道都很小，从实用角度看，多数泥岩和黏土的渗透率为零。其他一些地层，如石灰岩地层，可能是由一些延伸很广的小缝隙切割的致密岩石构成。致密岩石的孔隙度很低，但是裂隙的渗透率却非常高。

既然渗透率主要取决于孔隙度的大小和孔隙的几何形状，因此，对测井解释来说，重要的问题在于如何提供能够反映储集层孔隙的几何形状的参数。实际分析表明，砂岩粒间的孔隙结构与组成砂岩骨架颗粒的粒度分布有十分密切的关系。因此，渗透率与粒度中值有较好的相关性，一般随着粒度中值的增大而增大。另外，束缚水饱和度与产层的孔隙结构也有比较密切的关系，可作为反映孔隙结构的一种间接因素。渗透率一般随着束缚水饱和度的增大而减小。所以，渗透率通常可以表示为孔隙度和粒度中值的函数，或者表示为孔隙度和束缚水饱和度的函数。

（三）束缚水饱和度

储集层中的束缚水饱和度反映了流体与岩石之间的综合特性，其大小主要取决于岩石孔隙毛细管力的大小和岩石对流体的润湿性。束缚水主要由毛细管滞水和薄膜滞水两部分组成。毛细管滞水是指油藏形成过程中，驱动压力无法克服毛细管力而滞留在微小毛管孔道和颗粒接触处的残存水。薄膜滞水则指由于表面分子力的作用而滞留在亲水岩石孔壁上的薄膜残留水。因此，束缚水饱和度与地层孔隙结构有密切的关系。

四、常规钻井地层流体识别方法现状及不足

（一）常规钻井地层流体识别方法现状

常规钻井水层主要是在钻井液条件下应用深侧向电阻率与气测比值做交会图识别气水层，由新的试气层位进行验证效果较好，符合率达到95%。

储层流体性质识别主要结合地质、构造、成藏、储盖组合等多种资料，充分利用录井资料，以测井资料的流体性质定量评价为基础，进行储层流体性质综合评价。并且随着将多元统计方法引入测井综合解释中，提高了储层流体识别精度。

（二）常规钻井地层流体识别方法不足

测井、录井建立的常规钻井条件下水层判识方法不完全适用于气体钻井条件，其原因如下：

（1）由于钻井介质不同，气体钻井井眼井内完全处于负压状态，压力变化导致出水性质的变化。

（2）由于岩石内液体流动条件取决于渗透率和孔隙通道的结构，采用气体钻井，由于"负压"钻井，对地层几乎无伤害，渗透率几乎保持原始状态，如果地层中有裂缝，这时裂缝处于开启状态。而常规钻井后，由于地层与钻井液滤液接触，对井壁围岩产生了不同程度的水敏、速敏伤害及水锁效应，钻井液中固体颗粒在正压差的作用下进入地层、快速地在近井壁地层中改变渗透率及孔喉通道，形成有效的、渗透率较低的屏蔽环，从而抑制了地层水的溢出。

（3）侧重对象不同。常规的测井、录井主要目的是预测气层及油层，针对深层而言，重点是YC组气层的识别，而气体钻井关心的是整个气体钻进井段的含水、含气情况，重点是水层的识别。

（4）常规测井解释方法主要是通过测井曲线组合来计算孔隙度、渗透率、饱和度，用交会图来综合识别油、气、水层，这不仅需要建立解释模型、测井解释响应方程，还要合理选取中间参数，因此，不可避免地会带来一定人为的误差因素，并且还受地层因素影响。

由于以上原因，致使常规钻井中录井、测井综合解释的干层在应用气体介质钻开井眼时有出水现象发生，因此，录井、测井建立的常规钻井条件下水层判识方法，

不完全适合气体钻井条件下地层出水判识，会漏判很多出水层位，因而需要建立气体条件下的水层判识方法，为气体钻井设计选层和介质转化提供依据。

五、地层出水地质原因分析

（一）地层岩石束缚水饱和度和含水饱和度的关系

沉积岩在经历沉积、成岩的过程中，岩石的孔隙是完全含水的，但是由于水所处的空间位置不同，导致其中一部分水是可动的，称为可动水或自由水，而另一部分水是不可动的，称为束缚水。

束缚水饱和度作为地层的属性之一，在储层演变过程中很少受外部因素影响，它在储层中普遍存在，即使是纯气层也有一定的束缚水饱和度。

一般情况下，对于高束缚水饱和度的气层，其含水饱和度即使高达60%~70%，但因储层井也不含可动水，所以会出现低阻气层（或油层）的情况。反之，对于低束缚水饱和度的气层，可能由于其还含有一定量的可动水，即使其总含水饱和度低于50%，也会出水，所以会出现高阻的含水气层的情况。

通过前面的分析，要想判别储层是否含有可动水，应该从反映储层自然属性的参数即束缚水饱和度与孔隙度之间的关系入手，寻找它们之间本质的联系。

（二）含水饱和度及束缚水饱和度计算模型的选取

前面的分析表明含水饱和度及束缚水饱和度是评价储层产液性质的关键参数，因此，要评价地层的产水性。由于含水饱和度解释理论与分析方法是由纯砂岩的模式演化而来的，因此选用阿尔奇公式及其发展公式计算含水饱和度值。经计算，已完钻气体钻井实际出水层位束缚水饱和度为26%~75%，则其可动水饱和度在25%~74%，所以尽管所含可动水百分比不大，但由于含有可动水就具有了出水的可能性。

六、气体钻井条件下水层预测方法的建立

通过前面的分析可知，判识出水层段存在交叉性，含水饱和度是判断水层的一个重要参数，但不能简单以含水饱和度的高低来判断地层流体性质，而应该寻求一种综合判断方法，预测地层出水的可能性。

因此，首先对钻井液条件下水层判别方法进行了充分的分析（大庆深层钻井液钻井条件下通常将电性低、物性好、数字处理有效孔隙度在8.0%以上、有效含水饱和度为100%的层解释为水层，把物性差、孔隙度、渗透率低、有效含水饱和度为

100%的层解释为千层),筛选出能反映水层变化的敏感性参数,然后对大庆深层已钻气体钻井的实际出水层位测井解释数据进行统计分析。大庆深层气体钻井条件下水层的孔隙度等测井参数特征存在如下的统计规律:

(1) 出水层的含水饱和度为100%;
(2) 出水层的电阻率低于2000Ω·m,一般低于150Ω·m;
(3) 出水层的泥质含量一般低于20%;
(4) 出水层的有效孔隙度一般大于3%,而且中子孔隙度大于5%;
(5) 岩石密度为2.35~2.60g/cm³。

第三节 气体钻井井壁稳定预测和井壁保护技术

一、气体钻井井壁稳定机理

承受均匀分布载荷的井眼钻开问题的弹性解由拉梅给出。但求解弹塑性解时由于假设材料为理想弹塑性,无法确定井眼稳定的临界状态,这与实际钻井情况不符合,过高估计了井眼稳定性。实际岩石在工程条件下表现出应变软化特性,工程岩石结构具有一个保持稳定的临界状态。

笔者利用一个能够模拟岩石介质逐渐破坏过程的数值分析工具——RFPA系统,建立了气体钻井的井眼分析模型,研究了井眼钻开后井壁围岩的损伤演化过程,直观再现了井眼周围损伤区内裂缝和微裂纹的分布情况,并通过室内真三轴模拟试验证实了井眼的损伤和井眼稳定有一个临界损伤(塑性)状态,这为气体钻井坍塌压力计算提供了力学依据。

(一) 气体钻井井眼稳定的临界状态研究

1. 岩石材料的力学特性假设

岩石在工程条件下表现为应变软化特性,即应力—应变曲线在峰值后随着应变增加而跌落或者降低。

由于岩石峰值强度后表现为应变软化特性,井眼钻开后存在一个保持稳定的临界状态;理想弹塑性的分析则没有这个临界状态。从气体钻井的井眼稳定和安全角度看,损伤区在临界状态以内是安全的;如果超过临界损伤状态,则井眼失稳,气体钻井是不安全的。因此,气体钻井的井眼稳定性应该依据临界状态来判断。

2. 地应力不均匀程度的影响研究

实际地应力情况往往是不均匀的,改变水平最大主应力与水平最小主应力的比值，根据临界状态下井眼周围的损伤可以清楚地再现井眼周围裂缝和微破裂的分布情况。

(二) 真三轴试验验证

为了验证数值模拟结果，进行了室内真三轴实验。加工 30cm×30cm×30cm 的方形水泥块，中间钻一个直径为 5cm 的井眼，放入真三轴实验仪中。从三个互相垂直的方向施加载荷模拟实际的应力状况，当井眼在临界状态以内时，井壁周围出现了裂缝和微裂缝，但是井眼能够保持稳定。但当边界载荷继续增大到临界状态后，井眼周围损伤区发生失稳性扩展，载荷无法继续施加。

室内真三轴试验结果证实了数值模拟的结果，气体钻井中井眼稳定有一个临界状态，损伤区在临界状态以内是安全的；如果超过临界损伤状态，则井眼失稳，气体钻井是不安全的。

二、气液转换井壁保护

(一) 气液转换井壁失稳原因分析

井壁稳定是快速、优质钻进和取全取准资料的重要前提。川东北地区地层古老，陆相地层倾角较大，砂岩与泥岩频繁交替出现，互层薄而多，岩性变化大。陆相地层上部以紫红色的泥岩、砂岩互层为主，下部以灰色或灰绿色泥岩、砂岩互层为主。砂岩胶结性好、强度高，泥岩胶结性差、强度低，中间填充物和泥岩地层中富含高岭石和伊利石，易沿着地层胶结面处产生水化剥落掉块。须家河组中下部地层中含有多段碳质泥岩，极易发生坍塌，形成齿状井眼，导致严重的复杂情况和井下事故。

钻井导致地层诱导裂缝的形成加剧了这种作用，间层黏土矿物吸水膨胀率不同，容易造成层间散裂。

在气体钻进中，井内充满了干燥的气体，泥页岩不存在水化膨胀的因素；但气体钻井过程中，井筒内气柱压力低于地层压力，处于一种欠平衡状态，伴随着空气锤或钻头的震动，在井壁周围产生或加剧了微裂缝的发育，不利于替入钻井液后的井壁稳定。气体钻井后替入水基钻井液，井筒内的液柱压力升高，井筒没有致密滤饼的保护，井浆中的小尺寸颗粒、自由水通过地层孔隙、裂缝迅速进入地层；钻井液对井壁的冲刷也会加剧井壁的不稳定性。

(二) 气液转换润湿反转技术

地层润湿性是指固体表面流体在分子作用下的铺开能力，表明一种流体在固体表面扩展或黏附的趋势，是地层岩石重要的表面特性之一。根据岩石与流体间的接触关系，地层润湿性分为油润湿、水润湿和中性润湿三类。影响岩石润湿性的因素很多也比较复杂，其性质由多种相互作用的敏感因素决定，是岩石与地层流体在特定条件下综合作用的结果，同一岩石的润湿性也不是一成不变的。条件改变，润湿性也可能发生改变。一个系统的润湿性可从水润湿变到油润湿，能起这种转化作用的表面活性剂称为润湿反转剂。例如，砂岩的主要成分是硅酸盐，其表面带有负电荷，亲水能力强，当带有亲水正电荷的表面活性剂与其接触时，就吸附在岩石表面而且有规律地排列，使岩石变为亲油岩，用于气液转换的阳离子表面活性剂主要有季铵盐型、铵盐型和氧化铵型表面活性剂，非离子表面活性剂主要有脂肪醇醚、烷基酚醚、多元醇酯、聚醚等。

三、空井眼的力学失稳影响因素分析

气体作用于井壁上的侧压力很小，当气体钻成井眼后，井眼周围的岩石需要承担的应力。由于岩石本身存在节理、层理、微裂缝、构造运动产生的破碎带、断层，使得岩石的各向异性程度较高，在气体钻井过程中，如果地层应力超过岩石结构极限强度，在空井眼的井壁周围的岩石就会发生脆性破裂、垮塌，井眼常常表现出井径扩大较多或井壁坍塌。

(一) 深层岩石地应力大小测定

目前测量地应力的方法较多，采用岩石的声发射特征来测定地应力有很大的优越性：简单、方便和重复性好。在实际地应力测定时，一般不考虑温度的影响。采用岩石的声发射特征来测定地应力。岩石受载、微裂隙的破坏和扩展，其部分能量以声波的形式释放出来，用声波接收仪器可以接收到声波的形态和能量，岩石的这种性质称为岩石的声发射活动。岩石的声发射活动能够"记忆"岩石所受过的最大应力，这种效应为凯塞尔效应。

(二) 气体钻井井壁稳定的计算

井壁岩石的破坏，对于软而塑性大的泥岩表现为塑性变形而缩径，对于硬脆性的泥页岩一般表现为剪切破坏而坍塌扩径。在常规钻井液平衡压力钻井过程中，对钻井液密度的要求一般是井内液柱压力大于地层压力而小于地层破裂压力。井壁稳定与否是力学与化学耦合作用的结果。

对于气体钻井而言，井内液柱压力近似为零。井壁岩石的稳定主要靠岩石本身的强度来维持。一旦井壁岩石所受的应力超过了其自身的强度，则产生剪切破坏而

发生失稳。在地层不出水的情况下，空气钻井井壁稳定基本上是一个纯力学问题。最常用的井壁剪切破坏判别标准是摩尔库仑强度准则。

四、气体钻井条件下地层出水或水基钻井液置换后对井眼稳定的影响分析

气体钻井条件下，地层出水或水基钻井液置换后井壁易失稳，主要影响因素有以下几个方面。

(一) 泥页岩水化降低了岩石的强度

泥页岩强度和其含水量有直接关系，含水量增加，页岩强度显著降低，会诱发和加剧井壁失稳。

针对岩石的强度和含水量的关系在室内进行了初步的研究。实验选用大块泥岩岩样（4cm×4cm），在120℃的条件下，用不同钻井液体系及清水静止浸泡16h，然后测定样品的渗入度，该实验主要反映钻井液对硬脆性泥岩水化的抑制能力及保持岩样强度的能力。

通过实验看出钻井液浸泡后，泥页岩自身的含水量改变，尤其是岩石强度具有较大变化，地层出水可以明显降低泥页岩的强度，如果不做适当的保护，很容易发生井壁的失稳，合适的保护液能够较好地保持泥页岩的强度，从而保持井壁的稳定。

(二) 泥页岩含水量变化改变胶结的完整性

水分子和离子进入页岩后，打破了原本存在的物理化学平衡状态，因此可能引起一系列复杂的物化反应，最可能的两方面是胶结物的溶解和矿物的转变，从而使胶结完整性降低，导致岩石强度降低。

(三) 泥页岩表面水化

当泥页岩遇水后，由于水化应力的作用水分子会与泥页岩表面上的活性吸附形成新的氢键而破坏原有的氢键联结，并且与黏土矿物层间或颗粒表面上吸附的阳离子水化膜中的水分子形成氢键，造成泥页岩微裂缝的扩散和黏土矿物的层间膨胀，从而引起井眼失稳。

(四) 泥页岩微裂缝扩展

泥页岩在形成的过程中不可避免地受到构造应力和上覆压力的作用，使许多硬脆性泥页岩内部存在较多微裂缝。在钻井过程中，泥页岩的微裂缝扩展效应主要体现在以下两方面。

首先，裂缝和孔隙的存在不仅在力学上降低了地层的强度，而且在地层被钻开形成井眼后，地层水和钻井液滤液容易从井的裂缝进入地层，物理的扰动和泥页岩的化学水化作用、会引起泥页岩的严重坍塌。许多硬脆性泥页岩本身含有微裂缝，但是由于微裂缝很细小，从表面上来看从井下取出的泥页岩岩心似乎很完整，但一旦这种岩心与水接触，由于毛细管效应，水便会从泥页岩的微裂缝快速进入，所产生的膨胀压力破坏泥页岩颗粒间的联结力，使得泥页岩沿着层理面分开，引起井壁坍塌。

其次，硬脆性泥贞岩中存在很多的微裂缝，微裂缝大都对钻井液的滤液比较敏感，钻井液的滤液由微裂缝进入地层后，使得泥页岩层理面变得脆弱，从而引起井壁剥落。

五、气体钻井井壁保护

(一) 气体钻井井壁保护剂保护井壁的原理

目前国内外气体钻井所用的井壁稳定剂基本上源于水基钻井液钻井中所常用的泥页岩稳定剂，然而空气雾化钻井水是以微小雾滴的形态存在的，是不连续的分散相，它随着空气流以间断的方式和一定概率分布，与泥页岩的表面碰撞接触和水基钻井液的抑制剂稳定井壁的作用机理有着很大的不同，因此研制了气体钻井专用井壁稳定剂。该保护剂是通过在井壁表面形成憎水的薄膜，而减少了地层出水或气液转换过程中井眼中水对泥页岩产生的强度降低问题，从而对井壁起到保护作用。

保护剂在随钻过程中或者气体钻井施工后期对井壁起到成膜保护的作用，在钻井过程中，气流中含成膜剂溶液与页岩表面随机碰撞接触并铺展成液膜，在液膜形成过程中，成膜剂分子将与页岩的黏土颗粒紧密桥接，与黏土颗粒中的高价离子发生络合作用而被牢牢吸附在页岩表面上；另外，在气流与井温的影响下随着溶剂迅速挥发，液膜中成膜剂的浓度迅速提高，与黏土颗粒的桥接或络合作用变强，结果在页岩表面形成保护膜，隔离水与页岩。

(二) 气体钻井井壁保护剂性能

对于井壁起到成膜保护的井壁膜稳定剂，由于其稳定作用是成膜剂分子通过与页岩的黏土颗粒发生化学作用而紧密桥接，同时由于气体钻井条件下泥页岩存在微观裂缝，井壁膜稳定剂与黏土颗粒发生络合作用，以及屏蔽泥页岩的微观裂缝需要一定的压差和时间，才能起到较好的成膜保护作用。

六、气体钻井井壁保护工艺技术

(一)钻进过程中保护

如果已经出水并发生井壁的坍塌等不稳定情况,这时注入保护剂就起不到保护井壁的作用。只有在出水前保护井壁,才能在地层出水后起到保护井壁的作用,可以在气体钻井过程中间断少量注入保护剂保护井壁。

(二)转换前保护

在气体钻井转换成常规钻井过程中易于发生井壁不稳定,可在转换前先注入保护剂保护井壁,再转换成常规钻井。

(三)雾化泡沫钻进中保护

雾化泡沫液中存在水,加上地层出水,存在发生井壁失稳的化学条件,可在雾化泡沫液中添加保护剂,在雾化泡沫钻井中保护井壁。

第四节 钻具组合及钻井参数设计

一、气体钻井钻具组合

气体钻井技术是一种利用气体型流体(纯空气、天然气、氮气、柴油机尾气、混合气体、雾化液、充气泡沫等)作为钻井循环介质,并按不同循环流体分别对常规钻井装备与特殊设备(如空压机、增压机、雾化泵、尾气处理设备、膜滤制氮设备、井口设备等系列专用设备)进行合理配套组合而进行钻进的钻井方式。为保证快速安全地进行气体钻井作业,国内外作业者都非常重视气体钻井的装备及其配套设施,如高压注气系统(空压机、增压机等)、井口旋转控制系统(旋转防喷器、井控防喷系统等)、地面管汇及液气分离系统、监测仪表系统、空气锤等。钻具组合主要包含以下部分:

(1)气体钻井循环系统,可以分为气体进入系统及液体注入系统。

① 气体注入系统。气体钻井中采用干气体作钻井流体时,通常只需要使用各种不同气体的注入系统进行正循环,而不需要常规钻井的钻井液循环系统,即返出地面的流体是通过单向导流装置,由排砂排气管汇进入排污池。

② 液体注入系统。如果采用欠平衡钻井方式,使用气体型流体充气、稳定泡沫

流体时，除需要气体注入装备外，还需要常规钻井用的液体循环系统。

（2）压力控制系统。气体钻井中使用的压力控制系统主要包括旋转防喷器、井控装置、井口装置、节流管汇、放喷管线、排砂管线、点火及防回火装置等。

（3）特殊井下工具。钻杆浮阀、单流阀（止回阀）、斜坡钻杆、六棱方钻杆和六棱方补芯、胶芯、气体钻井用空气锤等。

（4）带压操作设备。带压起下井内管串装置、井下套管阀、带压测井装置等。

（5）其他辅助设备。流量计、冷却系统，液气分离器、岩屑取样器、进气口除尘器、排砂管防尘装置、破泡池、排污池等。

二、钻井钻具参数优化

（一）气体钻井钻头优选

优选和改进了 A617HDC 气体钻井专用钻头，在喷嘴、保径、切削齿三个方面进行了如下改进。

（1）喷嘴优化设计：增加了中心喷嘴，避免泥包，消除井底滞留区，加速岩屑上返。

（2）保径措施：在掌背镶金刚石复合齿，增加外排齿数量，掌尖采用加宽加厚硬质耐磨层，牙掌采用全掌背保护，增强保径。

（3）切削齿优化：优化切削齿布齿密度和高度，减少重复破碎，提高钻速。

（二）钻具组合优选

光钻钻具组合及塔式钻具组合平均井斜均超标，光钻钻具组合井斜超标率 66.67%，塔式钻具组合井斜超标率 40%，正常情况下不适合气体钻井使用。满眼钻具组合去除（满眼钻具纠斜效果差）平均井斜最小，但考虑稳定器满眼钻具容易发生卡钻事故，需要对满眼钻具组合进行进一步的优化。

第五节　气体钻井注气参数计算

一、最小动能标准

该标准是根据空气采矿钻井实践得出，这里认为井眼中有效携带固体颗粒所需的大气条件下气体的最小环空流速为 15m/s，其单位体积动能为：

$$E_{go} = \frac{1}{2}\rho_{go}v_{go}^2 \tag{3-1}$$

式中：E_{go}——单位体积动能，J/m³；

ρ_{go}——标准状态下气体的密度，空气为1.22kg/m³；

v_{go}——标准状态下气体的流速，空气为15.24m/s。

二、最小注气量

(一) 环空压耗的求解

由于气体在井眼中高速流过产生较大的压耗，不同井深压力不同，其流速也不同，因此需要求出不同井深的压力。对于等直径的环空微元段，则：

$$dp = \gamma_m \left[1 + \frac{fv^2}{2g(D_h - D_p)}\right]dZ \tag{3-2}$$

式中：D_h——井眼直径，m；

D_p——钻柱外径，m；

Z——井深，m；

γ_m——井深Z处混合物重度，N/m³；

f——摩擦系数；

v——环空中流体的速度，m/s。

(二) 最小注气量的求解

由于井眼中不同位置压力不同，速度也不相同，在截面积相同的情况下，压力最大的位置速度最小，该点的动能也最小，因此只要该点的动能达到携带岩屑的动能，则整个井筒中其他各点都能有效携带岩屑。

根据当地空气湿度校正最小气量Q_h：

$$Q_h = \frac{p_a}{p_a - f_w \Phi p_w} \tag{3-3}$$

式中：Q_h——湿气体流量，m³/s；

f_w——除水效率；

Φ——相对湿度；

P_w——水蒸气饱和压力。

第四章　气体钻井防爆技术

第一节　空气钻井转成氮气钻井

一、空气钻井概述

空气钻井指的是将空气当作一种循环介质。空气钻井具备很多优势，出于这些优势，空气钻井在我国国内外的应用更加广泛。就现阶段的情况来说，我国国内的钻井技术并不成熟，还存在着各种各样的问题。比如说，在实际工作中，空气钻井理论并不是非常适用，现阶段我国的大部分关于钻井的相关资料还停留在 angle 混合流体均匀流的模型。此外，空气钻井钻头钻速和最小气量这方面还不够完善。流体温度也不是呈现线性地分布，这就导致实际情况和相关的计算结果是不一样的。本文将就这几个问题进行讨论。

(一) 空气钻井工作特性分析研究

对空气钻井和相关的水平井技术进行有效结合可以在一定程度上降低对空气钻井内的污染，这样可以有效增大储层的具体暴露面积，为开发出低产油、低压及低渗开辟了一个非常重要的途径。并且，由于空气钻井内的情况比较复杂，再加上摩擦力及重力的因素，会出现很多的麻烦。因此，对水平井进行安全钻井的参数设计是非常重要的。现阶段，水平、倾斜和接近水平的空气固两相流的研究是比较有限的，还存在一些技术性的问题需要解决，比如注入参数、岩屑沉降以及井斜的问题。所以，本文对关于空气钻中不同半径的水平井时井筒内气固两相流场进行了数值模拟研究，这样可以得出相关的流场分布数值，并结合不同注入参数条件下的空气携带岩屑能力进行了进一步的分析，这样可以为工艺参数的设计提供相关的依据，这样能有效提升空气钻井的工作效率，为企业带来更多的经济利益。

(二) 空气钻井压力系统计算及流速分析

在空气钻井压力的计算过程中，高倒算法是非常重要的一个方法，具体是指将钻井系统的环空出口作为压力计算的起始点，终点设置为井口，之后将空气钻井内的各个系统进行压降。其中，压降指的是钻头压降、钻内柱压降及环空压降。本文对环空压力计算采用 angle 模型，主要对钻头压降内的声速流进行分析。

1. 钻柱内压力分布的计算

对于一些可压缩的气体或者其他的气体混合物可以使用 angle 模型来进行处理，之后再使用伯努利方程进行求解，这一模型对于高速运动及低速运动气体的运动规律存在着很大的差异，所以，需要仔细考虑气体热力学及气体压缩性的过程。

流体的压缩性具体指的是，在一定温度差的条件下，其密度可以被改变的一种性质。压缩性流体一般遵守的是质量守恒定律，需要结合相关的因素，比如流体的温度、压力以及流速等，之后结合牛顿第二定律来推导出相应的压力控制方程，这样才能快速求解出钻柱之内的压力分布。结合相关的经验，在求解压力分布时，使用压缩性的流体模型是更加准确的。对于钻井系统需要做出一系列的假设：首先，要假设流体是一种可以压缩、无黏性、易流动、等向的介质；其次，空气钻井系统中的阻力平方区域需要和钻井的钻柱是同心的，做出钻柱内压力分布的计算可以解决一部分关于空气钻井中存在的问题，为空气钻井的正常运行提供必要的条件。

2. 空气钻井循环系统的压力分布以及气体流速的研究分析

对环空及钻柱内的压力分布特性分析如下：压力在钻柱内呈现折线形式的分布，在空气井的深度为 2900m 左右时，压力梯度会出现非常快速的变化，主要是因为过流面积突然发生改变所引起的。

气体在高压的状态下进入钻柱之后，流速会慢慢增加。在气体到达环空钻杆段后，如果过流面积的进一步增加，就会使得气体的流速又慢慢降低，直到达到环空的最低点处。在经过这些计算之后，就可以得出这样的结论：空气井中的气体流速最低处并不是在井底，而是在钻铤和钻杆的交接处，钻井循环系统中单位体积的动能最低点也是在这一区域。

（三）空气螺杆马达转速特性分析

通过仔细分析马达转速和马达压降曲线的相关资料可以得知，马达的压降和马达的转速之间呈现的是相反的关系，也就是说，随着马达压降的降低，转速会增大。在马达转速计算点是一个固定点时，马达的内部温度就是一个定值。马达转速增大是因为马达内的平均压力降低。

马达的转速和排气量之间是呈现正比例的关系，即排气量的增加是随着转速的增加而不断增加的。通过上文列出的马达公式我们可以知道，在马达内的排气量进一步增加之后，气体的质量也会随之增加，但是，需要注意的是，马达内的转速压力也随之增大了。这就说明了排气量和流量对马达的转速产生了相反的作用。此外，流体的温度模型运用在空气钻井的线性流体模型是这样假设的，空气的热容性比较差，但是热传递却是很充分的，这就出现了实际情况和假设相悖的情况。由于空气钻井中的空气流速比较快，但是热容性比较差，这就导致了热交换不是十分充分。

(四) 空气钻井工艺参数的选择研究

在对空气钻井最小气量的选择中，需要特别关注的是空气钻井中的气量是不是充足的。在空气钻井的技术应用中，保持空气井中空气的清洁是非常关键的一环。需要结合实际情况利用井底的清洁程度标准来选择最小气量，还需要注意的一点是，随着空气井深的增加，最小气量也随之增加了。

钻速的选择也是一个非常重要的工作，钻速是由很多不同的因素共同决定的。比如说：转速、钻压、钻头的具体类型，钻井井底的压差等，需要结合实际情况选择合理的钻速。通过相关的研究表明，为了有效地提高排量，可以进一步地提高空气钻井的钻速。一些研究发现，出现最小单位体积动能点的地方仍然处于交接的地方，所以要结合具体的情况计算交接处的钻速，并选择最小值作为最终的钻速。

二、空气钻井燃爆条件

空气钻井如果钻遇含有可燃气体地层，有可能造成井下燃爆，天然气在空气中燃爆的条件是天然气在一定压力下达到一定的体积比。

燃爆的另一个条件是井下有火花，或由于不通畅造成温度压力急剧升高从而发生自燃。井下着火使空气钻井的应用范围受到限制。当石油或天然气与空气混合，碳氢化合物聚集到一定程度后，遇到火源时，井下就会燃爆。在常压下，天然气聚集的比例达到5%~15%时，就会燃爆。比例的上限与压力的增加有关，当压力为2MPa时，比例达到30%。

对于典型的天然气来讲，压力对燃烧的范围有影响。在某种程度上，燃烧极限随着气体成分的变化而变化。一旦天然气混合比例达到燃烧的范围，自身的压缩常常能够达到自燃条件。由钻柱与井壁摩擦或者是所钻的地层坚硬含有石英所产生的火花能够点燃混合气体。空气经过小间隙与钻柱产生的摩擦热也被看作潜在的火源。

避免井下着火最常用的方法是检测到地层产出天然气后，及时将空气钻井转化为氮气钻井。

三、空气钻井转成氮气钻井条件

在空气钻井中，需要实时监测天然气和二氧化碳的含量变化，从而有效预防井下燃爆。地质预测非产层偶尔也会监测到少量天然气，这种情况一般循环观察一段时间，天然气就会消失，这时可继续空气钻进。如果循环天然气含量持续超过3%，应转换成氮气钻井。在储层在接近主力气层时,发现天然气,应立刻停钻转换为氮气钻井,或者为安全起见,进储层前就转换成氮气钻井,避免发生燃爆。

第二节　氮气混空气钻井技术

一、氮气钻井

(一) 井口装置设计

氮气钻井过程中井口不会承受太高的压力,但根据模拟计算,井口的氮气流量大,一般大于100m^3/min。根据油藏深浅,选择合适的闸板防喷器和旋转防喷器,还考虑在钻井整个过程中有高性能旋转防喷器承受一定压力,建立环空与钻台间的屏障,将井筒返出流体导离钻台的设备。另外,为了完成不压井起下钻、下油管、安装采油树等工序,还需要在井口装置中安装油管头,安装次序需要做较严格的要求。

(二) 井口装置选择

(1) 旋转防喷器选择。旋转防喷器主动密封和被动密封两种形式。虽然进行氮气钻井时,井口始终处于敞开状态,旋转防喷器承受的压力不会太高,但由于氮气钻井是在储层中钻进,为及时处理突发事件,应选择密封压力级别大于21MPa的旋转防喷器。此外,由于被动密封的旋转防喷器主要靠胶芯弹性自由收缩密封和井压助封,在用于气体钻井中存在一个较大的缺陷,即当钻杆接头通过旋转防喷器胶芯时,胶芯被瞬间撑大,接头通过胶芯后,胶芯需要一定时间才能恢复原形起密封作用,此时,将会有一股气流顺着钻杆冲向钻台,存在较大的风险隐患。主动密封的旋转防喷器主要是通过液压油给胶芯施加压力使胶芯抱紧钻具,施加的压力可以自由调节,当需要过钻具接头时,可将施加的压力上调,使胶芯在钻具接头过后迅速恢复密封状态。因此,推荐选用主动密封的旋转防喷器而不推荐使用被动密封的旋转防喷器。

(2) 常规封井器选择。常规封井器的选择应根据《石油天然气钻井井控安全技术标准》,进行选择闸板防喷器和环形防喷器组合。

(三) 工艺流程设计

此工艺流程的主要优点是卸压管线多,一旦发生井口压力迅速上升,可同时开

第四章　气体钻井防爆技术

通6条卸压管线与外界相通，管线出口的总面积大于技术套管的总面积，确保将上升的井口压力卸掉。为确保所有的防喷管线和排砂管线均设自动点火装置。

二、氮气钻井需要解决的问题

地层出气增加了气量，有助于岩屑的返出。但穿过气层后，继续钻进，则地层出气增加了出气层以上的环空摩阻，增大了出气层以下的环空压力，减小了出气层以下的环空气体的返速，原模型计算的气量不能满足气体钻井需求，需要增加气量，增加多少和地层出气量有关系，但是没有精确的计算模型。随着气体钻井在产气层的应用越来越多，建立气层气体钻井需要气量的计算模型就非常必要。针对该问题，在前人计算模型的基础上，建立了地层出气情况下的所需的气体钻井最小注气量计算模型。

由于空气制氮气效率有限，制氮系统产生氮气排量只有吸入空气排量的50%左右，造成氮气排量不足。氮气设备产生氮气纯度在90%左右，可以混入一定空气，但到底最多混入多少，没有精确的模型。

三、氮气钻井不燃爆最高混空气量计算

对于储层应用气体钻井，为预防燃爆，可选用氮气钻井。氮气钻井需要制氮设备，产出的氮气排量只有吸入空气的一半，成本比空气钻井高出很多，而设备的制氮能力还随时间逐年下降，过一定时间可能会出现氮气设备生产的氮气不足的问题。而制氮设备生产的氮气纯度较高，混入一定的空气也不会发生燃爆，可一定程度上弥补氮气设备制氮能力的不足，在不同条件下混入空气气量却不发生燃爆的精确计算是氮气钻井混空气的关键技术。

(一) 计算模型

燃烧需要可燃气体和助燃气体，且都达到一定的浓度才能燃烧。可燃气体在地层出气钻进中无法控制；助燃气体是氧气，可以通过控制注入气体氧气含量控制。可燃气体氧气燃烧临界浓度按式(4-1)计算：

$$q_n = (10.35 - 1.68\lg p) \times 10^{-2} \times 100\% \tag{4-1}$$

式中：p——井底环空压力，MPa；

q_n——氧气浓度，%。

式(4-1)是燃烧所需氧气浓度计算公式，根据井底压力和氧气浓度可以确定氮气钻井能够混入空气的气量。

(二) 混空气气量计算

制氮设备产出的氮气都有一定的含氧量，含氧浓度为 q_{n1}，氮气排量为 Q_n，可混空气量 Q_a，则：

$$q_n = \frac{0.21Q_a + q_{n1}Q_n}{Q_n + Q_a} \tag{4-2}$$

将式 (4-2) 代入式 (4-1) 整理可得出可混的最多空气量为：

$$Q_a = \frac{Q_n\left[(10.35 - 1.68\lg p_{\text{下}}) \times 10^{-2} - q_{n1}\right]}{0.21 - (10.35 - 1.68\lg p_{\text{下}}) \times 10^{-2}} \tag{4-3}$$

第三节　气层安全起下钻技术

气体钻井欠平衡起下钻有两种方法，一种是应用套管阀方法，另一种是应用导引头配合自吸装置。

一、应用套管阀的安全起下钻技术

(一) 套管阀技术的优缺点

套管阀技术的优点是井口安全性好，井口没有天然气溢出风险。但该技术的缺点是成本较高，如果产层产量较高是可以有效益的，但如果产层产量很低，很可能亏本。

(二) 套管阀应用工艺流程

(1) 安装作业工艺：将井下套管阀下至设计深度并对套管阀进行测试，然后将插入式固井工具下到阀板以下固井。

(2) 起钻作业工艺：用旋转防喷器密封井口，将钻具带压起至套管阀以上，再关闭井下控制阀，泄掉阀板以上的套压，按常规作业方式，从井中起出钻柱。

(3) 下钻作业工艺：按常规作业方式，将钻柱下至套管阀以上，然后关闸板防喷器，增加注入压力至套管阀以上井筒压力与套管阀以下压力相当可打开套管阀为止，打开套管阀后将井口压力降至安全流动压力；最后打开闸板防喷器，关旋转防喷器，带压下钻。

(三) 可能出现的问题及处理措施

在应用井下套管阀进行全过程欠平衡起下钻时，通常可能出现的问题是阀板打不开和阀板下压力过高。

(1) 如果套管阀在井下出现打不开现象，那就可能是控制管线出现问题或者套管阀本体出现了问题，在这种情况下先检查问题所在后进行处理。如果处理不了，可采用永久锁定工具将套管阀阀板永久锁定在开位。

(2) 如果是因为阀板下压力过高而导致套管阀打不开，则上部采取注入气体增压的方法平衡套管阀以下的压力，套管阀打开后再放掉气体压力。

(3) 套管阀关闭不了或关闭不严，可以采用导引头配合自吸装置代替套管阀。

二、导引头配合自吸装置的安全起下钻技术

该技术是在排砂管线上安装"井口气体导引流装置"配合自吸装置实现欠平衡起下钻的技术，可以在套管阀失效或者不用套管阀时，在低产气层气体钻井实现欠平衡起下钻。

(一) 导引头配合自吸装置优缺点

该技术的优点是成本低，可以多次使用，适合于低产气层。

但安装在地面上有安全隐患，如果导引头密封性发生问题，造成泄漏，有地面燃爆风险，钻台操作复杂，高产气层可能安全性差。

(二) 导引头结构及原理

气体钻井起下钻导引头安装在旋转防喷器内，即可正常使用。由于采用了高弹力上胶芯及下胶芯双密封，上胶芯及下胶芯承托在间隔大于 700mm 空间内的结构，胶芯弹性好，回弹迅速，从而弥补了目前旋转防喷器不能起下下部钻具组合问题，能够实现复杂结构的下部管串（例如稳定器）通过并保持密封，密封性能优良，总能够保证在 1MPa 的气压下起下一趟钻。总成壳体维护间隔长达 12 个月，与旋转防喷器兼容性好，最终提高了钻井效率，降低了钻井成本。该气体钻井起下钻导引头具有与旋转防喷器兼容性好、密封性能优良、更换胶芯程序简单的特点。

"过胶芯引流"控制只能用于气体欠平衡钻井，它要求有特殊的"过稳定器总成及胶芯"和排砂管上的"抽吸引流系统"。

(三) 过稳定器总成

常规的旋转防喷器胶芯和总成可以通过斜坡钻杆及其接头，但不能通过稳定器及钻铤，当起钻到钻铤和稳定器时，无法密封井口，因此需要安装套管阀等设备。运用通过稳定器和钻铤的胶芯和总成，配合抽吸设备可以实现不用套管阀情况下的井口密封。

(四) 抽吸系统

排砂管上的"抽吸引流系统"是在排砂管上安装一个抽吸设备，利用设备的抽吸作用把从地层产生的气体从排砂管上抽吸出来，从而在井口形成负压的一种系统。它的抽吸能力必须满足井下的出气量要求。

(五) 井口压力控制法

1. 旋转控制头总成密封控制法

在正常钻进过程中，由于排砂管线是与井口连通的，进入储层后井口的压力只有 0.202MPa 左右，所以总成的设计要求能过 φ165mm 接、密封 φ127mm 钻杆、密封压力大于 0.202MPa，XK35—10.5/21 就可以满足要求。

在起下钻过程中，井底出气量达到工业气流时井口压力为 0.109MPa，通过开发能过 φ214mm 稳定器、密封 φ159mm 钻铤、密封压力大于 0.109MPa 的总成就可以实现深层储气层的起下钻作业，达到起下钻时的压力控制。

2. 气流引导方法

在钻进过程中，依照上述方法通过总成来对井口进行密封。

在起下钻过程中通过排砂管上的"气流引导方法"把从环空返出的气体通过排砂管内所形成的抽吸引导力来对储层气进行引导处理，从排砂管中抽吸出去，最后把抽吸出来的气体在排砂管出口进行点火，这样就保证了井口人员的安全作业。

在起下钻过程中，只要能保证排砂管内所产生的抽吸引导力大于井口所承受的压力，就可以安全地完成起下钻作业。

该压力控制方法已经在低产气层井应用，顺利地完成了钻遇差气层的欠平衡起下钻作业，并收到较好的应用效果。

(六) 导引头技术规范

根据大庆三开气体钻井钻具组合情况，一般使用满眼钻具组合，φ214mm 的稳定器 φ159mm 的钻铤。井口的"过稳定器总成"技术规范如下：

(1) 能通过并密封 φ214mm 的稳定器；
(2) 能通过并密封 φ159~178mm 的钻铤；
(3) 密封压力大于 1MPa；
(4) 胶芯能承受 6~20kN 的力；
(5) 可以安装在常规旋转防喷器壳体上。

(七) 欠平衡起下钻工艺流程

(1) 起钻时，全井应用斜坡钻杆通过旋转防喷器起钻，当起钻到钻铤位置时，关闭闸板防喷器，把常规旋转防喷器总成更换成可通过稳定器的总成及其配合胶芯，同时在排砂管线出口，打开一台空压机，使压缩空气流经排砂管线的末端，在排砂管线的前端产生负压，抽吸井内的气体，使井内气体经排砂管线排放。

(2) 钻头底部起至全封闸板防喷器以上 0.2~0.3m，关闭全封闸板防喷器。如果未装全封，则钻头到井口后关闭旋转防喷器试压塞，从而封闭井口。

(3) 更换钻头或钻具。

(4) 下钻时，通过引锥把钻具穿入胶芯，安装可通过稳定器的旋转防喷器总成及其配合胶芯，钻头下至全封闸板上方，打开全封闸板或旋转控制头试压塞，同时打开自吸装置，压力完全泄掉，然后继续下钻，通过钻铤之后，更换成常规的旋转防喷器总成和胶芯，继续下钻。

(八) 可能出现的问题及处理措施

在整个作业过程中，最薄弱的环节是井口的"过稳定器总成"，因为它只能密封 1MPa 的力，而且总成只能保证稳定器从中穿过而不能完全密封，当稳定器经过胶芯时，如果井口有硫化氢气体就可能通过稳定器的纹理渗透到钻台上，这样就会造成不可估量的后果。所以在起稳定器的过程中一定要保证排砂管线上的抽吸系统能力大于井下的出气量。地层气体含有硫化氢时禁止使用该装置。

"过胶芯引流"控制技术其操作简单，起下钻效率高，成本低，适合大庆深层差气层气体欠平衡钻井的要求。

三、起下钻井口安全控制技术的应用

(一) 低压储层气体钻井的基本情况

低压储层气体钻井，是指在气体储层中进行钻井。由于储层内部气体压力下降，储层产生了一定程度的流动，因此钻井时特别容易出现钻井液向储层渗透现象，导致渗透压差增大，最终储层气体逸出井口。这种情况会极大地危及人们的生命和财产安全。因此在钻井过程中，要严格控制液位和相应的压力来保障气井安全推进。

(二) 应用

1. 海洋立管起下眼井口恒定安全控制技术

在海洋低压气井的钻井过程中，对钻井液的深度和压力掌控十分关键。为了保障眼井口的安全，需要采用海洋立管起下眼井口恒定安全控制技术。这项技术适用于眼井口深度超过1500米、海况较差、海洋天气异常等状况下的眼井控制工作，其主要原理是当下钻井设备处于一定的位置时，能够实现立管的充放和立管内钻井液的供应与回收。

2. 钻井流程分析和相关技术方案

钻井流程分析和相关技术方案是低压储层气体钻井中重要的一环。在钻井的不同阶段，应该适时采用相应的技术手段来控制井位状态，以便及时地处理液位、压力和钻井液的循环。

3. 气井控制技术的应用

气井控制技术是一项重要技术，在钻井过程中起到了非常关键的作用。它主要是为了排除井控情况下的安全隐患，或是应对钻井时间延长、大量钻井液漏失等情况。在气井控制技术中应用钻杆击打、增强井口偏重、补孔、作用于塞头等技术手段和方法，保障钻井安全进行。

第五章　井网注水方式的选择

第一节　油田合理注水方式的选择

在注采平衡条件下，推导出油田采油速度与注采井数比关系式，当油井采液指数与注水井吸水指数之比一定时，油田注采系统存在一个最佳的注采井数比，油田可在这个注采井数比下获得最大的采油速度，据此得到了油田合理注采井数比计算公式。根据该公式和油层平面分布特点、渗透性可以选择油田的合理注水方式。大庆长垣地区由北向南、由长垣南部到长垣外围各油田依次采用了大切割距行列注水方式、小切割距行列注水，以及四点法、反九点法面积注水方式。在油水过渡带，由于砂体分布面积减小、油层渗透率降低，均采用了面积注水方式。

根据实验和矿场实际资料，研究了裂缝性油藏水驱油机理和储层中裂缝分布规律与注水开发动态特征，得出：在选择注水方式部署开发井网时，应当使注水井连线方向平行于储层中裂缝的延伸方向，沿注—采井方向上的裂缝会造成采油井过早见水并大量出水，有些时候水的定向推进会造成灾难性后果。研究结果表明，矩形五点注水方式是开发裂缝性低渗透油藏的首选注水方式。

一、合理注水方式的标准

（1）所选注水方式应能最大限度地适应储层、断层与裂缝的性质与平面分布特征，使井网能够控制70%~80%的水驱储量，以保证获得较高的采收率。

（2）在井网密度（总井数）一定的条件下，所选注水方式应在满足注采平衡的前提下使油田具有较高的采油速度。

（3）所选注水方式应在开发过程中根据注水动态的变化进行比较灵活的调整与控制。

二、边内注水的两种主要注水方式

（一）边内注水、边外注水和边缘注水的比较

边外注水不能利用边水的天然能量，却可以利用大气顶的弹性能量（对于带气

顶的油田）；边缘注水可以利用少部分的边水能量，也可以利用大气顶的能量；边内注水则两种天然能量均有可能充分利用。

边外注水由于注入水向含水区外流，所以消耗的注水量多，也就是消耗的注入能量远远大于采出油气所需要补充的能量；边缘注水与此类似，仅是数量少些；边内注水由于不存在水的外流问题，注入水全部可以起到驱油作用，所以经济效果最好。

边内注水存在注水井排上注水井间滞流区的调整挖潜问题，也就是储量损失问题，而边缘注水只有部分注水井间有储量损失；边外注水却没有储量损失。

边内注水如果处理不好，就有可能把可采出的原油驱进气顶或含水中去，这样就会降低油田采收率；边缘注水同样存在这一问题，可能性较边内注水更大，只是可能损失的储量有限；而边外注水却不存在这一问题。

(二) 行列注水、面积注水和点状注水的比较

面积注水使整个油田所有储量一次全面投入开发，全部处于充分水驱下开发，采油速度高。行列注水（线状注水除外）由于中间井排动用程度低，所以采油速度相对较低些，点状注水一般更低些。

在油层成片分布的条件下，行列井网的水淹面积系数较面积井网高，较点状注水也高。而且行列注水的一个很大的优点是剩余储量比较集中，多在中间井排和注水井排上富集，比较好找。面积注水的剩余储量比较分散，后期调整难度、工作量增加而且效果相对较差。

在地层分布零星的条件下，面积井网比行列井网有利，若再有断层的切割，点状井网也是较好的注水方式。对于均匀地层，一般来说采用行列注水比采用面积注水方式好。只有在地层非均质严重的情况下才用面积注水和点状注水。

行列注水方式在调整过程中，可以全部或局部地转变为面积注水，或在一些地区补充面积注水和点状注水。

(三) 切割注水与面积注水方式的选择

1. 不同注水方式对油层的适应性

切割注水要在油田内部形成注水线，因此要求每个油砂体在平行于注水井排的方向上达到一定的宽度，其大小应保证在一定井距条件下布有3口注水井，以拉成较完整的注水线。

切割注水方式一般在两排注水井之间布置3排或5排生产井，因此在垂直于井排方向要求每个油砂体具有一定的延伸长度，最低限度是从注水井排延伸到中间井排生产井，以保证这套井网的每口生产井都具有较高的生产效率，而且每口井所控

制的油层至少能与一个注水井排相连通。

由于切割注水方式的注水井都集中在一个井排上，当油砂体的形态不规则时，即使可以连通，也不能保证生产井受到很好的注水效果。因此，切割注水方式要求油砂体成片分布或垂直于井排呈条带状分布，以保证区块大部分都能受到充分的注水效果。

面积注水方式要求每个油砂体具有一定的面积。在一个油砂体上至少能布2口井（其中1口为注水井，1口为生产井），但最好能布面积注水方式的1个完整的井网单元。面积注水井网的每个井网单元的基本形状主要为三角形或正方形，因此要求油砂体能分小片集中分布。

2. 不同注水方式对储层中原油流动能力的适应性

切割注水采取在两排注水井间多排布井方式，注水井排至第二排生产井或中间井排的距离都较大。因此排间渗流阻力大，如果原油流动性能差，流度低，这些井排上的生产井就很难有注水效果，易出现低压、低产的情况。因此在原油黏度一定的条件下，切割注水方式适合于那些渗透率较高的油层。

在面积注水井网中，所有生产井都处在注水受效第一线，且受效方向多（达到3~4个），只要采取的井距适合油层的特点，在原油流度较低时生产井仍能受到比较充分的注水影响，达到较高的采油速度。

综上所述，由于两种注水方式注采井点的分布形式不同，其对油层分布特征、油层与原油物性的适应性也就不同。如果从井网对油层的控制情况和保证生产井充分受到注水效果方面考虑，切割注水方式只适合于分布稳定的高渗透率油层，而面积注水方式不仅适合分布稳定的高渗透油层，也适合那些分布不稳定的中、低渗透率油层。

3. 注水方式的选择

（1）按开发层系对油砂体进行分类解剖，可以将油砂体分为三种类型：① 适合切割注水方式的油砂体；② 适合面积注水方式的油砂体；③ 面积很小、形状极不规则的油砂体。

（2）不同注水方式开发效果分析。应用数值模拟方法对同一套层系、相同井网密度条件下不同注水方式的开发指标进行了计算对比。开发指标主要包括见水前平均单井日产油量、前十年平均采油速度、不同含水阶段的采出程度与采收率等。开发效果好的注水方式应是首选的注水方式。

(四) 正方形井网与三角形井网的对比

1. 正方形井网的特点

注采井网系统转换的灵活性：正方形井网可以形成正方形反九点注采井网、五点注采井网，线状注水井网、九点注采井网等，注采井数比可以在 1∶3～3∶1 变化，以适应不同储层特征的油藏。

井网加密调整的灵活性：当油田需要进行加密调整时，正方形井网可以很方便地在排间加井，进行整体或局部均匀加密，这样一来油藏整体或局部的井网密度就可增加一倍。这种注采井网调整方式在技术和经济上比较容易接受和实现。

2. 三角形井网的局限性

三角形井网很难进行均匀加密，要均匀加密，就得增加三倍井数，显然这是不可行的。三角形注采井网也可以看作一种特殊的行列注水井网，即在两注水井排之间夹两排生产井，生产井与注水井排的夹角不相同，水线比较紊乱，如果储层有裂缝存在，不论裂缝方位如何，总有生产井处于不利位置。

(五) 沿裂缝注水

在定向裂缝发育的砂岩油田，水沿裂缝迅速水窜，使该方向上的油井暴性水淹，所以必须沿着水窜方向布注水井，向其他方向驱油才能获得最好的驱油效果。

三、不同面积注水方式的比较与选择

在面积注水方式中，主要采用反九点、四点与五点注水方式，其井网注采井数比分别为 1∶3、1∶2 和 1∶1，很接近实际油藏。其他注水方式 (如七点与九点法) 注采井数比为 2∶3 和 3∶1，由于所需注水井较多，在油田开发中很少应用。四点注水方式的井网单元为三角形，在开发中调整难度较大；反九点注水方式的注水强度小，井网水驱控制程度低，在开发初期采用这种注水方式，因其注采井数比小，且具有调整灵活主动的特点；五点注水方式的注水强度高，井网水驱控制程度高，但由于注采井数比高，一旦在开放初期采用，很难再做作进一步的调整。例如遇到储层中存在定向垂直裂缝，且延伸方向与五点井网的注水方向相一致时，将会造成灾难性后果。

一个油藏在总井数一定时，究竟用多少口井注水、用多少口井采油更为合理，做出抉择的主要依据是合理的注采井数比。合理的注采井数比是指既能满足油藏注采平衡的需要，又能保证油藏具有较高采油速度的注采井数比。根据文献的研究，这个合理的注采井数比取决于生产井的产液能力与注水井的吸水能力之比。

(1)当注水井的注入能力明显大于生产井的产出能力(即 $\lambda=0.11$)时,可选用反九点注水方式。

(2)当生产井的产出能力与注水井的注入能力之比 $\lambda=0.25$ 时,可选用四点注水方式。

(3)当生产井的产出能力与注水井的注入能力之比 $\lambda=0.36$ 时,可选用两排注水井间布三排生产井、中间井排一注一采的面积注水方式。

(4)当一口注水井的注入能力相当于一口生产井的产出能力时,五点注水方式是最佳的选择。

(5)在注水开发过程中,随着油井含水率和采液能力的提高,应适时调整井网系统的注采井数比。

在进行新油田开发设计时,如果缺少资料,则很难确定油田的合理注采井数比,这时反九点注水方式成为首选,这种注水方式的优点是在注水开发过程中便于灵活调整与控制。如果在开发初期选择了反九点注水方式,在开发过程中可根据注采平衡的需要,在同一生产井排上间隔布转注角井,将其转化为两排注水井夹三排生产井、中间井排一注一采的面积注水方式,此时注采井数比由1:3提高到1:1.66;当生产井产出能力与注水井注入能力比进一步提高时,可转注井网中剩余的全部角井,形成正方形五点注水方式,此时注采井数比由1:1.66提高到1:1。或者以反九点注水井网为基础,根据不同阶段合理注采井数比对地下注采系统不完善、水驱控制程度低的井区采取选择性调整措施,将注采井数比控制在合理的注采井数比范围内。

四、注采井数比在开发过程中的变化

在油田综合含水率为60%以前,基础井网的注采井数比为1:2左右;在含水率为60%~80%时,对油田中、低渗透油层进行了多次加密调整,加密井网主要采用了正方形反九点注水方式,使注采井数比减小到1:2.5左右;进入特高含水阶段以后,对油田采取了稳油控水措施,由于关闭高含水井使井网注采井数比逐渐提高:当综合含水率为90%时,注采井数比达到1:1.67;到综合含水率为92.5%时,注采井数比提高到1:1.5左右。

外围油田开发初期,大多数油田采用了正方形井网反九点注水方式,注采井数比约为1:3。随着综合含水率的上升,开发过程中对注采不完善、井网水驱控制程度低的井区进行了适时调整,使注采井数比逐步提高,在综合含水率达到70%以后,井网注采井数比超过1:1.67。

注采井数比是井网系统影响油田开发效果的重要指标之一,尤其对平面分布不稳定、储层渗透率低的油藏，在井距一定的条件下提高注采井数比，井网水驱控制程度、采油速度和采收率都将随之变化。对于陆相沉积的非均质、多油层油田，开发过程就是一个开发层系由粗到细、井网密度由疏到密、注采系统由弱到强的演变过程。

综上所述，得出：

（1）对开发试验区或相邻区块进行砂体分类解剖是选择油田合理注水方式的主要依据。对于平面分布稳定的高渗透率层，适合采用不同切割距的行列注水方式；对于平面分布不稳定的中、低渗透层，采用面积注水方式可以获得较高的井网水驱控制程度和采收率。

（2）在常用的面积井网中，反九点注水方式具有调整灵活、主动的特点。在适合采用面积注水方式的油田中，可以根据合理注采井数比选择注水方式，如果因缺少资料难以确定合理注采井数比时，可以将反九点注水方式作为首选，先按正方形井网布井，根据先钻、井后定注采井别的原则，以反九点井网为基础，灵活确定注采井别，力争达到较高的井网水驱控制程度。

（3）在注水开发过程中，大庆喇、萨、杏油田在特高含水阶段根据油田稳油控水的需要，将井网注采井数比由1：2.5逐步提高到1：1.5左右，长垣外围油田开发初期注采井数比为1：3左右，随着含水率上升逐步调整井网注水强度，当含水率达到70％以后将注采井数比提高到1：1.67以上。

五、注水调整

工作制度调整是指水驱油的流动方向及注入方式的调整，如调剖堵水、重新射孔、油井转注、改向注水、周期注水、水气交替、降压开采等措施。下面重点介绍周期注水、水气交替和降压开采。

（一）周期注水

不稳定注水又称为周期注水，它不仅仅是一种注采参数调整技术，更被认为是一种通过改变油层中的流场来实现油田调整的水动力学方法。它的主要作用是提高注入水的波及系数，是改善含水期油田注水开发效果的一种简单易行、经济有效的方法。

周期注水作为一种提高原油采收率的注水方法，其作用机理与普通的水驱不完全一样。在稳定注水时，各小层的渗透率级差越大，驱替前缘就越不平衡，水驱油的效果就越差。周期注水主要是采用周期性的增加或降低注水量的办法，使得油层的高低渗透层之间产生交替的压力波动和相应的液体交渗流动，使通常稳定的注水未波及的低渗透区投入了开发，创造了一个相对均衡的推进前缘，提高了水驱油的波及效率，改善了开发效果。

地层渗透率的非均质性，特别是纵向非均质性，有利于周期注水压力重新分布时的层间液体交换，有利于提高周期效应的效果。油层非均质性越严重，特别是纵向非均质性越强，周期注水与连续注水相比改善的效果越显著。

周期注水工作制度很多，但对某一油田来讲，并不是任何方式都可以使用。对于某一个具体的油藏来说，在实施中要根据油藏的具体地质条件，运用数值模拟方法或矿场实际试验情况来优选周期注水方式。

在周期注水过程中，应尽可能选择不对称短注长停型工作制度，也就是在注水半周期内应尽可能用最高的注水速度将水注入，将地层压力恢复到预定的水平上；停注半周期，在地层压力允许范围内尽可能延长生产时间，这样将获得较好的开发效果。

目前油田开发一般采用连续注水方式，在连续注水一段时间后往往为了改善开发效果而转入周期注水，因此就存在一个转入周期注水的最佳时机问题。所谓最佳时机就是在这个时间转为周期注水后，增产油量最多，开发效果最好。

合理的注水周期是实施周期注水的重要参数。如果停注时间过短，油水来不及充分置换；但如果过长，地层压力下降太多，产液量也随之大幅度下降。而且，当含水率的下降不能补偿产液量下降所造成的产量损失时，油井产量将会下降。

关于周期注水，从实践中得出以下结论：

（1）非均质性越强，不稳定注水方法增产效果越明显，尤其适用于带有裂缝的强烈非均质油田。

（2）周期注水对亲油、亲水油藏都适用，但对亲水油藏效果更好。

（3）复合韵律周期注水效果最好，正韵律好于反韵律。

（4）周期注水的相对波动幅度等于1时，周期注水的效果最好，在实际应用时，应使波动幅度达到实际允许的最大值。

（5）周期注水的相对波动频率等于2时，此时注入水的波动频率与地层的振动频率达到共振，周期注水的效果最好。

（6）在油田开发实践中，为了达到最佳的开发效果，应选择最佳的周期注水动态参数进行周期注水开发。

(二) 水气交替注入

为了改善正韵律厚油层底部水淹、顶部存在大量剩余油的开发状况，大庆油区进行了一系列水气交替注入提高采收率的矿场试验。经过水气交注，使地层保持一定的含气饱和度，导致注入能力降低，从而改善流度比，进而提高水驱驱油效率，驱扫厚油层顶部的剩余油。

(三) 降压开采

降压开采主要用于油田开发的晚期，其目的主要是通过大幅地降低油藏压力来提高采收率。水驱或其他的传统提高采收率的措施使油藏中仍存有大量的残余油，而且大量的残余油被封闭在未波及区，降压开采能使自由气和残余油从未波及区被采出。传统的降压开采主要应用于有气顶的油藏中。在油田的主要开发阶段，气顶并不产气，这主要是为了增加产油量并且保持油藏的能量，注水和注气也有助于维持油藏压力。然而在降压阶段，可以在气顶处钻井和射孔，这样可以产气并且使油藏压力迅速降低。这时气顶处就会产气、产液，并且水层的流动可以使油环处产出剩余油。随着人为注水强度改变和油藏地层压力下降，边水、底水将逐步入侵，使地层能量在一定程度上得到补充，并减缓压降速度；当水侵量使地层压力达到新的平衡时，天然水压驱动就转化为油藏的主要驱动方式。此时，重力作用将得到充分地体现和发挥。因此，降压开采过程就是边水、底水的入侵过程，也是人工注水驱动方式向天然水压驱动方式逐步转化的过程，更是充分发挥重力作用改善开发效果的过程，这些都是降压开采取得成效的重要条件。由于天然水压驱动是一种比较均匀、缓和的驱动方式，在一定程度上减小了高含水饱和度的大缝大洞对剩余含油饱和度高的中小缝洞的干扰，有利于发挥后者的生产潜力。显然，充沛的边水、底水天然能量和较高的地层压力水平是实施降压开采的一个重要条件，在这一点上，裂缝性碳酸盐岩潜山油藏的地下条件比常见的砂岩油藏要优越得多。

由于边水、底水的侵入，边部油水界面趋于上升，扩大了油藏自吸排油范围，同时油水渗流速度变缓，也延长了自吸排油时间，进一步改善了岩块的自吸排油效果，这一过程使油水关系得到了重新分布。

特别是裂缝系统的相互切割具有多重性，因此被大小裂缝切割的不同规模的岩块自吸排油现象也有多重性，即大的岩块自吸排油完结后，次一级岩块的作用仍在进行。目前，岩块系统油、水界面之下的自吸排油现象并没有结束，只是速度和效率变差。显然，在降压开采过程中岩块的自吸排油作用将按照其多重性的特点依次得到更好的发挥。

随着地层压力的降低，上覆有效压力将不断增大，并由此产生弹性力，导致裂缝孔隙的压缩闭合和原油体积的膨胀，从而使部分剩余油排驱出来。

正是基于以上对降压开采机理的认识，华北任丘雾迷山组裂缝潜山油藏进入后期开发阶段后，为了改善其后期开发效果，开展了控注降压现场试验。通过分析试验结果、对比数值模拟方案和综合各种研究成果，认为将注水井全面停注降压开采，会取得良好的试验效果。

第二节　面积井网注水方式的选择与调整

一、流度比与注水方式的选择

流度比是油、水两相区平均含水饱和度下，水的流度与束缚水条件下油的流度之比，用 M 表示。

流度比是对某口井的注入能力及相关产油能力的一种度量。当 $M>1$ 时，1口注水井的注入能力超过了1口生产井的生产能力，在1个注采井网中要使注采平衡，生产井数需多于注水井数，此时注水方式应选择四点或反九点注水井网；反之，当 $M<1$ 时，所推荐的井网应当使注水井数多于生产井数，至少应该选择五点注水方式才更有利。

如果中、高渗透油层流度比都大于1，而低渗透油层流度比都小于1，说明低渗透油层应采用强化的注水方式，即采用注采井数比较高的注水井网。但是，开发中实际情况往往相反，中、低渗透油层在开发初期几乎都采用强度较弱的反九点注水井网，因此在开发中后期必然对注采系统进行调整。

二、油田的合理注采井数比

所谓合理注采系统是指在油田总井数一定的条件下采取最佳的注采井数比组合，从而使油田获得较高的采油速度。

当注水井与生产井在合理的注水压力和流动压力下工作，即注采压差一定时，井网系统的注采井数比越高，地层压力越高，生产井的生产压差也就越大，当注采井数比趋近于极大值时，生产井生产压差趋近于注采大压差。

当生产井产出能力与注水井注入能力之比 λ 一定时，井网无因次采油速度的大小是井网注采井数比的函数。在 λ 一定的条件下，油田井网系统存在一个最佳的注采井数比组合，在这个注采井数比下油田可获得较高的采油速度。

(1) 当 λ 值增大时，应适当增加井网的注水井数。

(2) 当注水井的注入能力显著大于生产井的产出能力（$\lambda<0.15$）时，可采用反九点注水井网；当 $\lambda=0.25$ 时，采用四点法注水井网较好。

(3) 当无量纲产出—注入能力比 λ 为1时（1口注入井的注入能力相当于1口生产井的产出能力时），采用五点井网是最佳的选择。

(4) 当 $\lambda>1$（注入能力小于产出能力）时，五点法采油速度较高，应采用五点注水方式。

三、对反九点注水井网的调整

在国内，对于中、低渗透油藏，开发初期几乎都是采用反九点注水方式进行开发。这种注水方式的主要特点是注采井数比小、井网水驱控制程度低。到中、高含水期以后，为了进一步改善油田开发效果，需进行井网及注水方式的调整，使井网由稀变密，使注水方式逐渐强化（注采井数比由小到大）。注采系统调整的实质是通过增加注水井数改变原来井网中流体的渗流方向，从而增加油层的注水波及体积。

对于反九点注水方式，注采系统的调整主要有以下几种方式：

（1）沿同一方向转注水井排上的边井，将反九点转化为直线排状注水方式，此时注采井数比由1∶3提高到1∶1。

（2）转注原井网中的角井，将反九点转化为五点注水方式，将注采井数比由1∶3提高到1∶1。

（3）间隔转注角井，构成两排注水井夹3排生产井，中间井排间注、间采的行列注水方式，注采井数比由1∶3提高到1∶1.67。

（4）以反九点注水方式为基础，对注采系统不完善、井网水驱控制程度低的井区进行局部调整，将注采井数比逐渐调整到1∶2以上。

对于中、低渗透油藏，可根据油、水井产出一注入能力之比井采用上述第（2）（3）、（4）种调整方式进行注采系统调整。

研究结论如下：

① 在根据注采平衡关系推导出的井网合理注采比下开采油藏，可以获得较高的采油速度。

② 在开发井网中，当产出能力明显低于注入能力时，应当采用注采井数比较低的注水井网（例如反九点注水井网）；当产出—注入能力比接近或大于1时，采用五点注水井网可以得到较高的采油速度；当产出—注入能力比接近0.25时，选用四点注水井网是最佳的选择。

③ 由于低渗透油藏水、油流度比较小，应当采用注采井数比较高的注水井网进行开发。如果初期已采用了反九点注水井网，在开发过程中应随着产出—注入能力的变化将其逐步调整成注采井数比较高的直线排状注水方式、五点注水方式和中间井排间注、间采的行列注水方式，或采用以反九点为主的点状注水方式。

第三节 裂缝性砂岩油藏水驱油机理与注水开发方法

一、概述

(一) 裂缝的地质特征

所谓裂缝是指岩石中因失去岩石内聚力而发生的各种破裂或断裂面,但通常是那两个面未表现出相对移动的断裂面。由于裂缝的形成,将岩石切割成大小不等的岩块,我们把它叫作基岩块。裂缝的重要性在于它能增加储层中流体的流动性。

1. 裂缝的形态

裂缝的形态包括宽度、填充状况及形状三个方面。裂缝按其平均宽度的大小可分为微裂缝(宽度小于 0.15mm)、中等裂缝(宽度为 0.15~0.2mm)与粗大裂缝(宽度大于 0.2mm)。按其填充方式可分为张开缝和填充缝。

2. 裂缝的延伸与组合

裂缝的延伸和组合特征,主要是针对构造裂缝而言,非构造裂缝一般都很短而且形状和延伸极不规则,没有固定的延伸方向和组合特征。而构造裂缝的延伸和组合特征决定于构造应力和构造褶皱的性质,具有明显的方向性和组系性。

3. 裂缝的测井响应

一般说来,各种测井方法都基于这样的一个事实:在井眼尺寸不变的均匀地层中,裂缝带将在测井的正常响应上产生异常。如果裂缝是张开的,则这种响应异常是相当大的;若裂缝是闭合的,则这种异常是微不足道的。

测井通常对在低渗透介质(由基质构成)中的高渗透通道(由裂缝构成)的反应非常敏感。一般来说,高渗透带的位置可由测井响应、非常高的钻速及泥浆漏失等来确定。测井将主要检测井眼周围的裂缝带,该处的裂缝常常是垂向或接近垂向的。必须特别注意对于由于缝合作用或薄页岩串所形成的长度有限的裂缝。同时,也要注意区分天然裂缝与人工诱导裂缝,这也是裂缝解释中的一个难题。

(二) 裂缝在油田注水开发中的作用

显裂缝对油田开发既有有害的方面,也有有利的方面。有利方面表现在它能增加油层的出油能力和吸水能力;有害方面表现在裂缝提供高渗透通道从而导致严重降低注入水的波及系数。另外,有些隔层裂缝发育成敏感性隔层,敏感性隔层进水不仅导致旁路水窜,造成注入水的浪费,而且常会引起套管变形,影响油井生产,直至油井报废。

在有隐裂缝的油田，开发中要想抑制裂缝的有害方面，应力争在低于裂缝延伸压力的条件下开发油田。如果条件不允许，注水压力超过裂缝延伸压力的界限时，就会使隐裂缝型油藏变成显裂缝型油藏。这时研究裂缝的走向就十分重要，应力争采用沿裂缝线状注水的方式来开采。扶余油田在经历了大规模的水窜和暴性水淹后，采用沿裂缝线状注水的方法进行调整改造后，油田生产出现新的稳产形势，注入水确实在从注水线进入两侧基质块内驱油，起到了提高波及系数的良好作用。

沿裂缝线状注水时，注水压力可以略高于油层的裂缝延伸压力，但是决不能超过敏感隔层的进水压力，这样才能有效地防止旁路水窜和套管变形的发生，保证油井的正常生产。

(三) 低、特低渗透油藏的驱动方式

1. 低、特低渗透油藏多为天然能量不足的油藏

在中国已投入开发的油藏均发现于陆相含油气盆地，其沉积模式主要以河流三角洲沉积为主，砂体规模小，在这种沉积背景下不易形成大型天然水压驱动油藏。在中国已发现的油藏中，由于边水水体小且渗流条件差，储量占97%左右的油藏，都属于具有一定天然能量或天然能量不足的油藏。

2. 采取同步注水或超前注水可以减缓压力与产量的下降速度

有关人员在榆树林油田树34井区开展了同步注水采油试验，其做法是在注水井排液3个月后转注，采油井同时投产。与滞后注水的两个区块比较，同步注水采油的树34井区，压力、产量下降速度得到了明显控制。树34井区投产初期月平均地层压力下降0.44MPa，而滞后注水的树32井区与树322井区，则分别下降了1.16MPa与1.59MPa。实施同步注水的井区，产量年递减率为26.7%，而滞后注水的两个井区，油井产量年递减率分别为54.5%与63.3%。

朝阳沟油田朝1-55区块，采取同步注水的井区，采油井投产后产量年递减率为31.0%。滞后注水4~5个月的井区，产量年递减率达到60%。

对于低、特低渗透油藏，采取同步注水保持压力进行开发，对于减缓压力与产量的递减速度是至关重要的。

(四) 开发层系、井网与注水方式

采油速度与采收率是反映油田开发效果的两项重要技术指标，储层的流度与非均质性是影响上述指标的主要地质因素，而油田开发时所采用的层系井网与注水方式则是针对不同地质条件的油藏以提高其开发效果的主要技术手段。

1. 开发层系

解决层间差异及提高储量动用程度是划分开发层系的根本目的，因此划分层系的主要对象应是层间流度差异大、储量丰度高的油藏。对于层间非均质严重，组成一套开发层系、有很大一部分储量难以动用的油藏，原则上应该划分层系进行开发。

2. 采用线状注水方式均匀井网开发低、特低渗透油藏

由于储层岩性致密，低、特低渗透油藏往往发育有定向垂直裂缝，如大庆外围、朝阳沟、头台油田，以及鄂尔多斯盆地安塞、志丹油田。多年的开发实践表明，对于低渗透裂缝性油藏，应当在搞清裂缝性质的前提下采取五点或线状注水方式开发，使井网注水方向垂直于裂缝走向，在垂直于裂缝方向上适当缩小排距，在平行裂缝的方向上适当加大井距，以最大限度地减小注水开发中的平面矛盾。在鄂尔多斯盆地志丹油田采用不规则面积井网注水开发，井距为 100～300m，由于井网不规则，形成了一些三角形或多边形死油区。

(五) 开发中的具体技术问题

1. 应用早期分层注水技术解决一套层系中的层间差异问题

在存在裂缝的低、特低渗透油藏中，由于裂缝在薄油层及厚油层中的发育程度不同，注水开发后会产生严重的层间干扰问题，因此在一套层系中应当充分发挥分层注水技术的作用，对主力油层单卡、单注，加强注水，对裂缝发育的薄油层限制注水，尽可能减少裂缝对注水开发的负面影响。例如，大庆外围榆树林油田东 12 井区，在 10 口注水井中一次下入分层管柱，对主力厚油层进行分层强化注水，就有效地调整了薄、厚油层中由于裂缝发育程度不同而产生的层间矛盾。在安塞油田侯市区和杏河区，针对主力油层不吸水、下部薄差层吸水的问题，采取下封隔器或打水泥塞封堵差油层，使主力油层注水受效、单井产油量由 2.6t/d 上升到 2.7～3.1t/d。

裂缝不发育的低、特低渗透油藏，虽然油层层数少，层间渗透性差异小，但从油、水井产油吸水剖面看仍存在较大的层间矛盾，仍有采取早期分层注水开发的必要性。

2. 钻井及压裂施工中的油层保护问题

由于油层流度低，低、特低渗透油藏生产能力低，因此钻井或压裂施工中容易造成钻井液或压裂液污染油层现象，使油井产能下降。志丹油田寨科区长 2 油层的空气渗透率为 5mD，油藏压力系数为 0.736，属于低压异常油藏。该油藏在钻井、压裂施工中油层污染严重，投入开发后造成很多油井低产或绝产。

3. 严格按低渗透层水质标准注水、保护油层的吸水能力问题

为了防止注入水污染油层，在油层投入开发以前应针对油层具体情况制定注入水水质标准，并严格按水质标准注水。同时，要做好水质的全程保护工作，对地面

管线、井下管柱、下井工具做到全程防腐，使注入水在进入油层之前不再被污染。

为了实现龙虎泡油田高水质注水，对注水站清水罐采用橡胶薄膜封顶，使水中溶解氧含量降到 0.05g/L 以下；在注水井口全部安装了精细过滤器，对水质进行二次处理，使水中悬浮物粒径小于 2μm 的颗粒含量达到 70%~80%；在注水井中下入渗镍防腐油管，并对封隔器、配水器等下井工具进行渗镍防腐，避免不溶于水的锈垢产物对油层的污染，保证了油层吸水能力的稳定。在榆树林油田严格按水质标准要求进行注水，注水井达到三项要求后方可转注：

（1）地面管线洗至出口含铁小于 0.5mg/L，机械杂质小于 1.5mg/L；

（2）洗井液必须使用泡沫混气水，洗至出口含铁小于 0.5mg/L，机械杂质小于 1.5mg/L；

（3）注水前注水井每米有效厚度油层先注活性水 3m^3。

由于严格按水质标准进行注水，在试验区注水井注水 3 年来油层吸水能力基本保持稳定。对于低、特低渗透油田采取高水质注水，使油田具有稳定的吸水能力是开发好这类油田的基本保证。

综上所述，得出：

① 低、特低渗透油藏投入开发后，由于地层压力下降较快，开发井采油强度明显低于试油井，如果在油田开发设计时采用试油井采油强度计算油井的产能，应当对此参数进行适当修正。

② 采取早期分层注水，尽可能保持油层压力、做到分层注采平衡，是开发好低、特低渗透油藏的重要技术措施。

③ 由于特低渗透油藏产能低、采油速度低，通常不宜再划分层系进行开发。对于低渗透油藏，如果层间差异大，储量丰度高，则应考虑划分层系开发的问题。在一套层系中，单井控制储量不宜大于 12×10^4t/ 井。

④ 对于低、特低渗透油藏，初期可采用 300~250m 井距反九点注水方式进行开发，开发过程中可根据动态变化对井网及注采系统进行适时调整，以达到预期的开发效果。

⑤ 在钻井、压裂及注水过程中，应当做好油层保护工作，这是开发好低、特低渗透油藏的关键，应当引起足够重视。

二、裂缝性砂岩油藏水驱油机理

(一)油层注水模拟试验

为了取得注水开发裂缝性油藏的经验，国内外开展了大量水驱油模拟试验研究。

第五章　井网注水方式的选择

玉门石油沟油田 M 油层，构造运动形成的垂直斜交裂缝带有明显的方向性，注水开发后水很快沿裂缝向生产井窜流，造成裂缝方向上的采油井暴性水淹。为了开发好这个油田，中国科学院兰州渗流力学研究所在 20 世纪 60 年代开展了具有垂直裂缝的砂岩油层注水模拟试验，试验得到的认识和结论为：在向裂缝性砂岩中注水时，水线的运动形态主要受裂缝分布的控制。

（1）当注水井布在裂缝系统上时，注入水首先沿裂缝拉成水线，然后向两侧推进，水淹面积大，水驱效率高。注入水向裂缝两侧推进时，仍有以注水为中心向外扩散的趋势，在远离注水井点地方的水线落后，形成串珠状，裂缝开启度越小，基质渗透率越高，这种现象越严重。

（2）当油、水井同时布在裂缝系统上且裂缝上的采油井含水率为 50% 时转注，采油井周围水线落后，致使两侧生产井的无水采收率和最终采收率降低。

（3）当采油井布在裂缝上而注水井布在裂缝两侧时，水线先按点状注水方式推进，由于裂缝沟通，沿裂缝线形成等压带，水线前沿达到裂缝时，生产井立即见水，在裂缝附近形成死油区，水淹面积小，无水采收率和最终采收率低。

试验结论是：沿裂缝注水方式具有水线形成快、注水面积扫油效率高的优点，裂缝水线形成越早，注水井点越多，水线推进越均匀，开发效果也越好。在注水过程中，只要认准裂缝方向，就应当坚定不移地及时转注。

（二）电网模型模拟实验

俄罗斯石油天然气科学研究所研究了存在不同延伸长度和导流系数的宏观裂缝时的水驱油机理。他们应用电网模型研究了垂直裂缝对注水开发指标的影响，得到的重要结论如下：

（1）在均质渗透性油层中，在注水井附近形成裂缝或裂缝张开，当其长度小于 10% 注采井距时，即使裂缝的导流系数很大且其方位不利，注水指标也不会变差。

（2）当裂缝沿主流线方向分布时，注入水在沿裂缝推进的同时通过注水井附近的裂缝侧壁进入油层，这时的水淹特点取决于裂缝的导流系数。当导流系数较小时，生产井很长时间开采低含水原油，整个油层的驱油特点与纯多孔油层区别很小；当导流系数很高时，采油井将迅速发生暴性水淹，因而降低了油田或油井的无水采油量和注水波及系数。

（3）当裂缝从一口注水井扩展到另一口注水井时，注入水主要通过裂缝的侧壁进入油层，在油层中将进行通常的多孔介质的水驱油过程。在这种情况下，裂缝的长度和导流系数愈大，驱油方式越接近于坑道注水条件，油田的开发效果也会更好。

三、井网布置对面积扫油系数的影响

（一）井网基本形式

1. 排状井网

排状井网的形式：所有油井都以直线井排的形式部署到油藏含油面积上，描述井网的参数有排距（排间）和井距（排内）两个参数，一般情况下排距大于井距。若排距相等，井距也相等，则为均匀排状井网；否则，为非均匀排状井网。

排状井网适合于含油面积较大、渗透性和油层连通性都较好的油田。

2. 环状井网

环状井网，所有油井都以环状井排的形式部署到油藏含油面积之上。描述井网的参数也有排距和井距两个参数，一般情况下排距大于井距。

环状井网适用于含油面积较大、渗透性和油层连通性都较好的油田。

3. 面积井网

面积井网是指"将一定比例的注采井按照一定的几何排列方式部署到整个油藏含油面积之上所形成的井网形式"。按照油水井不同的排列方式，可将面积井网分为若干种类型。

除油藏局部采用二点、三点注采井网外，其余各种面积注采井网可分为正方形井网和三角形井网，且各种面积井网的最小渗流单元流场具有可复制性特点。

正方形井网是指"最小井网单元为正方形的井网形式"，最小井网单元是由相邻油井构成的基本井网组成部分。正方形井网也可以视为排距与井距相等的一种排状井网。

三角形井网是指"最小井网单元为三角形的井网形式"，也可以视为排距小于井距的交错形式的排状井网。

面积井网适用于含油面积中等或较小、渗透性和油层连通性相对较差的油气藏。

由于受到油藏各向异性、非均质性、含油区域大小和形状，以及探井和评价井位置的影响，油藏开发的实际井网都不是标准的或均匀的井网形式，许多开发井网都是不规则井网。但是，从提高油气采收率的角度考虑，在对油藏地质特性不是特别清楚的情况下，对井网的部署应尽量采用规则井网。

（二）井网布置对面积扫油系数的影响

1. 线状面积注水方式裂缝对面积扫油系数的影响

研究线状面积注水方式裂缝对面积扫油系数的影响后得到两点重要结论：

（1）当垂直裂缝从注水井向生产井方向延伸时，随着裂缝长度的增加，面积扫油系数减小。在无裂缝的情况下，面积扫油系数为70%；当裂缝延伸长度达到注采井距的90%时，面积扫油系数几近降低为零。

（2）当注水方向垂直于裂缝走向时，裂缝延伸越长则扫油系数越高。在无裂缝时面积扫油系数为70%，当裂缝延伸长度接近井距时面积扫油系数增加到88%。

2. 垂直裂缝对五点井网扫油系数的影响

研究垂直裂缝对五点井网扫油系数的影响后得到同样的结论：

（1）当注水方向与垂直裂缝走向呈45°时，如果裂缝长度为井距的3/4，则裂缝性油藏与无裂缝性油藏相比扫油系数仅受到很小的影响。这种情况表明，即使垂直裂缝在井间延伸很远，如果井网布置合理，油田开发效果也不会受到影响。

（2）当注水方向平行于裂缝走向时，随着裂缝长度的增加，在相同注水孔隙体积倍数下，面积扫油系数减小；当裂缝长度大于1/2井距时，要得到和无裂缝介质相同的面积扫油系数，就必须大大增加注水量。

四、沿裂缝延伸方向注水开发好裂缝性油藏

国内外对裂缝性油藏注水开发机理的研究表明，裂缝的存在对注水开发既有有利的一面，也有不利的一面。当沿裂缝走向布置注采井点时，注入水将沿裂缝向生产井突进，造成油井过早水淹；如果根据水沿裂缝窜流的基本规律因势利导，将注水井布置在裂缝系统上，沿裂缝注水拉水线向裂缝两侧驱油，则会提高裂缝性油藏的注水开发效果。

（一）五点井网系统最优原因

根据上述研究认为：在已搞清裂缝走向的条件下，对裂缝性低渗透油藏采用五点井网或者直线排状注水井网应是最佳的选择。这两种注水方式的注水方向与裂缝走向之间的夹角最大为45°～90°，其中又以五点井网系统最优，原因是：

（1）这种注水井网把全部注水井布在了裂缝系统上，创造了近似坑道注水的最佳条件；

（2）在高导流方向上加大了注水井距，在低渗透或特低渗透方向上缩小了注采井距或排距，提高了注水压力梯度，适应了低渗透油藏渗流阻力大的特点；

（3）开发到一定阶段后，可在油井排上进行加密，将生产井距缩小到212m，进一步改善特低渗透油田的开发效果。

在扶余油田采用正方形反九点注水井网时，由于未搞清裂缝走向，结果使井排方向与裂缝走向平行。注水开发后，造成东、西向采油井大量暴性水淹，同时超破

裂压力注水，引起油、水井套管大量损坏，不得不进行全面调整。

新立油田在开发时吸取了扶余油田的教训，将井排方向与裂缝走向错开22.5°。但这种布井方法的问题是，虽然在每一个井网单元中使注水方向避开了裂缝走向，但在两个相邻的井网单元中，井距相距750m的1口注水井和1口生产井仍然同时落在了裂缝系统上，结果出现了目前这种隔排油井暴性水淹的问题。

(二) 反九点注水出发点

油田在部署开发井时采用300m井距反九点注水方式，并参照新民油田的做法将井排按顺时针方向旋转45°，即把角井与注水井布在了裂缝的延伸方向上，这种布井方式的出发点为：

(1) 裂缝方向上的注采井井距较大，是边井的1.41倍，注水后各方向上的采油井见水要相对均匀一些；

(2) 利用注水井两侧的采油井采出一定量的原油；

(3) 当注水井东、西两侧的采油井出现暴性水淹或含水达到一定程度后将其转注，将反九点注水转化成五点注水或不规则五点注水方式，以改善油田的注水开发效果。

裂缝性油藏的注水开发实践表明，沿裂缝注水拉水线，向裂缝两侧驱油是开发好裂缝性油藏的根本方法，沿裂缝注水采油将会造成注入水沿裂缝大量窜流，导致油井水淹、油田开发效果降低。

(三) 结论

研究结论如下：

(1) 沿裂缝延伸方向注水、向裂缝两侧驱油方式具有水线形成快、面积扫油系数高的优点。

(2) 在采用线状井网注水时，当注水方向垂直于裂缝走向时，裂缝延伸越长，面积扫油系数越高；采用五点井网时，当注水方向与垂直裂缝走向呈45°时，裂缝在井间即使延伸很远也不会影响油田开发效果。

(3) 如果已知油藏存在定向垂直裂缝，在油田开发时应尽可能不采用反九点井网。如果已采用这种井网，开发中出现油井暴性水淹时应立即将其转注，逐渐形成沿裂缝注水向两侧驱油的注水方式。

第四节　裂缝性低渗透油藏注水方式的选择

一、低渗透油藏

(一) 低渗透油藏分类

大体上有三种分类方法，即渗透率分类法、流度分类法和综合分类法。

1. 渗透率分类法

世界上对低渗透油藏并无统一固定的标准和界限，只是一个相对的概念。不同国家会根据不同时期石油资源状况和技术经济条件而制定，变化范围较大。

例如俄罗斯将储层渗透率小于100mD算作低渗透油藏。美国把渗透率大于10mD的储层算作好储层，低于10mD的算作中等—差储层。

我国相关学者把渗透率为0.1~50mD的储层统称为低渗透油藏。

根据实际生产特征，按照油层平均渗透率可以进一步把低渗透油藏分为三类：

第一类为一般低渗透油藏，油层平均渗透率为10.1~50mD。这类油层接近正常油层，油井一般能够达到工业油流标准，但产量太低，需采取压裂措施提高生产能力，才能取得较好的开发效果和经济效益。

第二类为特低渗透油藏，油层平均渗透率为1.1~10.0mD。这类油层与正常油层差别比较明显，一般束缚水饱和度增高，测井电阻率降低，正常测试达不到工业油流标准，必须采取较大型的压裂改造和其他相应措施，才能有效地投入工业开发，例如长庆安塞油田、大庆榆树林油田和吉林新民油田等。

第三类为超低渗透油藏，其油层平均渗透率为0.1~1.0mD。这类油层非常致密，束缚水饱和度很高，基本没有自然产能，一般不具备工业开发价值。但如果其他方面条件有利，如油层较厚、埋藏较浅及原油性质比较好等，同时采取既能提高油井产量，又能减少投资和降低成本，也可以进行工业开发，并取得一定的经济效益，如延长油矿管理局所开发的大部分油藏。

上述分类主要是按油层基质岩块渗透率考虑，如果油层存在裂缝，其有效渗透率和生产能力可能会有变化和提高，不一定按上述界限分类，需进行双重介质的专门研究。

考虑到低渗透油藏在世界油田开发领域内已有比较明确的含义和概念，因而我们认为，从全国范围来说，还是以渗透率为标准划分低渗透油藏类别比较合适，这种方法简单明了而且比较实用。当然，对某个油区而言，也可作一些不同分类方法的研究。

2. 流度分类法

上述分类虽然基本符合我国低渗透油藏状况，但在生产实践中也会出现了一些矛盾和问题，例如有些渗透率相近似的油藏，其开发难度和效果很不一样。

出现上述矛盾现象说明，只以渗透率分类过于简单，因为影响油藏开发难度和效果的流度因素也很重要。

各类流度油藏特征如下：

一类：流度大于 10mD/（MPa·s）。一般原油性质较好、渗透率较高的油藏均属此类。在目前的技术条件下，此类油层能正常开发。如青海花土沟油田、吐哈部善油田、丘陵油田，以及大港北大港马西深层等均属此类。在此已开发的低渗透油藏中此类储量仅占已开发低渗透储量的 6%。

二类：流度在 1～10mD/（MPa·s），大部分低渗透油藏均属此类。已开发的低渗透油藏中，此类储量约占已开发低渗透油藏储量的 60%。如大庆朝阳沟油田、吉林新立油田、乾安油田、冀中岔河集油田、辽河大民屯油田、大港枣园油田及长庆靖安油田均属此类。

三类：流度小于 1mD/（MPa·s）。此类油藏在已开发的低渗透油藏中，储量约占 36%。其中主要储量又集中在 0.9～1.0mD/（MPa·s）及 0.2～0.3mD/（MPa·s）中，分别占 9% 和 7%。吉林大部分油藏属此类，如新民油田和大安油田，以及长庆安塞油田均属此类。

3. 综合分类法

油藏分类方法很多，根据不同领域及不同用途有不同的分类方法和参数标准。结合我国低渗透油藏开发历史和现状，考虑各方面意见，提出新的低渗透油藏综合分类方法初步建议。

油藏评价分类是为了更好地开发不同类别的油藏。因此，在选择评价分类指标时应遵循影响油藏开发最主要的油藏及油层参数原则。

根据上述选择原则，影响油藏开发最重要的参数是油层的渗透率和流度，选择其为油藏综合分类指标。

渗透率及流度的分类界限在上述内容中已经描述，是根据其自然分类及在开发过程中的差异确定的，本节中仍采用上述指标界限。即：

（1）渗透率分为三类：一般低渗透，渗透率大于 10～50mD；特低渗透，渗透率 1～10mD；超低渗透，渗透率小于 1mD。

（2）流度分为三级：一级高流度大于 10mD/（MPa·s）；二级低流度 1～10mD/（MPa·s）；三级特低流度小于 1mD/（MPa·s）。

(二) 低渗透油藏特征

正确认识和利用低渗透油田自身的特点，对于开发好低渗透油田具有十分重要的意义，其具有以下主要特征：

(1) 储层物性差，渗透率低。由于颗粒细、分选差、胶结物含量高，经压实和后生成岩作用使储层变得十分致密，渗透率普遍小于5mD，一般为几毫达西，少数低于1mD。地层渗透喉道细小，毛细管压力的存在导致出现"启动压差"现象，不具备达西流动特征。

(2) 储层孔隙度一般偏低，变化幅度大。大部分由7%~8%到20%，个别高达25%。

(3) 原始含水饱和度较高，原油物性较好。一般含水饱和度为30%~40%，个别高达60%，原油相对密度多数小于0.85，地层黏度多数小于3MPa·s。

(4) 油层砂泥交互，非均质性严重。由于沉积环境不稳定，砂层的厚度变化大，层间渗透率变化大。有的砂岩泥质含量高，地层水电阻率低，给水层的划分带来很大困难。

(5) 油层受岩性控制，水动力联系差。边底水驱动不明显，自然能量补给差，多数靠弹性能量和溶解气驱采油，油层产能递减快，一次采收率低，一般只能达到13%~15%。采用注水保持能量后，采收率会提高到25%~30%。

(6) 天然裂缝相对发育。裂缝是油气渗透的通道，也是注水窜流的条件，且人工裂缝又多与天然裂缝的方向一致，因此，天然裂缝是低渗透油田开发中必须认真对待的因素。微裂缝可分为两类：一类是和构造应力有关的裂缝，另一类是非构造应力裂缝如沉积裂缝和成岩收缩裂缝等，这类微裂缝没有明显的方向规律性。特别是有些天然裂缝在油田降压开采过程中，闭合后不会随着油藏压力的恢复重新张开，即具有永久闭合性质。进行注水时机及保持压力水平方面的方案设计时应注意这个问题。

(7) 由于渗透率低，孔隙度低，必须通过整体压裂增产，才能提高经济效益。而地应力的大小和方向在很大程度上制约着压裂裂缝的形状及延伸方向。故设计开发方案时必须考虑地应力场的作用和影响。

(8) 中高渗透油田见水后，采液指数一般随含水率的上升而增大。低渗透油田采液指数及采油指数通常随含水率上升而降低，有些油田会在中高含水期出现采液指数回升趋势，这些特征和油藏孔喉结构特征有关。

(三) 特 (超) 低渗透油藏提高采收率技术难度

由于特低渗透储层对外部因素更加敏感，特 (超) 低渗透油藏提高采收率较中高渗透油藏面临更大的技术困难，这是因为：

(1) 低渗透油藏具有明显的启动压力梯度特征，渗透率越低启动压力越高，驱替剂的注入难度更大。

(2) 由于孔隙度和孔喉小，水锁和贾敏效应更加突出。

(3) 相对中高渗透油藏储层，在矿物组成近似的情况下，水敏、酸敏、盐敏和速敏现象表现更加明显。

(4) 由于特低渗透油藏孔喉比更大，在一定压差下喉道对压力变化更敏感，因此压力敏感明显，压敏伤害严重。

(5) 特低渗透油藏一般都伴随微裂缝存在，且裂缝方位难以精确确定，注水开发易水窜。

(6) 油藏含水饱和度高，油相渗透率低，水驱时油井表现为含水率上升。

(四) 低渗透油藏开发特征

低渗透油藏由于储层的物性差、孔隙度低、渗透率小、非均质性严重等，其开发与高渗透油藏具有明显不同的特征，其开发特征主要体现为以下几个方面。

1. 油井的产能低，压裂后才能获得较好的产能

对于低渗透油藏，因储层岩石的岩性比较致密，孔喉半径小，一般渗流的阻力比较大，从而导致油井的自然产能比较低，单井产能一般小于5t/d，尤其是渗透率小于5mD的特低渗透油藏，产能更低，有的甚至不出油。如英旺采油厂的长2储层，日产能仅仅几十千克。一般来讲，低渗透油藏经过压裂改造后，增产的幅度较大，甚至原来不具备开采价值的油藏也成为具有工业开采价值的油藏，因此，压裂已成为低渗透油藏开发的必备措施，不进行压裂，就不能很好地对低渗透油藏做出正确的评价。

2. 注水井的吸水能力差，注水压力较高

低渗透油藏注水开发的主要特点是吸水能力差，注水量小，注水压力高。随着注水时间的延长，注水压力逐步提高，甚至出现后期注不进水的情况。

低渗透油藏吸水能力低和吸水量下降，除与低渗透油藏的地层因素有关外，还与注采井距大、油层伤害和堵塞有关，因此，尤其要注重对低渗透油藏的保护。

由于注采井距大、物性差、油层连通不好，注水能量难以传递、扩散出去，导致注水井井底附近压力憋得很高。因此，应适当地缩小注采井距，提高注水井的注

水能力。

在注水上，要确保注入水质及入井液合格，以减少对地层的伤害。因此，低渗透油藏的开发商要采取针对性的油层保护措施。

3. 采用天然能量开采，压力下降快，产量递减快，一次采收率低

低渗透油田能量一般不足，开采过程中原油渗流阻力大，能量消耗水平高，且采用天然能量开采方式进行开采，地层能量下降快，产量递减快，且递减比较大，一次采收率低。

通过对天然能量开采的油田进行统计：产油量的年递减率一般为30%~45%，高的达到60%；从延长低渗透油田开采情况来看，低渗透油田平均弹性采收率为3.8%，平均溶解气采收率为14.6%。为了获得较高的开采速度和较高的采收率，在具备注水开发条件的情况下，尽可能采取同步注水，保持压力的开采方式。

4. 油井注水后见效慢，压力、产量恢复慢

低渗透油田注水与中高渗透油田相比，注水见效时间慢，压力、产量变化平缓，这些都与低渗透油藏的性质有关。

油田注水见效的早晚，除与井距有关外，还与投注时间、注水强度、注采比、井网部署，以及油层的连通程度有关。但总的规律是，早（同步）注水区块见效时间快，产量恢复程度高；晚注水区块见效时间慢，产量恢复程度低。

低渗透油田因注水渗流阻力大，注水井到油井间的压力消耗多，注水井作用给油井的能量有限，因此，导致油井见效时间晚，且反应平缓，压力、产量变化幅度小。

5. 具有裂缝性的砂岩油田注水后，油井水窜严重，稳产难度大

一般来讲，低渗透油藏储层裂缝较为发育，尤其是低渗透油藏一般经过压裂改造后，人工裂缝和天然裂缝共存。这类油藏注水开发后，注水井吸水能力强，注入水沿裂缝快速推进，使裂缝方向的油井遭到暴性水淹，这种现象十分普遍，是裂缝性砂岩油田注水开发的普遍特征。

低渗透油田见水后，采液（油）指数大幅下降，因此，对应低渗透油田，见水后应该逐步加大生产压差，提高排液量，以保持产油量的稳定。但从实际来看，继续加大生产压差的潜力很小，油井见水后，产液量和产油量一般都大幅下降，尽管采取了各种综合治理措施，但要保持稳产难度是很大的。

因此，对于裂缝性低渗透砂岩油田，恢复地层压力不能过急，注水压力不能太高，注采比不能过高，以防止注入水沿裂缝乱窜。同时要严格控制注水压力，不能超过裂缝张开的压力。

(五) 低渗透油藏开发对策

低渗透油藏由于其油层物性和渗流规律的特殊性，需要在开发过程中从各个方面进行仔细研究，优选出合理的开发策略和方案。

1. 裂缝性低渗透油藏要部署适宜的注采井网

对于裂缝发育的低渗透油藏，初期需要认识清楚裂缝与注采井网的关系，避免出现暴性水淹。在搞清天然裂缝主要方位的基础上，采用沿裂缝注水的线状面积注水方式，井距适当加大，排距适当缩小。为了沿裂缝先形成水线，注水井要先间隔地排液拉水线，排液井水淹后转注，形成线状注水方式。排液井转注后，采油井要逐步放大生产压差，保持油田稳产。当采油井生产压差不能继续放大或含水上升影响油田产量时，在分析研究剩余油分布规律的基础上，补打加密调整井，延长油田稳产期，提高油田采收率。

2. 致密性低渗透油藏要确定合理的注采井距

致密性低渗透油藏一般连续性差，渗流阻力大，要在考虑启动压力梯度的基础上研究合适的注采井距，以保证注采井间建立起有效的驱动体系。低渗透油田开发实践表明，有必要缩小注采井距，加大井网密度，提高井网对储量的水驱控制程度，这样才能达到较好的开采效果。

3. 搞好油藏整体压裂优化设计技术

裂缝性低渗透砂岩油藏一般自然产能都较低，需要采取人工水力压裂技术措施来提高油井的生产能力。实施油藏整体压裂技术已成为开发低渗透砂岩油藏的一项重要的技术策略，成为油藏总体开发方案设计中一个重要组成部分。整体压裂优化设计时，要应用油藏的物理模型和数学模型等技术手段，进行水力压裂多种方案指标的计算，要结合裂缝性砂岩油藏平行裂缝方向布井、井距大、排距小的井网部署特点，经过综合对比，优选出最佳的配置方案和工程参数。平行于天然裂缝方向的压裂裂缝要长一些，垂直于天然裂缝方向的水力裂缝不宜太长，一般不应超过井距的1/4。

要采用新的压裂工艺技术，如限流法完井压裂工艺技术、投球法多层压裂工艺技术、分层高砂比压裂工艺技术、泡沫压裂工艺技术、高能气体压裂工艺技术和复合压裂工艺技术等。

4. 立足早期注水或超前注水，保持油层压力

低渗透油藏渗流阻力大，能量消耗快，油井投产后，压力和产量会大幅下降，而压力产量一旦降低，恢复十分困难。如果储层具有弹塑性特征，由于压力降低对储层造成的损害是不可逆的。考虑到以上特征，对低渗透油田需要采取超前注水或

者早期注水保持地层压力的开发策略。

对于没有裂缝的低渗透油田，初期可以采用较高的注水强度和注采比，以保证生产井能较快地见到注水效果；在油井明显见效后，则需要根据实际情况做出适时的调整。对于存在裂缝的低渗透油藏，初期要严格控制注水压力、注水强度和注采比，防止注入水沿裂缝窜进而造成油井过早见水。

在油井见到注水井效果后，如果条件允许，还需要放大生产压差，提高产液量，以弥补产油量的下降。

5. 采取油层保护措施

裂缝性低渗透砂岩油藏既具有天然裂缝的特点，又具有其基质属于低渗透和特低渗透的特点。低渗透储集层物性差，泥质胶结物多，孔隙细小，结构复杂，原生水饱和度高，非均质性比较严重等，在钻井和开采过程中，要严防遭受污染和损害，因此做好油层保护工作显得格外重要。油藏投入开发之前，就要研究储集层的损害规律。对储层的砂岩成分、结构，以及储层中流体性质进行分析研究，用开发过程中所能接触到的流体进行模拟实验，检验其损害程度，对储层的敏感性做出系统评价。搞清储层内部潜在的损害因素、外因对储层的影响、在外因作用下储层损害的类型和程度等，筛选合理的防治措施。在钻井过程中，要防止钻井液漏失，要采取平衡压力钻井和优质泥浆完井；在射孔过程中，要采取负压射孔等技术；在注水过程中，要严格控制水质标准，一般要经过精细过滤、除氧、杀菌，对所有地下地面的管线进行防腐处理，如果储层中黏土矿物有水敏性损害时，则对注水井要进行黏土稳定处理，注入水要加入有关的处理剂，以防止在油层中产生化学沉淀。

此外，酸敏、碱敏、流体之间乳化、细菌、毛管力等都可能造成储层的损害，要尽早认识可能发生的损害，采取相应的保护措施，尽量减少或避免这种损害。

低渗透油藏开发需要进行多方面的工作，要在地质、测井、钻井、采油、油藏开发设计、管理等各个方面进行大量的细致研究，这样才能保证低渗透油藏的开发效果。

二、储层中裂缝的分布规律

裂缝的分布规律是影响合理选择注水方式的重要因素，因此在油田井网部署之前，必须首先搞清储层中裂缝的分布规律。

(一) 储层中裂缝主要为垂直裂缝

储层中裂缝是以垂直裂缝为主。因此，在选择注水方式时应当充分考虑到油藏的这一重要地质特征。

(二) 储层中裂缝的延伸方向

储层中裂缝的延伸方向与区域、构造应力场最大水平主应力方向、人工裂缝方向和油井暴性水淹方向基本上是一致的。

油层压裂或注水时，当井底压力克服地层中最小水平主应力和岩石抗张强度之和时，地层就被压开而形成人工裂缝。根据应力分布特点，裂缝的延伸方向和最大水平主应力方向相一致。

两江地区的头台、新民、新立和朝阳沟油田，暴性水淹井的水淹方向几乎同为近东西向。这表明现代应力场最大水平主应力方向、人工裂缝方向和油田的水淹方向三者是基本一致的，这个方向也就是储层中天然裂缝的主要分布方向。

搞清储层中裂缝的延伸方向，可为选择注水方式、合理地部署注采井点提供重要的依据。

三、油藏注水开发的主要动态特征

通常，储层中存在定向垂直裂缝，由于基质与裂缝系统渗透能力的差异，使得油田注水开发后平面矛盾十分严重。当注采井点同时分布在裂缝延伸方向上时，裂缝或定向渗透性会造成油井过早见水并大量出水，有些时候水的定向推进会造成灾难性的后果；而在垂直裂缝方向上，由于基质的渗透率很低，使得油井很难见到注水效果，造成裂缝两侧的采油井压力低、产量低。

吉林扶余油田与大庆朝阳沟油田主体区块在部署井网时采用反九点注水方式，使井排方向与裂缝走向平行或成 11.5°，注水开发后造成注水井东西两侧采油井出现暴性水淹或含水上升过快。位于朝阳沟油田主体区块的朝5断块，开发过程中平面矛盾十分严重。

吉林新立油田采用反九点注水方式，使井排方向与裂缝走向错开成 22.5°，注水开发后造成隔排采油井出现暴性水淹或含水上升过快。

新民油田与头台油田采用的井排按顺时针方向旋转 45°，由于注水井与角井同时分布在裂缝的延伸方向上，注水开发后使注水井东西两侧的采油井出现暴性水淹。头台油田投入开发后仅两年，就水淹油井 37 口，这 37 口水淹井从注水到水淹，平均开采时间仅 1.5 年，其中 29 口已关闭的水淹井，单井累计产油量 1163t，其中 M57-75 井累计产油量仅 691t。

四、注水方式的选择

对于低渗透油藏，常用的三种面积注水方式分别为反九点、四点与五点注水方式。

反九点井网的最大特点是：在井网单元中注水方向多，达到4个，其中边井2个，角井2个。由于注水方向多，当在裂缝性油藏中采用这种井网时，无论如何部署井网（注水方向与裂缝走向平行、或成22.5°及45°），都很难使注水方向有效地避开储层中裂缝的走向，这是采用反九点井网注水开发裂缝性油藏失败的主要原因。

四点法注水方式在井网单元中注水方向有3个，正方形或矩形五点井网注水方向仅有2个。由于注水方向少，因此采用三角形四点井网或正方形（或矩形）五点井网，很容易使井网的注水方向避开储层中裂缝的延伸方向，避免开发中出现油井含水上升过快或暴性水淹的情况。

现场试验与理论研究表明，采用线状注水方式、适当缩小排距加大井距是解决上述矛盾的最好方法。这种井网的部署方法是：使井排方向平行于裂缝的延伸方向，沿裂缝注水向裂缝两侧驱油，在垂直裂缝延伸方向上，由于储层基质渗透率低，可适当缩小排距，以提高注采井间驱动压力梯度；在平行裂缝的方向上，由于裂缝系统的导流能力高，则应因势利导，适当加大井间距离，使井网最大限度地适应油层的非均质性。这种井网部署方式，注入水主要驱替作用是在孔隙介质中进行的，因此从根本上抑制了裂缝在注水开发中的负面影响。

应用数值模拟方法对上述注水方式在井网密度相同条件下的油田开发效果进行了计算、对比，结果表明矩形五点注水方式开发效果略优于三角形四点注水方式。

反九点注水方式的优点是注采井数比较小，在开发过程中井网具有较大的灵活调整性，因此在油田投产初期，可以按斜反九点注水方式实施，在注水开发过程中根据动态反应进行适时调整。如果发现沿裂缝方向上的油井含水上升快或者出现暴性水淹，就将这些井立即转注，将斜反九点法转变为不规则或规则矩形五点注水方式。

五、低渗油藏开发方式的优化

油田开发是一项专业性强、复杂程度高、难度较大的工作，尤其是针对特低渗油藏的开发更是目前油田勘探开发的难点。特低渗油藏一般是指渗透力较低、渗透性较差的油藏，这类油藏在长期开发的过程中压力不断下降，产量逐渐降低，后续开发的难度十分巨大。针对特低渗油藏的开发，必须通过理论与实践相结合的方式对油藏开发的方式进行优化，通过大量的理论研究与实验总结规律，提出可行方案，切实解决特低渗油藏开发的难题。

(一) 低渗油藏的开发特征

低渗油藏主要是油层渗透性较差、渗透率较低的油藏，由于特低渗油藏的开采难度较大，针对特低渗油藏采用一般的采油方式很难达到理想的开采效果，并且在油藏长期开采的过程中，油层中的能量持续消耗，地层的压力不断下降，就会造成油井的开采效率不断降低，产量持续下降，甚至出现关井的情况，给油田企业造成巨大的经济损失。具体而言，特低渗油藏的开发主要具有以下特征：

由于低渗油藏本身的特性，使得特低渗油藏油层的自然产能较低，油层的供液能力较弱，这就造成了特低渗油藏一次开采的出油量少、开采效率低的问题。

低渗油藏地层中的孔隙较小、岩层的密度较大，这就使得原油在油层中的渗流阻力较大，原油的开发需要消耗大量的能量，并且随着特低渗油藏的持续开发，油层的压力不断下降，渗透率持续降低，这也造成了特低渗油藏的开发成本高、效率低、产量少的问题。

为了提高特低渗油藏的采油量，一般需要通过注水开发的方式增加油层的压力，但是由于特低渗油层的开发具有非线性的特征，注水的压力上升较快，在实际开采过程中必须做好增产增注的相关措施，控制油藏的注水压力，确保特低渗油藏的注水率，减少在油藏开发过程中发生水敏现象的概率，避免油层出现堵塞、膨胀等情况。

由于特低渗油藏亲水性的特征，使得特低渗油藏油层的吸水能力比较强，这就使得注水开发的难度也相对较大，注水的效果难以得到有效的把控，这也造成了特低渗油藏的产量稳定性较差的结果。

（二）低渗油藏开发方式的优化步骤

要解决当前特低渗油藏开发中的诸多难题，就需要通过理论与实践相结合的方式对特低渗油藏的开发方式进行优化，具体而言应当包含以下阶段：

1. 理论研究阶段

理论研究是特低渗油藏开发方式优化的基础，也是开展实践的前提，任何一种特低渗油藏开发技术的应用都需要经过大量的理论研究工作，在资料完备、准备充分的情况下开展实践。针对特低渗油藏开发方式的优化，需要大量参考国内外的研究成果，掌握特低渗油藏的开发特征，根据油藏渗流的规律以及流固耦合的研究成果，结合特低渗油藏的实际情况，提出可行的方案。

2. 实验研究阶段

通过大量前期的理论研究工作，可以掌握特低渗油藏原油的饱和度较低、束缚水饱和度较高、流动性较差、驱油效率较低等特点，通过大量的实验研究可以对特低渗油藏开发的渗透率、岩芯孔隙度、束缚水饱和度、束缚水下油最小启动压力等数据进行调控，从而通过实验发现规律，为特低渗油藏开发方式的优化提出可行建议。

3. 渗流规律研究阶段

通过大量的实验可以对特低渗油藏的渗流特点和渗流规律进行观察、记录和分析，通过实验数据建立相应的数学模型，通过建模探究特低渗油藏开发的理想化模式，提出优化特低渗油藏开发方式的相关计划。

(三) 低渗油藏开发方式的优化措施

通过对特低渗油藏的开发进行理论与实践的研究，根据大量数据分析可以总结出特低渗油藏的渗流规律，提出相应的特低渗油藏开发方式的优化措施。

1. 应用高效复合射孔技术

高效复合射孔技术是提高特低渗油藏渗流能力，增加油层压裂效果的重要技术手段，高效复合射孔技术通过将油藏开发中的射孔、裂缝延伸、清堵造缝三个关键步骤进行拆分，通过独立的装药操作来解决特低渗油藏开发中的压裂问题，提高压裂的效果，增加油藏的出油量。

2. 优化井网部署方案

对特低渗油藏的井网进行科学合理的规划设计也是提高特低渗油藏的开采效率，优化油藏开发方式的重要措施。具体而言，针对特低渗油藏应当在条件允许的情况下尽可能增加井网的密度，缩减井间距离，通过这样的方式可以有效提高特低渗油藏的开采效率，控制油藏开采的成本。

3. 对富集区块进行优选

通过更加科学的方法优化油田开发的区块，采用科学的手段对油田进行勘探，优先选择储量丰富、发育情况较好的区块进行开发，在此基础上不断扩大开发的规模，可以降低油田开发的成本，提高特低渗油藏开发的效率。

4. 对总体压裂设计进行优化

对于特低渗油藏的开发而言，压裂是油藏开发的重中之重，采用总体压裂的方式就是将整个油藏看作一个整体的工作模块，通过从整体层面对水力裂缝和油藏进行优化设计，通过调整水力压裂的参数达到提高采油量的目的。

第六章　开发中后期提高单井产能技术

第一节　重复压裂技术

随着油气资源的开采进入中后期，采出量越来越低，亟须一种新型工艺提升开采量。压裂技术的出现是一种有效地提升油气资源采收率的方法，该技术主要是通过专业作业人员将含有支撑剂的液体利用特种设备泵入地层中，并在地层中产生大量的裂缝，从而可以增加储层内部的流通面积，促进油气资源的流通。而且，在整个压裂的过程中，地层会产生高压震荡迫使地层产生裂缝，改善储层的渗透率。对于已经压裂过的地层，随着时间的推移，嵌入地层中的支撑剂会在地层闭合压力的作用下破碎或者与地层融为一体，从而降低了油气资源的导流能力，导致产量越来越低，甚至可能比压裂前的产量更低，为了进一步提升已压裂井的产量，需要对井进行重复压裂。目前，我国的很多油田已经进入了生产后期，采出资源中的含水率越来越高，在这种情况下，重复压裂技术的应用对于剩余油气资源的开发就会更有优势。

一、重复压裂技术原理及特点

(一)重复压裂技术原理

重复压裂技术指导的是对已经完成压裂的井位进行二次或者二次以上压裂。基本原理为：针对进行首次压裂的井位而言，在实施重复压裂的过程中要考虑到油层的封闭情况，是否需要重新进行打开，缓解油井的堵塞情况。对油井表面的缝隙进行处理，尽量将杂物排除，清洁油井的布局，使其表面和油层密度之间存在一定的联系，维持相应的渗透机制。此外还要对油井中不同位置的管道口进行疏通，防止出油受阻。

重复压裂技术最早起源于20世纪50年代，在这时期的重复压裂，只是简单地将原有的压裂规模扩大，在理论研究方面也是比较少的。到了70年代左右，由于石油的价格逐渐降低，因此相关人员迫切地想要提高石油的产量以获得更多的利润。因此，在这一时期，美国又开始从各个方面开始研究重复压裂技术并得出了相关的认识结果。随着研究人员对于重复压裂技术认识的不断加深,激发了各个研究学者的研发热情。到了21世纪,重复压裂技术有了进一步发展,一种被称作老裂缝压新裂缝技术被提出。这种技术可以迫使裂缝转向,形成新的裂缝,增加出油量。

(二) 重复压裂工艺的主要特点

(1) 随着开采工作的不断进行,地层压力不断降低,地层的滤失程度会随着压裂次数的不断增加变得更加严重,在进行重复压裂的过程中,对重复压裂的压裂液的要求较高。

(2) 随着油井开发时间的不断增加,近井地带地层流体压力降低,地应力的结构也会发生变化,这样导致各个产层之间存在较大的压差,这也会导致产层出现新的裂缝。

二、重复压裂选井选层原则

油井进行重复压裂后能否增产,选井选层是关键。重复压裂技术应该遵循以下的选井选层的原则:

(1) 所选油井一定要有可观的剩余可采油储量。有相当的剩余可采储油量,是重复压裂技术能够成功的基础。而地层的能量是重复压裂技术是否能够有所成效的重要因素。

(2) 前次压裂的效果比较好,但是规模还不够,或者没有能够处理到整个油层。

(3) 前次压裂比较成功,但是由于后期的作业事故,使得油气层有所污染导致无法出液。

(4) 前次压裂鉴于施工方的失败,如早期的脱砂等,必须进行重复压裂。

(5) 初次压裂的规模比较小、含砂比比较低、裂缝的导流能力比较低、有效的缝长比较短或者是支撑的范围不够或者是支撑剂的位置不合理,油井的产量下降得比较快的井。

三、重复压裂工艺技术与方式

(一) 重复压裂工艺技术

1. 高效返排工艺技术

在进行重复压裂的过程中,采用高效返排工艺技术,可以让压裂液在短时间内从储存中排出,这样可以将压裂液对储层的影响降到最低。通过对储层特征规律的研究可以发现模拟开井排液、关井,以及加砂压裂的过程并且提高返排压力差,不仅可以让储层水锁压力更大，也可以使储层内无支撑剂回流，接着在应用井口安置喷油嘴，可以确保压裂液在一定时间内高效排出。

2. 压裂液技术

在重复压裂的过程中，地层压力会逐步降低，距离井越近的地方压力会更低，在这种情况下压裂液返排难度高。若压裂液在地层内残留时间较长则会对地层造成无法修复的损伤，这也就违背了重复压裂增产增效的初衷。这样就需要对重复压裂的压裂液展开研究，常用的办法有如下两种：第一种是利用自生热泡沫压裂液的生热增能特性来改善储层的返排能力；另外一种方法是降低压裂液中的胍胶所占比例，从而可以将残渣对储层的损害降到最低。

3. 裂缝诊断技术

目前，针对裂缝的检测各大油田应用较多的裂缝检测仪器，采用该种方法费用较高，甚至有的井位检测费比压裂费都高。部分油田为了节约成本而省去了裂缝检测实验。所以，无法对重复压裂裂缝转向的问题展开深入研究。所以，在未来的研究过程中，可以向着经济方便的角度出发，研发出更适用于我国地质特征的裂缝监测仪。

（二）重复压裂技术的方式

随着重复压裂技术的逐渐发展，重复压裂技术的方式也有很多，本文笔者主要将其分为三种方式进行说明和介绍。

1. 分层压裂

该种压裂方式主要是通过对同一个油井中的新层进行压裂，然后改善石油出油的剖面，通过这种方式，可以提高石油的出油量。对于该种压裂方式，目前我国已经开始了理论基础的研究和探索。并且对于分层压裂的方式，在具体的案例当中已经有了适用。

2. 开发原有裂缝

工作人员会进行重复压裂主要是因为在第一次压裂之后，随着时间的变化或者是支撑剂的原因，导致原有的裂缝会逐渐闭合。在这种情况下，裂缝下的石油未被开采完毕，因此，需要在原有的裂缝上继续开采。此时，工作人员可以通过在裂缝当中添加砂石等的材料将原来的裂缝打开，通过这一段封闭的裂缝就会获得石油。除此之外，倘若裂缝闭合是由于规模不够大，支撑不够足等问题引起的，就可以在一定程度上提高压裂的规模，以及增加砂石数量方可。开发原有裂缝是目前比较常用的一种方式方法，可以在一定程度上提高石油的产量。

3. 改变重复压裂方向

这种方式主要适用于裂缝中的石油几乎已经被采出的情况。当一个油田的最低渗透层已经是大量的水时，该条裂缝中的石油储量就几乎被开采完毕了。但是对于一些没有采取压裂技术的地方，还存在一定量的石油储存。在这种情况下，最好的办法就是封闭原有的裂缝，在和原有裂缝不同的角度上开采一条新的裂缝，提高石油的产量。

(三) 重复压裂优化技术

针对重复压裂施工过程中的参数进行优化主要有如下几个方面：

1. 优化注入方式

重复压裂注液施工的过程中，主要有三种注液方式油套混注、环空注液与油管注液。为了确保管柱在施工过程中的稳定性，必须结合实际地质情况优化泵注参数，并且选择相对简单的注液方式。

2. 优化前置比

对前置液用量的优化原则是在确保高效压裂施工的前提下尽量降低前置液的用量。结合实践经验可以由支撑半长与造缝半长确定的80%的比值对前置液的含量进行优化，这样做就是为了提升压裂施工的高效性。

3. 优化砂比

重复压裂施工过程中，平均砂比的设计受到裂缝的伤害影响程度、储层的物性等条件的影响。在某油井中利用软件模拟技术可以对不同砂比条件下的净现值、动态缝长进行模拟比较分析，从而确定最优的砂比。

4. 优化施工排量

施工排量大小与裂缝的高度控制与延伸压力控制有直接的影响。而且，井口施工管柱的条件也会影响施工排量。所以，在重复压裂的过程中，应该对施工排量进行优化设计。

四、重复压裂技术存在的问题及改进措施

(一) 存在问题

一方面采用重复压裂技术在施工过程中，主要采用封堵剂等物质对油层中的缝隙进行封堵，从而达到提升油田重复压裂效率的目的。但是随着开采工作的不断推进，储层特征也发生了很大的变化。在实际重复压裂施工过程中使用的封堵剂和支撑剂等都与地层实际的结构及物性有着紧密的联系。

另一方面，重复压裂施工过程中会形成两个水平应力，两者之间相互作用会形成一个诱导应力，在射孔孔眼的附近产生的新裂缝就会沿着影响最小的方向慢慢生成。在这种情况下，若压裂液的方向始终朝着最小应力，就没有在其他方向上实现有效压裂，导致没有很好地利用好地层空间。除此之外，使用封堵剂后也会在最小应力方向增加新裂缝的产生，从而增加了油层中的含水量，实际产量递减速度也会越来越快。针对上述问题，各大油田企业还要不断地加大重复压裂技术工艺的研发力度，借鉴国外先进经验找到最适合我国地质特征的重复压裂技术。

(二) 重复压裂技术的改进方法

重复压裂技术虽然可以在一定程度上提高石油的产量，但是，在具体的情况当中，还存在着压裂技术失败的情况。因此，为了降低在进行重复压裂时的失败率，本文将从以下方面提出建议。

1. 油井的选择

油井选择的正确与否，关系到是否能够采到油和进行重复压裂的成功率。因此，工作人员在进行油井的选择的时候，首先需要确定该存储层内部是否有油存在，然后根据实际情况，确定具体的压裂方案。只有在基础条件具备的情况下，才可以更好地完成开采目标。

2. 重复压裂材料的选择

重复压裂技术一般都是在已经实施过一次的基础上继续实施的。和第一次相比较，重复压裂技术的要求会有一个更高的标准。因此，要着重注意压裂材料的选择。在进行重复压裂工作当中，常用的材料有压裂液、支撑剂等。压裂液主要是被运用到水力压裂当中，起着传递压力，延伸裂缝和一定的支撑运用。压裂液的质量的好坏在很大程度上会对压裂作业的成败造成很大的影响。因此，在压裂液的选择上应该要符合摩擦阻力小，残渣率低，以及性能好等各个方面要求。当压裂液的质量达到了标准，那么重复压裂技术的成功率也会提高。

除了压裂液，支撑剂的选择同样重要。随着大量油田开采任务的实施，裂缝中的支撑剂会随着压力的增加直至破裂，或者由于长时间的压力之下，裂缝会随着压力的增加而缩小，中间的支撑剂也会发生变形。因此，选择性能好的支撑剂，可以在保证裂缝宽度不变的情况下，维持自身的形状不发生变化。除此以外，在支撑剂的选择过程中是选择物理性质强的还是导流能力强的，还需要根据具体的情况来决定。

3. 重复压裂的技术方法

在进行重复压裂的过程当中，根据具体的情况采取必要的措施才是最为重要的方法。因此，在具体的实施过程当中，可以采用加大砂石的使用量。首先，当裂缝因为压力的问题逐渐缩小并且支撑剂的性能较差的情况下，可以增大砂石的使用量，这样一来，就可以延缓支撑剂被破坏，强化裂缝的导流能力。其次，为了提高油层的改造程度，可以利用投球压裂技术提高重复压裂的成功率和出油率。除此之外，还有人工隔离及端部脱砂技术都是工作人员在进行重复压裂技术时可以采用的方法。

五、重复压裂案例

（一）背景介绍

近年来，某油田围绕清洁、高效益、提高采收率这一主题，立足生产需求和项目总体布局，从解决出发，在油藏研究和深化油藏再认识的基础上，针对制约影响压裂技术发挥及效果因素，拓宽挖潜思路，创新技术理念，强化储层与压裂技术有效结合，通过坚持不懈追求，研究探索低渗透储层低成本压裂技术，针对目的层17个区块150口油井应用，效果显著。滑溜水压裂液在木头油田13个区块70口井成功应用，压后单井日产量提高1.6吨。树脂砂封堵转向压裂技术试验6口井，压后单井日产量提高1.0t，含水下降6.5%。同步整体压裂技术试验34口井，压后单井日产量提高1.2t，效果明显。

在执行过程中，完成钻井、测井、测试、生产动态、增产改造等资料收集402份，完成裂缝监测、设计方案223个（套），现场工作量达400余人次，现场试验井次达到87井次，超额完成规定的工作量。

（二）油井重复压裂工艺技术及应用分析

1. 滑套式分层

这种技术是通过引用水力扩张的作用，对内壁构成压力，以此形成压裂管道。了解当前石油开采工作情况可知，这种技术的应用对井下油层压力的渗透而言具有积极作用。

2. 选择性压裂

首先引用具备开闭功能的封堵性设施对油井中的渗透压进行有效管控，其次结合压裂来渗透其他油层，最后达到油层压裂的工作目标。从了解油井工作情况可知，这种方法适用于油层分布不均衡、密度过高的油层，或间距过大的油层间。需要注意的是，选择性压裂工艺技术虽然在应用时展现出了广泛性和实用性，但也会对其他油层产生抑制作用。

3. 多裂缝压裂

现阶段，在开采油田油井时经常会进行封堵工作。一般情况下，工作人员会通过了解和调节油层结构，来封锁油层，而后结合管道压裂的方法，区别处理不同油层，促使各个油层间形成裂缝。对渗透性低且油层多的油井，工作人员在进行开采工作时，通过引用这种技术能提升实际工作效率。

4.限流压裂

通过引用低渗透油层的孔隙结构，结合大量压裂液对炮眼实施阻磨，有助于工作人员全面掌握具体工作的压力变化，并控制压裂时不同油层间出现的压裂消耗问题。这种技术在实施油井压裂工作时，能根据规定位置实施油井压裂工作，且能让压裂效果在压油管道中充分展现出来。结合实践案例分析可知，限流压裂工艺技术的应用，不仅能提升油井的开采产量，还能提升整体工作效率，进而完成预期设定的发展目标。

5.平衡限流法

在油田开采工作中，依据科学引用油水层相邻管道的结构实施压缩工作，不仅能展现出平衡作用，还可以保障油层管道的稳定性，以此有效封堵少许油层中的含水层。在这一背景下，工作人员通过明确油层与管道之间的正确距离，提出对应的压裂施工操作，可以有效提升开采工作效率和质量。需要注意的是，工作人员在引用平衡限流法压裂技术时，要将油层控制在五层以下。

6.定位平衡

在压力操作中，工作人员通过引用符合预期规定的压裂封堵设备，可以明确压裂控制层的区域，而后依据平衡水位变化，有效改善实践工作的压裂效果。通过了解当前油田开采工作可知，定位平衡压裂工艺技术适用于底部油层过于单薄的油井，但在应用中，工作人员要确保不同深度油层间具备一定的水位差。

(三) 应用总结

1.取得成果及认识

经过一年的技术攻关与研究，从选井方法、潜力再认识、效果再评价、技术手段新实践等方面有所突破，进而形成一些技术成果。具体内容主要分为以下几点：其一，针对不同低渗储层，以注采单元为研究对象，以调整改善注采关系为目的，建立整体压裂理念，完善压裂选井选层方法，形成一体化压裂个性化设计方法；其二，针对不同性质低渗透储层井网条件、伤害程度及潜力状况，采取不同压裂配方体系，形成以滑溜水压裂、蓄能压裂等新的低渗透储层压裂技术，保护了储层，造复杂缝网，最大限度挖潜，提高储层改造效果；其三，针对油田已进入高含水开发期，开展定向封堵压裂转向技术，增加带宽，挖潜侧向富集剩余油，进一步完善高含水开发阶段压裂转向技术体系；其四，淡化单井增产概念，强调以注采井组为中心、一体化认识、整体设计、整体挖潜、整体改造，开展同步干扰集成压裂工艺技术，扩大储层改造体积，增加动用程度，提高改造效果；其五，针对1井1压所存在的费力、费时、费高及效率低的情况，探索建立开展远程压裂控制技术，建立1压裂面多井压裂新模式，降本增效，取得成功。

2.项目取得效益

一方面，经济效益。低渗油田水平井综合挖潜配套技术目前已累计应用150口井，预测累增油3.607万吨，按当前年国际油价扣除生产成本及压裂费用可创直接经济效益639万元，50美元/桶投入产出比达到1.3以上。另一方面，社会效益。某油田是以低渗透储层为主的多断块油藏，在低采出程度下即进入高含水期，措施挖潜空间巨大，通过适时配套技术挖潜，增加储层动用，提高油井产能，对木头油田老区的稳产、上产和区块综合不递减，减缓自然递减，提高剩余油储量采收率等有重要意义，不仅表现出很大的经济效益和社会效益，还具有很好的推广应用前景。

第二节 油层解堵技术

一、油井地层堵塞机理和相关特点

地层堵塞通常有不同的特点，但是在油井地层堵塞之前通常都有与之相应的前兆，比较多的情况是，在油井产液、产油、动液面、地层压力情况、井底压力情况等方面会有不同的数据显示或波形特点。所以，从这个角度来讲，很容易判断出地层是否出现堵塞现象，但是，要分析不同堵塞的各自特点、并根据实际情况及时解堵，就是更有技术含量的问题了。

(一)堵塞机理

(1)在同一油井多次开采，造成地层伤害。油气田的钻探开发过程通常伴随地层的地质状况。由于地层内部岩石颗粒构成复杂、各种流体成分交杂不明，因此，外来的注入流物可能会侵入地层，并对地层造成一定程度的伤害，从而导致堵塞。例如钢铁的锈斑、细菌在繁殖过程中产生的菌体和代谢产物等，这些物质进入地层后，会沉积在射孔炮眼周围，导致地层渗透状况剧烈下跌。

(2)开采方式不合理也可能导致油井出现堵塞情况。现在为了进一步提升原油的质量和产量，现场施工过程中一般采取大的生产参数，生产过程出现较大压力差，致使原有液面下降，产液能力大大降低，因为流体运动阻力加强，导致油井出现堵塞情况。

(3)注入流体和地层流体之间存在差异。这是施工过程中常见的油井堵塞原因之一,在钻探开发过程中,有时地面其他流体会流向地层,在液体流淌过程中,地层内不断形成盐垢、细菌等,导致孔隙孔道不断降低其流通的横截面积,地层渗透率自然大大降低。

(二)油井堵塞特征

(1)从堵塞成分来看,油井的堵塞呈现出某种规律。有的油井生产时间较短,堵塞物也主要是有机物;还有的油井已经开采使用了较长时间,由于在开采过程中又经过多次产量增加,所以油井的堵塞物类别比较多,成分较为复杂,有机物和无机物共同存在。

(2)大部分油井堵塞并不具有较大的半径,半径主要集中在近井地带 3~5m 之内。有的油井是高压、高产井,因此油在井里会出现一个较大的压力下滑,从而导致各种污垢和微粒堆积。所以,近井地带附近可能会堆积较多的堵塞物,而且堵塞物强度相对较大。其中对于低压、低产油井来说,由于流速较缓慢,因此堵塞物往往在油井深处堆积。

(3)还有一种伤害来自入井流体。在钻探过程中,经常需要注水作业,如果油井出现问题还需要进行维修,因此,很可能出现入井流体选择不当,最终地层成为细菌的培养皿,细菌在其中发育、结垢,加之地层本身由于湿润特点,出现二次沉淀,最终导致地层中部细菌和结垢现象最为明显。

二、油井解堵技术

(一)化学解堵技术

化学解堵技术是指根据油田生产过程中出现的堵塞原因,以研制出的解堵剂,利用特殊装置将解堵剂推入目标层,使解堵剂中有效组分与堵剂发生接触,并在地层压力和推挤双重作用下,将反应产物排入井眼,随后依次将反应物从井筒中排出,以消除井眼内堵塞,增加并恢复井眼周围渗透性,从而提高产量。

1.酸化解堵技术

油田酸化处理,主要是利用有效的活性剂,以消除井段堵塞物,恢复地层的渗透率,并能解决溶解地层中黏土物质,增加其地层的孔隙与孔道相对半径,以此提高地层实际渗透率。由此可见,酸化也是油田增产增注的有效措施。

适用范围:由于黏土颗粒在地层中膨胀、分散、运移而造成的深度堵塞的井;注水井在注水时,由于含有机物含量高,水质达不到标准要求,或与地层水不匹配,导致地层结构堵塞的井;由于入井液中含有大量的铁质,进入地层而导致的堵塞的井;由微生物的代谢物和有机聚合物引起的地层堵塞的井。

2. 热化学解堵技术

热化学解堵技术是通过化学药剂与油层中的化学物质所产生的化学反应,从而提高油层温度,将油层中的蜡质、沥青质等有机物质熔化,从而减少井下的液体浓度,提高低压、低能油井的反排能力。

适用范围:井眼脏乱、泵效率低、检泵周期短的井;在近井区发生堵漏,导致产出骤减的井;低水分的井;地层压力相对较小,且实施其他大规模措施有危险的井。

3. 氧化型深穿透复合酸酸化增注解堵技术

该解堵工艺所采用的复合解堵剂是利用多种有机无机化合物的混合物所组成,不仅能解堵近井,而且能以多级缓进的方法消除深层堵漏;它具有双重解堵作用,是各种解堵方法的有机结合。目前,其应用范围是注水井加注,解堵机制分为以下几种。

① 缓酸缓蚀机制:缓蚀酸不仅产生 HCL,也产生 HF,因此,该体系具有各种酸化应用,HF 的存在使系统具备了传统酸酸化特性,并能溶解淤泥组分;由于反应速率比较慢,可以将酸性液体排入深层,解除深层的无机堵塞。

② 氧化剂形成机制:在地层中,氧化剂能部分氧化分解胶质、蜡质、沥青质等多种聚合物,使其降解、黏度降低、流动性好,从而容易从地层中排出;因其具有超强的氧化能力,能杀死细菌,以此消除各种有机物质的堵塞。

③ 适用范围:由于钻探过程中泥浆的污染,注入措施的强度较低,导致注水后注水压力较大,注水次数较少的井;在注水时,由于地层复杂,易发生堵塞的井;采用酸化加注工艺时,由于排水不及时,导致二次沉淀,出现地层堵塞的井;注水井的酸化、增注效果不显著的井。

(二)物理法解堵技术

目前,油田采用化学解堵技术取得了良好效果,但其生产成本较高,且反应产物易二次污染。而物理解堵技术相对来说成本较低,而且对油层污染相对较小,特别是最近几年,由于采用了新技术,如高压水喷射技术以及新地层改造技术,物理法解堵技术得到了广泛的关注。因此,下述主要从水力振动解堵技术、超声波解堵技术、高压水射流解堵技术、高能水气等技术进行探究。

1. 水力振动解堵技术

水力振动解堵可以借助专门的装置水力振动器,通过振动器产生冲击波,并在地层孔隙中进行传播,从而使堵塞物变得松动,并可以顺冲击波的方向流下,从而可以更好地清除孔隙中的堵塞物。实践证明，该项技术和酸化解堵技术有相似的解堵效果，尤其是对于井壁部位的堵塞物解除工作，该项技术还可以和酸化解堵技术共同使用，先酸化，再振动，从而达到二次清洁的目的。在使用水力振动法进行堵塞物解除时，需要根据污染深度确定振动器使用的频率大小。振动压力必须始终低于底层破碎压力，否则将对地层造成新的损伤。在选择作业井时，需要选择油层压力较大，原油埋藏位置较深的地方，此时是使用油层堵塞解除的最佳时机，只有这样堵塞物才可以从油层间回到井筒，并随之抬升，堵塞物得以重回地面。

水力振动解堵技术不仅是一项环境友好型技术，施工简单易操作，综合成本较低，对地层也不会造成任何伤害，而且能够有效解除泥浆污染，对于造成近井地层污染的泥质粉沙、垢、杂质等都可以做到有效清除。在这一情况下，如果可以配套使用其他化学产品，会有更好的效果。但是由于水力振动技术本身在作用过程中能量呈衰减模式，作用半径不大，因此，不适合油层深处堵塞的油井应用；而且由于该项技术本身无法有效防止地层微粒的运动，因此作用时间存在较短；作用能量有盲区，存在有的炮眼无法冲击的问题。

2. 超声波解堵技术

这一技术是通过大量的化学药剂在井下发生反应，产生高热、高压气体，并在井口附近形成了许多径向裂缝（不受岩心压力的影响），连通地层裂缝和部分自然孔道，使近井区的渗透能力得到了极大提高。超声波解堵技术应用范围广，作业周期短，增产效果显著，施工工艺简单。尤其适应于油田后期低产，低能井和因盐堵、垢堵、施工技术不合理而导致渗透率大幅降低的井。

3. 高压水射流解堵技术

高压水射流，是根据井下可控旋转自振空化射流为主要装置的解堵方法之一，可以同时产生低频旋转水力波、高频振荡射流冲击波和空化噪声（超声波），通过三种不同物理作用，对地层进行疏通，从而达到堵塞解除。在施工过程中，需要保障泵压达到设计需求，中途不得停泵；如果必须停止，则需要第一时间彻底反洗井，避免出现砂埋井下管柱的情况，导致卡钻现象出现。对于某些原油储存位置较浅、胶结较为疏松的油井，首先需要进行防砂处理，再利用高压水射穿透堵塞物，通过小范围作业，可以有效减少地层垮塌。高压水射流技术技术简单方便，成本较为低廉，对地层外因机械杂质侵入、黏土胀大等现象导致的地层渗透率降低的问题，都有很好的解决效果。尤其适用于具有酸性、不易实施酸化的油水井。该项技术和上述三项技术相结合，可以对堵塞严重的油井进行堵塞解除，都会起到较为显著的效果。但是不适合在地层压降大、出砂严重的地层进行施工作业，同时，由于地上高压设备技术仍有待改进，因此井下喷嘴的数目是限定的，不能超出限定值。

4. 人工地震处理油层技术

人工地震处理油层技术是目前应用较为广泛的技术，该技术的主要实施过程是利用合理的地面装置对目标油层施加巨大的震动效果，在震动后，可逐步提升油层中油相渗透率、毛细管渗流和重力渗流速率，从而实现油气的分离现象，进而达到增产效果。

5. 高能气体压裂技术

高能气体压裂技术是指通过特殊火药或火箭推注剂，在井眼内迅速燃烧，产生大量高温、高压气体，并在井下附近的储层形成放射状、多方向的径向裂缝系统，以此达到消除各种堵塞，提高近井区域的渗透性的效果。同时，使用高能气体压裂技术，可提高油田产量。

6. 井下电脉冲解堵

在充满水或油水混合物的井里，可以采取井下放电，即在一定的高电压脉冲对流情况下，在地层周围产生周期性压力和较为强大的电磁感应场，可以发射一定频率的高电压脉冲电流，在电流影响下，可以逐步解除油井的地层污染。这种通过电脉冲进行解堵、实现油量增产的机理主要体现在：

（1）通过高频率反复辐射，可以将能量直接转化成压力波，通过在油层内产生压力差，对裂缝和微裂缝进行修补改造。

（2）由于脉冲作用明显，因此压差可以根据实际需要不断变化方向或压差值，从而促进液体的流动，使液体从液体滞留区流向活动区。

（3）高频率电波辐射，导致产生压力波，从而出现空化作用，使孔道内壁沉积物被冲刷降解，从而进一步解除堵塞问题。这一技术使用范围较广阔，对于油井产量呈递减趋势且减速较快的油井、油量储藏动用量较低、供液量能力较弱、注水情况严重、水驱油状况较弱等区域都需要使用电脉冲技术进行油井解堵工作。

（三）负压法地层解堵

负压法地层解堵需要借助悬挂式封隔器和井下负压发生器完成。其中，地面泵组主要需要进行工作液的输送，工作液在通过负压发生器的时候，会对地层造成一定压力，因此，在给定的处理时间内始终保持同一水平；如果泵送工作液的方式被停止，那么负压发生器的工作状态也将变成停止工作，此时地层恢复压力静止。通过开或关地面泵组的方式，可以对地层造成一定程度的压力，从而在地层形成短暂且可控的负压。实现对井底近井地带的处理。这一方法主要适用于由于地层发生堵塞而导致油井排水量下降的情况，或者对于没有经过酸化、表面活性剂解堵的油井也可使用，因为可采用此方法提高底层表面活性；如果油井已经经过酸化处理，那么也可使用该项技术，用于彻底排酸，以减轻对油井的二次伤害。但是油井在使用这项措施的时候需要避免油层出砂、吐砂较为严重的油井，以实现顺利解堵。在实际生产过程中，这项方法有卓越的工作效果，有效期较长；施工工艺相对简单，成本较低，可以有效保护地层；尤其是在油井酸化后，可以彻底排酸还能进一步简化工艺，可以同时达到多项使用效果，因此是行业内应用程度较高的技术之一。

第三节 低产低效井治理技术

一、当前油田低产低效井的开发现状与开发特征

(一) 开发现状

随着我国油田开发时间的增加，一些配套设施出现老旧、破损等现象，油田低产低效井数量越来越多，低产低效井已经成为油井重要的组成部分。我国油田分散在各个区域，每个区域的地质条件各不相同，但是油田低产低效井在一些问题上存在着共同的现状。主要有以下几点：

（1）随着我国油田开采时间的增加，一些地层的产油速率出现下降，同时出现产油能力不足的现象，低产低效井的数量变得越来越多；

（2）一些油田的开采设备出现老旧、破损等现象，没有及时更新，没有完善的油田开采监督管理制度，一些油田已经出现了开采效率低、开采成本高、开采效益低的问题；

（3）目前油田油井的组成中，低产低效井已经成为不可或缺的一部分，低产低效井数量的越来越多，从而造成油田开采难度增加、开采成本增加、开采效益降低，同时需要不断地完善和改进低产低效井的开采技术和开采方式，这需要消耗大量的人力及资金投入。所以低产低效井的开发已经成为油田可持续发展中的重要组成部分。

(二) 低产低效油井开发特征分析

1. 产量低

这种油井的产油能力远低于同类油井的平均水平，产量不但不能满足开采的需求，甚至可能无法维持正常生产。产量低的原因可能是油井地质条件较差、油层含油饱和度低、储层渗透率低，或者油井间距不合理，导致油井之间的干扰较大。

2. 采收率低

采收率是指从地下储层中采出的原油量占地下可采储量的比例。低产低效油井

的采收率通常较低，说明油井的采油效率低下，无法有效地将储层中的原油采集出来。采收率低的原因可能是油井的开采方式不合理，例如采用了不适合该油井地质条件的采油方法，或者采油工艺设备不完善，无法充分利用地下油藏中的原油资源。

3. 能耗高

这种油井的开采过程中，消耗的能量较多，能源利用率低下。能耗高的原因可能是油井的抽油设备老化，能效低下，或者油井的注水设备无法实现节能效果，还可能是油井的生产过程中存在能源浪费的现象，例如泄漏等情况。

二、低产低效井的分类及成因

通常情况下，油田油井的总体经济效益与采出程度高低有着直接的影响，同时能直接地反映油井的剩余潜力，目前情况下我国低产低效井可以大致分为两种类型，分别为采出程度高型与采出程度低型，两种类型的主要界定方式为对该区块采出程度进行参考，一般情况下采收率标定为24%，如果地质储量采出程度超过20%为采出程度高型，地质储量采出程度低于20%为采出程度低型。通过我们对每口井、每个地层采取动态、静态资料分析，同时参考精细地质研究成果，低产低效井产生的主要原因有以下几点。

（一）开发时间过长产生低产低效井

对于当前的低产低效井而言，很大一部分都是从原来的高产能油井逐渐转变而来的，原来并不是低产低效井。这类低产低效井的形成，主要原因就是长时间的开采，导致油田的储油量下降，油田进入开发的中后期。由于人类开采原油的速率大于地质形成原油的速率，使得随着人类的开采行为，油井的储油量逐渐降低。最终，油井虽然开采出来的液体的量并没有显著地降低，但是这些液体中原油的比例甚少，影响了油井的产油量，进而影响了油井开采的成本和效率，从而使原来正常的油井演变为了低产低效井。

（二）井网的能量补充不够导致低产低效井

能量补充不及时也是造成低产低效井产生的因素之一，优点就是油井的地质条件还可以，具有良好的物质基础。主要是因为油井能量补充措施出现问题，造成油井能量补充不及时，影响了油井地层所在能量。而地层能量补充不及时的原因主要有以下几点：油水井的连通情况不畅通、注水井井况出现问题、注水效率较低、分层注水故障、注水井注水不进去等。以上问题都是影响地层能量补充不及时的因素，同时对油井的产油数量、产油效率有所影响，导致低产低效井的形成。

(三)注水井注水动作控制不佳导致的低产低效井

油井的产油量与注水井的注水动作有着密切的关系,对其产生影响的因素主要有两个方面:首先是断层对其产生的影响,同时影响了布井,造成一些油井区域内出现有开采无注水现象,或者该区域内出现注水,注水的方向比较单一,对油井的产油效率有着一定的影响;其次是对注水井的注水情况产生一定的影响,尤其是注水量的控制不到位。油井的含水量因为注水突进的影响造成其短时间内快速上升,出现油井见水或者水淹事故。以上情况都是因为没有科学合理地控制注水井注水量,油井的含水量增加,油井的产油量和产油效率下降,低产低效井逐渐形成。

(四)油井的油层物性条件差等地质原因导致的低产低效井

油井所在的地层的基本物质条件是油井产油量和产油效率的一个重要影响因素。这一方面的原因主要体现在以下几个方面。第一个就是油井的储层物性差,这类油井多数位于整个油田的边缘地带,由于储油层自身的地质特点,其渗流能力较低,吸水能力差,从而导致难以注水,油井的产油量和产油效率低。第二个就是油井地层的堵塞导致渗透率降低。造成这一问题主要是油井附近的污染严重,或者地层中黏土矿物中高岭石释放出了过多的微粒,使得孔喉被堵塞,进而使渗流渗透率降低,影响了油井的产油效率。第三个原因就是油井本身所在的地层含水量就比较高,从而使储油层中原油的含量比例相对较低。这类油井一般也位于整个油田的边缘地带。油井投产之后,开采出来的液体含油量过低,从而影响了油井的产油效率,形成了低产低效井。

三、低产低效井治理对策

(一)完善油田注水

1.完善注采井网

对于低产低效井开采作业而言,如果要改变油井开采效率低下、产能不够的情况,需不断在开采作业中完善注采井网,通过注采井组平面分布的科学布置,提升水驱效果,通过井网优化来创造良好的开采条件,提升整体的开采效率。比如,以某低产低效井为例,相关人员充分分析了该油井的地质油藏情况,在注采井网的优化中,将原先反九点井网布置优化为五点井网,而主力砂体边部与非主力砂体形成了不规则井网,由于砂体边部的能量不足,为低效井分布,在油井治理中,根据对周边井网的全面分析,进一步在原有基础上实现了注采井网的优化,给采油作业提供了足够的地层能量。

2. 优化注水

优化注水同样是低产低效井中有效的治理对策，在开采作业中，作业人员应根据油井中的地质储层条件，采取有效的注水工艺，改变原先的油井作业情况。注水优化应从注水量和注水方向的角度出发，以保障注水工艺可以全面与油井现场的情况保持一致，并在注水作业进行的过程中，加强注水管控。比如，以某油井为例，根据现场情况的调查，选用分层注水工艺，以实现对不同区域、方向上注水量的科学管控。当然，在条件允许的情况下，低效低产井的注水工艺优化中，还可以不断根据注水情况，建立完善的注水监管体系，并在该体系内明确规定注水工艺要求和实施流程，由有关部门和岗位人员对低产低效井的注水全过程加以监管，通过实时监控来避免注水失控等诸多问题。

(二) 措施改造

针对油井开采中面临的低产低效问题，同样可以采用酸化、换大泵、开关层等多种的措施改造策略。具体来说，在油层酸化处理的过程中，主要是通过对油井地层的堵塞情况加以全面调查和了解，随后选择恰当的酸液化学试剂，将该酸液以喷灌等方式喷洒在油井地层中，经由充分的化学反应以后，也就可以改善油井地层的堵塞情况。在井筒周围，酸化处理方式最为常用，根据很多油井中酸化处理方式的应用效果，在经由酸化以后，油田的开采效率和产能均有所提升。低产低效井一般面临着高含水量的开发条件，原始泵难以与开采需求相符合，此时，为实现油井的增产增效，相关人员在开采作业进行时，就应该根据油井现场的实际情况和原始泵配备和使用条件，更换性能更好的泵，以达到提液增产的目标。低产低效井开采作业中的开关层措施，对于增产增效同样极为重要，相关人员主要是通过对油井产液剖面、水井注水剖面的有效调整来实现的。

(三) 技术改造

一些低产低效井是由于油层渗流能力不足所造成的，在油井开采作业中，地层压力和驱动力不够，制约了正常的开采作业进行。针对这种条件下的低产低效井，应酸化技术或压裂技术，也就改变了油层地质结构，给开采工作提供了便捷。

1. 对油层进行酸化技术处理

针对那些地层能量较为充足，但是产出的液体中含水量过高的低渗透油井，如果经过分析油井的产油效率低主要是因为地层堵塞造成的，我们可以采用酸化技术来化解地层的堵塞，提高油层的渗透性，进而提高油井的产油效率。酸化技术化解地层堵塞主要是通过酸液与地层堵塞物之间的化学反应，使堵塞物被消除，从而提高了油层的渗透性。在实际实施酸化措施时，要根据油层的性质来选择合适的酸液。在确定了酸液后，还应该设计一套科学合理的酸化处理工序，在确保达到消除堵塞物的前提下，尽量避免对油层造成影响，影响后续油井的开采。

2.对油井进行压裂技术处理

针对那些低渗透率的低产低效井，除采用酸化技术外，我们还可以通过水力压裂技术来增加油井的渗透率。水力压裂技术主要是通过水力压裂来人为地造成油层上的裂缝，然后通过支撑剂使裂缝稳定下来，形成稳固的渗流渠道，从而提高油层的渗透率，提高油井的产油率。压裂技术的关键是在于压裂液、支撑剂的选择及压裂工序的实施。压裂液及支撑剂的选择，应该使产生人工裂缝的数量及裂缝的维持时间达到最佳效果，避免人工压裂导致油井出砂，影响油井的产油效率。此外，一般经过水力压裂的油井，随着开采时间的延长，油层会渐渐地在此堵塞，尤其是那些受地质条件影响堵塞很严重的油井。对此，我们可以通过定期的反复水力压裂，来重新提供油井的渗透率，使油井的产油效率始终维持在一定的水平。

四、在低产低效井中应用数字化智能

(一)数字化智能采油技术在低产低效井的应用意义

数字化智能采油技术在低产低效井的应用具有重要的意义。低产低效井指的是产能低、效率低的油井，通常是由地质条件、油藏特征、采油工艺等因素导致的。应用数字化智能采油技术可以带来以下几方面的好处。

1.提高采收率

数字化智能采油技术可以通过对低产低效井进行全面数据采集和分析，深入了解油藏的地质特征和动态变化，准确评估油井的潜力和可采储量，从而制定相应的采油策略。通过优化注水、压裂等增产工艺，可以有效提高采收率，从而实现低产低效井的可持续开发。

2.降低成本

低产低效井通常需要采用高额投入才能达到较低的生产水平，而数字化智能采油技术可以通过数据分析和模型预测，帮助优化生产过程，减少不必要的能耗和资源浪费，降低运营成本。此外，数字化智能采油技术还可以通过异常监测和预警功能，及时帮助识别和解决井下故障和操作异常问题，减少停产和维修时间，提高井口作业效率，进一步降低成本。

3. 提高工作安全

低产低效井往往存在一些井下作业难度大、风险高的情况，如高含硫油气、高压高温等。数字化智能采油技术可以通过远程监控和控制系统，减少人工作业的风险，提高工作安全性。同时，数字化技术可以及时传输和分析井下环境和设备数据，实时监测并预测潜在的安全隐患，提供及时的预警和应急响应，保障现场作业人员的安全。

(二) 数字化智能采油技术在低产低效井的应用策略

1. 数据采集与处理技术

传感器技术、数据监测与采集技术、数据存储与管理技术是数字化智能采油技术的重要组成部分。这些技术的应用可以实现对油井、设备和油藏等方面的实时监测和数据采集，并对数据进行处理、分析和存储，从而支持决策和优化采油过程。传感器技术是指在井下和井口布置传感器设备，用于测量和监测油井、设备和油藏的各种参数和指标，例如温度、压力、流量、液位等。这些传感器可以通过物理、化学、电子等原理实时采集数据，并将数据传输到监测系统，为后续的数据处理和分析提供基础。数据监测与采集技术涉及对传感器获取的数据进行集中监测和采集。通过布置监测系统，可以实时采集传感器所测得的数据，并将数据进行整合、转换、传输等处理，确保数据可靠性和一致性。这些技术包括数据通信技术、数据采集装置、远程监测系统等。数据存储与管理技术是指对采集的数据进行存储和管理，以支持后续的数据处理、分析和应用。数字化智能采油技术生成的数据量很大，因此需要合理的数据存储和管理系统来存储、索引和检索数据。这些技术包括数据存储设备（如服务器、数据库等）、数据备份与恢复方案、数据管理系统等。通过传感器技术、数据监测与采集技术、数据存储与管理技术的应用，可以实现对油井、设备和油藏等方面的实时监测数据的获取和管理，并为后续的数据分析、优化和决策提供支持。这些技术的应用可以提高对油田运营过程的了解和控制，优化生产效率和资源利用，实现数字化智能采油的目标。

2. 数据分析与预测技术

机器学习、深度学习、模型建立和优化等技术在数字化智能采油中发挥了重要的作用。这些技术可以对采集到的数据进行分析和建模，从而实现对油田生产状态、油藏特征、油井运行状态等进行预测和评估。机器学习是一种通过让计算机系统从数据中学习和改进性能的方法。它可以利用历史数据和实时数据，自动发现其中的模式和规律，并建立相应的模型来预测未来的趋势和行为。在数字化智能采油中，机器学习可以应用于油井产能预测、油藏动态模型更新、优化生产策略等方面。深度学习是机器学习的一个分支，利用人工神经网络模拟人脑的工作原理进行数据表征和学习。它可以自动学习数据的特征，并通过层层堆叠的神经网络进行高级抽象和表征学习。在数字化智能采油中，深度学习可以应用于油藏图像识别、异常检测、优化控制等方面。模型建立和优化技术是指建立数学或统计模型来描述油田系统的行为，并通过优化算法对模型进行调整和改进。这些模型可以基于历史数据和实时数据，预测油井的产量、水驱采油效果、注水方案等。模型建立和优化技术不仅可以帮助优化生产过程还能提高产能和采收率。

3. 智能化控制与优化技术

自动化控制、优化算法和人工智能决策等技术在数字化智能采油中扮演着重要的角色。这些技术通过实时监测和调整生产过程中的控制参数，实现对采油过程的智能化控制和优化，提高采油效率和产量。自动化控制技术是指利用传感器获取实时数据，并通过自动化控制系统对生产过程中的设备和操作进行实时监测和控制。通过实时数据的采集和反馈，可以对油井的注采比、水驱注入压力、泵冲次数等参数进行自动调节，保持生产过程的稳定性和最优性。优化算法是指通过建立数学模型和算法，在给定的约束条件下，探索最优的采油策略和操作参数。这些算法可以根据实时监测数据和油井的特性，利用数学和计算方法进行优化计算，找到使生产效率最大化或成本最小化的最佳解决方案。人工智能决策技术则是指基于机器学习、深度学习和模型预测等技术，对采油过程中的各种决策进行智能化处理。通过分析历史数据和实时数据，人工智能决策系统可以识别关键特征、预测未来趋势，并自主做出相应的决策和调整。这些决策涵盖了优化注水方案、调整生产设备、制订灵活的生产计划等方面。

4. 油田仿真与虚拟现实技术

油藏数值模拟技术是指利用数学模型和计算方法对油藏的地质特征、流体行为和开采工艺等进行模拟和预测。通过收集油藏数据、地质探测信息和历史生产数据，建立数学模型，并运用数值计算方法求解模型方程，可以模拟油藏的流体运移、孔隙压力变化、物质传递等过程。油藏数值模拟可以预测油藏的开采效果、优化生产方案，以及评估各种采油技术和决策对油田的影响。油藏虚拟现实技术是将油田的地质、工程和生产数据与虚拟现实技术相结合，构建出油藏的三维可视化模型。通过虚拟现实技术，人们可以身临其境地体验和探索油藏结构、地层分布和产量分布等情况，便于对油藏的特征和潜力进行直观的理解和分析。油藏虚拟现实技术可以帮助决策者、工程师和操作人员更好地了解油藏的情况，从而做出更准确、科学的决策和规划。决策支持系统是基于油藏数值模拟和其他相关数据，并利用计算机技术和决策分析方法，为油田管理者和工程师提供决策支持和优化方案。通过整合和分析大量的数据，决策支持系统可以辅助决策者做出最佳的决策，例如确定最优的开采方案、注水方案、井网布局等。这些系统可以提供多个方案的比较和分析，并根据不同的目标和约束条件，给出合理的建议和优化方案。

5. 智能化油井技术

包括智能油井、井底监测与控制系统等技术，通过采用传感器、控制装置和通信系统等，实现对油井的智能化监测、控制和管理，提高油井的生产效率和作业安全性。包括能耗监测与管理、节能技术应用等，通过对油田设备的能耗进行监测和管理，并应用节能技术，实现油田采油过程的能源高效利用和节能减排。

第四节　主要增注技术

一、水力压裂

(一) 增产原理

水力压裂是指利用地面高压泵组，将高黏液体以大大超过地层吸收能力的排量注入井中，在井底憋起高压，当此压力大于井壁附近的地应力和地层岩石抗张强度时，在井底附近地层产生裂缝。继续注入带有支撑剂的携砂液，裂缝向前延伸并填以支撑剂，关井后裂缝闭合在支撑剂上，从而在井底附近地层内形成具有一定几何尺寸和导流能力的填砂裂缝，使井达到增产、增注目的的工艺措施。

导流能力是指形成的填砂裂缝宽度与缝中渗透率的乘积，代表填砂裂缝让流体通过的能力。

(1) 形成的填砂裂缝的导流能力比原地层系数大得多，可大几倍到几十倍，大大增加了地层到井筒的连通能力；

(2) 由原来渗流阻力大的径向流渗流方式转变为双线性渗流方式，增大了渗流截面，减小了渗流阻力；

(3) 可能沟通独立的透镜体或天然裂缝系统，增加新的油源；

(4) 裂缝穿透井底附近地层的污染堵塞带，解除堵塞，因而可以显著增加产量。

(二) 造缝机理

在水力压裂中，了解造缝的形成条件、裂缝的形态（垂直或水平）、方位等，对有效地发挥压裂在增产，增注中的作用都是很重要的。在区块整体压裂改造和单井压裂设计中，了解裂缝的方位对确定合理的井网方向和裂缝几何参数尤为重要，这是因为有利的裂缝方位和几何参数不仅可以提高开采速度,而且可以提高最终采收率;相反,则可能会出现生产井过早水窜,从而降低最终采收率。

1. 裂缝起裂和延伸

造缝条件及裂缝的形态、方位等与井底附近地层的地应力及其分布、岩石的力学性质、压裂液的渗滤性质及注入方式具有密切关系。

地层开始形成裂缝时的井底注入压力称为地层的破裂压力。破裂压力与地层深度的比值称为破裂压力梯度。

2. 裂缝形态

一般情况下,地层中的岩石处于压应力状态,作用在地下岩石某单元体上的应力为垂向主应力和水平主应力。

作用在单元体上的垂向主应力来自上覆层的岩石重量,它的大小可以根据密度测井资料计算。

在天然裂缝不发育的地层,裂缝形态(垂直缝或水平缝)取决于其三向应力状态。根据最小主应力原理,裂缝总是产生于强度最弱、阻力最小的方向,即岩石破裂而垂直于最小主应力轴方向。

(三) 压裂液

1. 压裂液的组成

压裂液是一个总称,根据压裂过程中注入井内的压裂液在不同施工阶段的任务可分为以下几种。

(1) 前置液。它的作用是破裂地层并造成一定几何尺寸的裂缝以备后面的携砂液进入。在温度较高的地层里,它还可起一定的降温作用。有时为了提高前置液的工作效率,在前置液中还加入一定量的细砂(粒径100~140目,砂比10%左右)以堵塞地层中的微隙,减少液体的滤失。前置液一般用未交联的溶胶。

(2) 携砂液。它的作用是将支撑剂带入裂缝中并将支撑剂填在裂缝内预定位置上。在压裂液的总量中,这部分比例很大。携砂液和其他压裂液一样,有造缝及冷却地层的作用。

2. 泡沫压裂液

泡沫压裂液是近年来发展起来的,用于低压低渗油气层改造的新型压裂液。其最大特点是易于返排、滤失少及摩阻低等。基液多用淡水、盐水、聚合物水溶液;气相为二氧化碳、氮气、天然气;发泡剂用非离子型活性剂。泡沫干度为65%~85%,低于65%则黏度太低,超过92%则不稳定。

泡沫压裂液也具有不利因素：

（1）由于井筒气—液柱的压降较低，压裂过程中需要较高的注入压力，因而对深度大于2000m以上的油气层，实施泡沫压裂是困难的。

（2）使用泡沫压裂液的砂比不能过高，在需要注入高砂比情况下，可先用泡沫压裂液将低砂比的支撑脐带入，再泵入可携带高砂比支撑剂的常规压裂液。

3. 清洁压裂液

近年来发展起来的表面活性剂压裂液，也称之为清洁压裂液，是一种新型的压裂液体系，它不含任何聚合物，解决了压裂液对地层的污染，因此，也叫无伤害（零污染）压裂液。这种表面活性剂压裂液不需要破胶剂、破乳剂、防腐剂等化学添加剂。目前使用的常规压裂液的增稠剂均为高分子，相对分子质量均在1000万以上，而表面活性剂压裂液的相对分子质量只有几百，和其他的聚合物、植物胶相比，表面活性剂压裂液的增稠剂属于小分子范畴。表面活性剂压裂液由于是小分子，且在水中完全溶解，不含有固相成分，在裂缝中难以形成滤饼，不会对地层的渗透率和裂缝导流能力造成伤害。

其他应用的压裂液还有聚合物乳状液、酸基压裂液和醇基压裂液等，它们都有各自的适用条件和特点，但在矿场上应用很少。

（四）支撑剂

水力压裂的目标是在油气层内形成足够长度的高导流能力填砂裂缝，所以，水力压裂工程中的各个环节都是围绕这一目标，并以此选择支撑剂类型、粒径和携砂液性能，以及施工工序等。

1. 支撑剂的要求

（1）粒径均匀，密度小。一般来说，水力压裂用支撑剂的粒径并不是单一的，而是有一定的变化范围，如果支撑剂分选程度差，在生产过程中，细砂会运移到大粒径砂所形成的孔隙中，堵塞渗流通道，从而影响填砂裂缝导流能力，所以对支撑剂的粒径大小和分选程度是有一定要求的。以国内矿场常用的20/40目支撑剂为例，最少有90%的砂子经过筛析后位于20~40目之间，同时要求大于第一个筛号的砂重小于0.1%，而小于最后一个筛子的量不能大于1%。

比较理想的支撑剂要求密度小，最好小于2000kg/m³，以便携砂液携带至裂缝中。

（2）强度大，破碎率小。支撑剂的强度是其性能的重要指标。由于支撑剂的组成和生产制作方法不同，其强度的差异也很大，如石英砂的强度为21.0~35.0MPa，陶粒的强度可达105.0MPa。水力压裂结束后，裂缝的闭合压力作用于裂缝中的支撑剂上，当支撑剂强度比缝壁面地层岩石的强度大时，支撑剂有可能嵌入地层里；缝壁面地层岩石比支撑剂强度大，且闭合压力大于支撑剂强度时，支撑剂易被压碎，这两种情况都会导致裂缝闭合或渗透率很低。所以为了保证填砂裂缝的导流能力，在不同闭合压力下，对各种目数的支撑剂的强度和破碎率均有一定的要求。

（3）圆球度高。支撑剂的圆度表示颗粒棱角的相对锐度，球度是指砂粒与球形相近的程度。圆度和球度常用目测法确定，一般在10倍到20倍的显微镜下或采用显微照相技术拍照，然后与标准的圆球度图版对比，确定砂粒的圆球度。圆球度不好的支撑剂，其填砂裂缝的渗透率差且棱角易破碎，粉碎形成的小颗粒会堵塞孔隙，降低其渗透性。

（4）杂质含量少。支撑剂中的杂质对裂缝的导流能力是有害的。天然石英砂，其杂质主要是碳酸盐，长石、铁的氧化物及黏土等矿物质。一般用水洗、酸洗（盐酸、土酸）消除杂质，处理后的石英砂强度和导流能力都会提高。

（5）来源广，价廉。

2. 支撑剂的类型

支撑剂按其力学性质分为两大类。一类是脆性支撑剂，如石英砂、玻璃球等；特点是硬度大，变形小，在高闭合压力下易破碎。另一类是韧性支撑剂，如核桃壳、铝球等；特点是变形大，承压面积随之加大，在高闭合压力下不易破碎。目前矿场上常用的支撑剂有两种：一是天然砂和陶粒；二是人造支撑剂。此外，在压裂中曾经使用过核桃壳、铝球、玻璃珠等支撑剂，由于强度、货源和价格等方面的原因，现多已淘汰。

（1）天然砂。自从世界上第一口压裂井使用支撑剂以来，天然砂已广泛使用于浅层或中深层的压裂，而且都有很高的成功率。高质量的石英砂通常都是古代的风成沙丘，在风力的搬运和筛选下沉砂而成，因此石英含量高，粒径均匀，圆球度也好；另外，石英砂资源很丰富，价格也便宜。

天然砂的主要矿物成分是粗晶石英，没有晶体解理，但在高闭合压力下会破碎成小碎片，虽然仍能保持一定的导流能力，但效果已大大下降，所以在深井中应慎重使用。石英砂的最高使用应力为 $21.0 \sim 35.0$ MPa。

（2）人造支撑剂（陶粒）。最常用的人造支撑剂是烧结铝矾土，即陶粒。它的矿物成分是氧化铝、硅酸盐和铁—钛氧化物；形状不规则，圆度为0.65，密度为 3800kg/m^3，强度很高，在70.0MPa的闭合压力下，陶粒所提供的导流能力约比天然砂的高一个数量级，因此它能适用深井高闭合压力的油气层压裂。对一些中深井，为了提高裂缝导流能力，也常用陶粒作尾随支撑剂。

国内矿场应用较多的有宜兴陶粒和成都陶粒，强度上也有低、中、高之分，低强度适用的闭合压力为 56.0MPa，中强度为 70.0~84.0MPa，高强度达 105.0MPa，已基本上形成了比较完整和配套的支撑剂体系。

陶粒的强度虽然很大，但密度也很高，给压裂施工带来一定的困难，特别在深井条件下，由于高温和剪切作用，对压裂液性能的要求很高。为此，近年来研制了一种具有空心或多孔的陶粒，其空心体积约为 30%，视密度接近于砂粒。试验表明：这种多孔或空心陶粒的强度与实心陶粒相当，因而实现了低密度、高强度的要求。但由于空心陶粒的制作比较困难，目前现场还没有广泛使用。

（3）树脂包层支撑剂。树脂包层支撑剂是中等强度低密度或高密度，能承受 56.0~70.0MPa 的闭合压力，适用于低强度天然砂和高强度陶粒之间强度要求的支撑剂。其密度小，便于携砂与铺砂。它的制作方法是用树脂把砂粒包裹起来，树脂薄膜的厚度约为 0.0254mm，在总重量的 5% 以下。树脂包层支撑剂可分为固化砂与预固化砂，固化砂在地层的温度和压力下固结，这对于防止地层出砂和压裂后裂缝的吐砂有一定的效果；预固化砂则在地面上已形成完好的树脂薄膜包裹砂粒，像普通砂一样随携砂液进入裂缝。

树脂包层支撑剂具有如下优点：

① 树脂薄膜包裹起来的砂粒，增加了砂粒间的接触面积，从而提高了抵抗闭合压力的能力。

② 树脂薄膜可将压碎的砂粒小块、粉砂包裹起来，减少了微粒间的运移与堵塞孔道的机会，从而提升了填砂裂缝导流能力。

③ 树脂包层砂总的体积密度比上述中强度与高强度陶粒要低很多，便于悬浮，从而降低了对携砂液的要求。

④ 树脂包层支撑剂具有可变形的特点，使其接触面积有所增加，可防止支撑剂在软地层的嵌入。

3. 支撑剂的选择

支撑剂的选择主要是指选择其类型和粒径。选择的目的是达到一定的裂缝导流能力。由于压裂井的产量主要取决于裂缝长度和导流能力，因此在选择支撑剂和设计压裂规模时，应立足于油层条件，要最大限度地发挥油层潜力，提高单井产量。研究表明：对低渗地层，水力压裂应以增加裂缝长度为主，但为了有效利用裂缝也需要有足够的导流能力；对中高渗地层，水力压裂应以增加裂缝导流能力为主。因此，支撑剂的选择非常重要。

影响支撑剂选择的因素有：

（1）支撑剂的强度。选用支撑剂首先要考虑其强度。如果支撑剂的强度不能抵抗闭合压力，它将被压碎并导致裂缝导流能力下降，甚至压裂失败。一般地说，对浅地层（深度小于1500m）且闭合压力不大时使用石英砂；对于深层且闭合压力较大时，多使用陶粒；对中等深度（2000m左右）的地层一般用石英砂，尾随部分陶粒。

（2）粒径及其分布。虽然大粒径支撑剂在低闭合压力下可得到高渗透的填砂裂缝，但还要视地层条件而定，对疏松或可能出砂的地层，要根据地层出砂的粒径分布中值确定支撑剂粒径，以防止地层砂进入裂缝堵塞孔道。

由于粒径越大，所能承受的闭合压力越低，所以在深井中受到破碎及铺砂等诸多因素限制，也不宜使用粗粒径砂。

（3）支撑剂类型。不同类型支撑剂在不同闭合压力和铺砂浓度条件下，支撑裂缝导流能力相差很大。在低闭合压力下，陶粒和石英砂支撑裂缝的导流能力相近；在高闭合压力下，陶粒要比石英砂所支撑裂缝的导流能力大一个数量级；同时可以看到铺砂浓度越大，导流能力也越大。这也是为什么要提高施工砂比的依据之一。

（4）其他因素。支撑剂的嵌入是影响裂缝导流能力的一个因素，颗粒在高闭合压力下嵌入岩石中，由于增加了抗压面积，有可能提高它的抵抗闭合压力的能力，但由于嵌入而使裂缝变窄，从而降低了导流能力。

其他如支撑剂的质量、密度及颗粒圆球度等也会影响裂缝的导流能力。

(五) 压裂设计

压裂设计是压裂施工的指导性文件，它能根据地层条件和设备能力优选出经济可行的增产方案。由于地下条件的复杂性，以及受目前理论研究的水平所限，压裂设计结果（效果预测和参数优选）与实际情况还有一定的差别，随着压裂设计的理论水平的不断提高，对地层破裂机理和流体在裂缝中流动规律认识的进一步深入，压裂设计方案对压裂井施工的指导意义会逐步有所改进。

压裂设计的基础是对压裂层的正确认识，包括油藏压力、渗透性、水敏性、油藏流体物性，以及岩石抗张强度等，并以它们为基础设计裂缝几何参数，确定压裂规模以及压裂液与支撑剂类型等。施工加砂方案设计及排量等受压裂设备能力的限制，特别是深井破裂压力大，要求有较高的施工压力，对设备的要求很高。

压裂设计的原则是最大限度地发挥油层潜能和裂缝的作用，使压裂后油气井和注入井达到最佳状态，同时要求压裂井的有效期和稳产期长。压裂设计的方法是根据油层特性和设备能力，以获取最大产量（增产比）或经济效益为目标，在优选裂缝几何参数基础上，设计合适的加砂方案。压裂设计方案的内容包括裂缝几何参数优选及设计、压裂液类型和配方的选择、支撑剂选择及加砂方案设计、压裂效果预测和经济分析等。对区块整体压裂设计还应包括采收率和开采动态分析等内容。

二、酸处理

酸化是油气井增产、注入井增注的又一项有效的技术措施。其原理是通过酸液对岩石胶结物或地层孔隙、裂缝内堵塞物（黏土、钻井泥浆、完井液）等的溶解和溶蚀作用，恢复或提高地层孔隙和裂缝的渗透性。酸化按照工艺可分为酸洗、基质酸化和压裂酸化（也称酸压）。酸洗是将少量酸液注入井筒内，清除井筒孔眼中酸溶性颗粒和钻屑及结垢等，并疏通射孔孔眼；基质酸化是在低于岩石破裂压力下将酸注入地层，依靠酸液的溶蚀作用恢复或提高井筒附近较大范围内油层的渗透性；酸压（酸化压裂）是在高于岩石破裂压力下将酸注入地层，在地层内形成裂缝，通过酸液对裂缝壁面物质的不均匀溶蚀形成高导流能力的裂缝。

(一) 酸液及添加剂

酸液及添加剂的合理使用，对酸化增产效果起着重要作用。随着酸化工艺的发展，国内外现场使用的酸液和添加剂类型越来越多。

1. 常用酸液种类及性能

碳酸盐岩油气层的酸化主要用盐酸，有时也用甲酸、醋酸、多组分酸（盐酸与甲酸或醋酸等的混合酸液）和氨基磺酸等酸液。为了延缓酸的反应速度，有时也采用油酸乳化液、稠化盐酸液、泡沫盐酸液等。

(1) 盐酸。我国的工业盐酸是以电解食盐得到的氯气和氢气为原料，用合成法制得氯化氢气体，再溶解于水得到的氯化氢水溶液即盐酸液。纯盐酸是无色透明液体，当含有 $FeCl_3$ 等杂质时，略带黄色，有刺激臭味。盐酸是一种强酸，它与许多金属、金属氧化物、盐类和碱类都能发生化学反应。由于盐酸对碳酸盐岩的溶蚀力强，反应生成的氯化钙、氯化镁盐类能全部溶解于残酸水，不会产生化学沉淀；酸压时对裂缝壁面的不均匀溶蚀程度高，裂缝导流能力大；加之成本较低。因此，目前大多数酸处理措施仍使用盐酸，特别是使用 28% 左右的高浓度盐酸。

高浓度盐酸处理的好处是：

① 酸岩反应速度相对变慢，有效作用范围增大；

② 单位体积盐酸可产生较多的 CO_2，利于废酸的排出；

③ 单位体积盐酸可产生较多的氯化钙、氯化镁，提高了废酸的黏度，控制了酸岩反应速度，并有利于悬浮、携带固体颗粒从地层中排出；

④ 受到地层水稀释的影响较小。

盐酸处理的主要缺点是：与石灰岩反应速度快，特别是高温深井，由于地层温度高，盐酸与地层作用太快，因而处理不到地层深部；此外，盐酸会使金属坑蚀成许多麻点斑痕，腐蚀严重。H₂S 含量较高的井，盐酸处理易引起钢材的氢脆断裂。为此，碳酸盐地层的酸化也试用了其他种类的酸液。

(2) 甲酸和乙酸。甲酸又名蚁酸（HCOOH），无色透明液体，易溶于水，熔点为 8.4℃。我国工业甲酸的浓度为 90% 以上。

乙酸又名醋酸（CH₃COOH），无色透明液体，极易溶于水，熔点为 16.6℃。我国工业乙酸的浓度为 98% 以上。因为乙酸在低温时会凝成像冰一样的固态，故俗称为冰醋酸。

甲酸和乙酸都是有机弱酸，它们在水中有一小部分离解为氢离子和羧酸根离子，且离解常数很低（甲酸离解常数为 2.1×10^{-4}，乙酸离解常数为 1.8×10^{-5}，而盐酸接近于无穷大），它们的反应速度是同浓度的盐酸速度的几分之一到十几分之一。所以，只有在高温深井中，盐酸液的缓速和缓蚀问题无法解决时，才使用它们来酸化碳酸盐岩层。甲酸比乙酸的溶蚀能力强，售价便宜，因此最好用甲酸。

甲酸或乙酸与碳酸盐作用生成的盐类，在水中的溶解度较小。所以，酸处理时采用的浓度不能太高，以防生成甲酸或乙酸钙镁盐沉淀堵塞渗流通道。一般甲酸液的浓度不超过 10%，乙酸液的浓度不超过 15%。

(3) 多组分酸。多组分酸是一种或几种有机酸与盐酸的混合物。酸岩反应速度依据氢离子浓度而定。因此当盐酸中混掺有离解常数小的有机酸（甲酸、乙酸、氯乙酸等）时，溶液中的氢离子数主要由盐酸的氢离子数决定。由于同离子效应，极大地降低了有机酸的电离程度，因此当盐酸活性耗完前，甲酸或乙酸等有机酸几乎不离解；当盐酸活性耗完后，有机酸才离解，起溶蚀作用。所以，盐酸在井壁附近起溶蚀作用，有机酸在地层较远处起溶蚀作用，混合酸液的反应时间近似等于盐酸和有机酸反应时间之和，因此可以得到较大的有效酸化处理范围。

(4) 乳化酸。乳化酸即为油包酸型乳状液，其外相为原油。为了降低乳化液的黏度，亦可在原油中混合柴油、煤油、汽油等石油馏分，或者用柴油、煤油等轻馏分作外相。其内相一般为 15%~31% 浓度的盐酸，或根据需要用有机酸、土酸等。

为了配制油包酸型乳状液，需选用"HLB 值"（亲水亲油平衡值）为 3~6 的表面活性剂作为 W/O 型乳化剂，如酰胺类、胺盐类、酯类等。乳化剂吸附在油和酸水的相界面上形成有韧性的薄膜，可防止酸滴发生聚结而破乳。有些原油本身含有表面活性剂（烷基磺酸盐等），当它们与酸水混合，不另加乳化剂，经过搅拌也会形成油包酸型乳状液。

对油酸乳化液总的要求是在地面条件下稳定（不易破乳）和在地层条件下不稳定（能破乳）。所以乳化剂及其用量、油酸体积比例，应根据当地的具体条件，通过实验的方法确定。目前国内外乳化剂的用量一般为 0.1%~1%，油酸体积比为

第六章 开发中后期提高单井产能技术

1∶9~1∶1。

由于油酸乳化液的黏度较高,因此用油酸乳化液压裂时,能形成较宽的裂缝。这样就降低了裂缝的面容比,有利于延缓酸岩的反应速度。更主要的是,油酸乳化液进入油气层后,被油膜所包围的酸滴不会立即与岩石接触。只有当油酸乳化液进入油气层一定时间后,因吸收地层热量,温度升高而破乳;或者当油酸乳化液中的酸滴通过窄小直径的孔道时,油膜被挤破而破乳。破乳后油和酸分开,酸才能溶蚀岩石裂缝壁面。因此,油酸乳状液可把活性酸携带到油气层深部,扩大了酸处理的范围。

油酸乳化液除缓速作用外,由于在油酸乳化液的稳定期间,酸液并不与井下金属设备直接接触,因而还可很好地解决防腐问题。现场在配制油酸乳化液时,为了保险,一般仍在酸液中加入适量的缓蚀剂。

油酸乳化液作为高温深井的缓速缓蚀酸,在国内外都被采用。它存在的主要问题是摩阻较大,从而使施工注入排量受到限制。为此施工时可用"水环"法降低油管摩阻,以提高排量。此外,如何提高乳化液的稳定性,寻找在高温下能稳定而用量少的乳化剂;如何使油酸液在油气层中最终完全破乳降黏,以利于排液;如何寻找内相和外相用量的合理配方等,这些问题仍须进行研究。

(5)稠化酸。稠化酸是指在盐酸中加入增稠剂(或称胶凝剂),使酸液黏度增加。这样降低了氢离子向岩石壁面的传递速度;同时,由于胶凝剂的网状分子结构,束缚了氢离子的活动,从而起到了缓速的作用。高黏度的稠化酸与低黏度的盐酸溶液相比,酸压时还具有能压成宽裂缝、滤失量小,摩阻低、悬浮固体微粒的性能好等特性。

酸液的增稠剂有:含有半乳甘露聚糖的天然高分子聚合物,如胍胶、刺梧桐树胶等;工业合成的高分子聚合物,如聚丙烯酰胺、纤维素衍生物等。

国外使用的稠化酸,聚合物与酸液的质量比为1∶10~1∶125。用该方法配成的稠化酸的黏度为50~500MPa·s,加入的聚合物越多,黏度越高。

通过试验可以确定按不同比例配成的稠化酸的稳定性和时间与温度之间的关系。因此可选择恰当的比例预先配置,然后在一定温度和确信不会破胶的时间内,运往井场挤入地层,稠化酸在地层温度条件下,经过一定时间,即自动破胶,便于返排。若在实际施工中,需要配置超过500MPa·s的特高黏度酸液,则可在上述方法配制成的稠化酸中加入为原酸质量0.1%~0.8%的醛类化合物作为交联剂,如甲醛、乙醛、丙醛、2-羟基丁醛、戊醛等。加入醛类化合物后,稠化酸的黏度甚至可达数万MPa·s,因而可使配制稠化酸所需的聚合物用量减少,成本也就可以降低。

由于目前的这些增稠剂只能在低温(338K)下使用,在地层温度较高时,它们会很快在酸液中降解，从而使稠化酸变稀。此外，由于它的处理成本较高，所以在国外也较少采用。

（6）泡沫酸。近年来使用于水敏性油气层、低渗透率碳酸盐岩油气层的泡沫酸发展得很快。泡沫酸是用少量泡沫剂将气体（一般用氮气）分散于酸液中所制成。气体的体积含量（泡沫干度）约占65%~85%，酸液量15%~35%。表面活性剂的含量为0.5%~1.0%的酸液体积。表面活性剂要与缓蚀剂有较好的配伍性。在天然裂缝发育的地层里，常以稠化水为其前置液以减少酸液的滤失。

泡沫酸在酸压中由于滤失量低而相对增加了酸液的溶蚀能力。泡沫酸的排液能力大，减少了对油气层的损害，再加上它的黏度高，在排液中可携带出对导流能力有害的微粒。泡沫酸在降低黏土之不利影响方面的作用，使它得到了广泛应用。

（7）土酸。对碳酸盐岩地层往往使用盐酸酸化就能达到目的，而对于砂岩地层，由于岩层中泥质含量高，碳酸盐岩含量少，油井泥浆堵塞较为严重而泥饼中碳酸盐含量又较低，在这种情况下，用普通盐酸处理往往得不到预期的效果。对于这类生产井或注入井多采用10%~15%浓度盐酸和3%~8%浓度的氢氟酸与添加剂所组成的混合酸液进行处理。这种混合酸液通常称为土酸。

土酸中的氢氟酸是一种强酸，我国工业氢氟酸的浓度一般为40%，相对密度为1.11~1.13。氢氟酸对砂岩中的一切成分（石英、黏土、碳酸盐等）都有溶蚀能力，但不能单独用氢氟酸，而要和盐酸混合配制成土酸使用，这是由于氢氟酸与碳酸钙和钙长石（硅酸钙铝）等反应生成氟化钙沉淀堵塞地层。

2. 酸液添加剂

酸化时要在酸液中加入某些物质，以改善酸液性能和防止酸液在油气层中产生有害影响，这些物质统称为添加剂。常用的添加剂种类有缓蚀剂、表面活性剂、稳定剂、缓速剂，有时还加入增黏剂、减阻剂、暂时堵塞剂及破乳剂等。

（1）缓蚀剂。缓蚀剂的作用主要在于减缓局部的电池的腐蚀作用。其机理有三方面：① 抑制阴极腐蚀；② 抑制阳极腐蚀；③ 于金属表面形成一层保护膜。缓蚀剂的类型不同，起主导作用的方面也不一样。国内外使用的盐酸缓蚀剂分为两大类：无机缓蚀剂，如含砷化合物（亚砷酸钠、三氯化砷等）；有机缓蚀剂，如胺类（苯胺、松香胺）醛类（甲醛）、喹啉衍生物、烷基吡啶、炔醇类化合物等。有机缓蚀剂比无机缓蚀剂的缓蚀效能高，有机和无机组成的复合缓蚀剂缓蚀效果最好，例如炔醇类化合物和碘化物（碘化钾、碘化钠）混合成的复合缓蚀剂，能在120℃高温条件下，对28%HCl起较好的缓蚀效果。

（2）表面活性剂。酸液中加入表面活性剂，可以降低酸液的表面张力，减少注酸和排出残酸时的毛细管阻力，防止在地层中形成油水乳状物，便于残酸的排出。

一般较多地采用阴离子型和非离子型表面活性剂,如阴离子型的烷基磺酸钠,烷基苯磺酸钠和非离子型聚氧乙烯辛基苯酚醚等。其用量为0.1%~1%,如证实油层酸化时油层内确有乳化物生成时,可于酸中加入破乳剂,如有机胺盐类,或季铵盐类和聚氧乙烯烷基酚类活性剂。

(3) 稳定剂。酸液与金属设备及井下管柱接触,溶解铁垢和腐蚀铁金属,使酸液含铁量增多。

为防止氢氧化铁沉淀,避免发生地层堵塞现象,而加入的某些化学物质,称为稳定剂。常用的稳定剂有醋酸、柠檬酸,有时用乙二胺四醋酸及氨川三乙酸钠盐等。

(4) 增黏剂和减阻剂。高黏度酸液能延缓酸岩反应速度,增大活性酸的有效作用范围。常用的增黏剂为部分水解聚丙烯酰胺、羟乙基纤维素等,一般能于150℃内使盐酸增黏几个至十几个 MPa·s,长时间保持良好的黏温性能。上述增黏剂也是很有效的减阻剂,可使稠化酸的摩阻损失低于水。

(5) 暂时堵塞剂。将一定数量的暂时堵塞剂加入酸液中,随液流进入高渗透层段,可将高渗透层段的孔道暂时堵塞起来,使以后泵注的酸液进入低渗透层段起溶蚀作用。常用的有膨胀性聚合物,如聚乙烯、聚甲醛、聚丙烯酰胺等。

(二) 碳酸盐岩地层的盐酸处理

碳酸盐岩储集层是重要的储集层类型之一。随着世界各国石油及天然气勘探与开发工作的发展,碳酸盐岩油气田的储量和产量急剧增长。据统计,到目前为止,碳酸盐岩中的油气储量已超过世界油气总储量的一半,而产量已达到总产量的60%以上。

碳酸盐岩地层的主要矿物成分是方解石 $CaCO_3$ 和白云石 $CaMg(CO_3)_2$,其中方解石含量高于50%的称为石灰岩,白云石含量高于50%的称为白云岩。碳酸盐岩的储集空间分为孔隙和裂缝两种类型。根据孔隙和裂缝在地层中的主次关系,又可把碳酸盐岩油气层分为三类:孔隙性碳酸盐岩油气层,孔隙—裂缝性碳酸盐岩油气层(孔隙是主要储集空间,裂缝是渗流通道),裂缝性碳酸盐岩油气层。碳酸盐岩油气层酸处理,就是要解除孔隙、裂缝中的堵塞物质,或扩大沟通油气岩层原有的孔隙和裂缝,提高油气层的渗流性。

1. 盐酸与碳酸盐岩的化学反应

盐酸与碳酸盐岩反应时,所产生的反应物如氯化钙、氯化镁全部溶于残酸中。二氧化碳气体在油藏压力和温度下,小部分溶解到液体中,大部分呈游离状态的微小气泡,分散在残酸溶液中,有助于残酸溶液从油气层中排出。

盐酸的浓度越高,其溶蚀能力越强,溶解一定体积的碳酸盐岩石所需要的浓酸体积较少，残酸溶液也较少，易于从油、气层中排出。在解决酸化中的腐蚀问题时，使用高浓度盐酸的酸化效果较好。另外，高浓度盐酸活性耗完时间相对长，酸液渗入油气层的深度也较大，酸化效果好。

盐酸溶蚀碳酸盐岩的过程，就是盐酸被消耗的过程，这一过程进行的快慢程度可用酸岩反应速度表示。酸岩反应速度与酸化效果有密切的关系。在数值上酸岩反应速度不仅可用单位时间内酸浓度降低值表示，也可用单位时间内岩石单位反应面积的溶蚀量来表示。

2. 影响酸岩反应速度的因素

盐酸的优点是溶蚀能力强，价格较低，但其与碳酸盐岩的反应速度快，活性酸的作用范围小。酸液在压裂裂缝中流动，仅需要几分钟到十几分钟，酸的活性就基本消耗完，活性酸的穿入深度一般只有十几米，最多几十米；盐酸在微小孔道中的流动，一般仅几十秒，最多不过 1~2 秒，酸的活性就能耗尽，活性酸的穿入深度仅为几十厘米。因此，如何延缓盐酸在地层中的反应速度是酸化工作中的重要课题。为此，需要研究影响盐酸与碳酸盐岩反应速度的因素。

由于盐酸与碳酸岩地层的反应比较复杂，涉及很多化学动力学基础理论，目前研究还不够，下面结合实验结果给出一些定性概念。

(1) 面容比。当其他条件不变时，面容比越大，单位体积酸液中的 H^+ 传递到岩石表面的数量就越多，反应速度也越快。

(2) 酸液的流速。酸岩的反应速度随酸液流动速度的增加而加快，这是因为随着流速的增加，酸液的流动可能会由层流变为紊流，从而导致 H^+ 的传质速度显著增加，反应速度也相应增加。但是，随着酸液流速的增加，酸岩反应速度的增加小于流速增加的倍比，即酸液来不及反应完已经流入地层深处，所以提高注酸排量可以增加活性酸的有效作用范围，但排量过大会导致施工压力大于地层破裂压力，酸液沿裂缝流动，影响井筒周围的酸化解堵效果。

(3) 酸液的类型。不同类型的酸液，其离解程度相差很大，离解的 H^+ 数量也相差很大，如盐酸在 18℃、0.1 当量浓度下，离解度为 29%，而在相同条件下醋酸的离解度仅为 1.3%，因此反应速度也不同。

酸岩反应速度近似与酸溶液内部的 H^+ 浓度成正比，采用强酸时反应速度快，采用弱酸时反应速度慢。

(4) 盐酸浓度。盐酸浓度在 24%~25% 之间，随盐酸浓度的增加，反应速度也增加，超过这个范围后，随盐酸浓度的增加，反应速度反而降低，这是由 HCl 的电离度下降幅度超过 HCl 分子数目增加的幅度所造成的，因此在酸化处理时常使用高浓度盐酸。

(5) 温度。随着温度升高，H$^+$的热运动加剧，同时H$^+$的传质速度加快，酸岩反应的速度也随之加快。

(6) 压力。反应速度随压力增加而减慢。

其他的影响因素，如岩石的化学组分、物理化学性质、酸液黏度等都会影响盐酸的反应速度。碳酸盐岩的泥质含量越高，反应速度相对越慢，碳酸盐岩油层面上粘有油膜，可减慢酸岩反应速度。增大酸液黏度如稠化盐酸，由于限制了H$^+$的传质速度，也会使反应速度减慢。

通过上述分析可以看出：降低面容比，提高酸液流速，使用稠化盐酸、高浓度盐酸和多组分酸，以及降低井底温度，均影响酸岩反应速度，有利于提高酸化效果。

(三) 砂岩油气层的土酸处理

砂岩油气层通常采用水力压裂增产措施，但对于胶结物较多或堵塞严重的砂岩油气层，也常采用以解堵为目的的常规酸化处理。

砂岩是由砂粒和粒间胶结物组成，砂粒主要是石英和长石，胶结物主要为硅酸盐类（如黏土）和碳酸盐类物质。砂岩的油气储集空间和渗透通道就是砂粒与砂粒之间未被胶结物完全充填的孔隙。

砂岩油气层的酸处理，就是通过酸液溶解砂粒之间的胶结物和部分砂粒，或孔隙中的泥质堵塞物，或其他酸溶性堵塞物以恢复、提高井底附近地层的渗透率。

1. 砂岩地层土酸处理原理

一般地说，砂岩油气层骨架由硅酸盐颗粒、石英、长石、燧石及云母构成，骨架是原先沉积的砂粒，在原生孔隙空间沉淀的次生矿物是颗粒胶结物及自生黏土，这意味着岩石初期形成后黏土即沉淀于孔隙空间，这些新沉淀的黏土以孔隙镶嵌或孔隙充填出现。

从砂岩矿物组成和溶解度可以看到，对砂岩地层仅仅使用盐酸是达不到处理目的的，一般都用盐酸和氢氟酸混合的土酸作为处理液，盐酸的作用除溶解碳酸盐类矿物，使HF进入地层深处外，还可以使酸液保持一定的pH，不至于产生沉淀物，其酸化原理如下：

(1) 氢氟酸与硅酸盐类以及碳酸盐类反应时，其生成物中有气态物质和可溶性物质，也会生成不溶于残酸液的沉淀。

(2) 氢氟酸与砂岩中各种成分的反应速度各不相同。首先是氢氟酸与碳酸盐的反应速度最快，其次是硅酸盐（黏土），最后是石英。因此，当氢氟酸进入砂岩油气层后，大部分氢氟酸首先消耗在与碳酸盐的反应上，不仅浪费了大量价格昂贵的氢氟酸，并且妨碍了它与泥质成分的反应。但是盐酸和碳酸盐的反应速度比氢氟酸与碳酸盐的反应速度还要快，因此土酸中的盐酸成分可先把碳酸盐类溶解掉，从而能充分发挥氢氟酸溶蚀黏土和石英成分的作用。

总之，依靠土酸液中的盐酸成分溶蚀碳酸盐类物质，并维持酸液较低的pH，依靠氢氟酸成分溶蚀泥质成分和部分石英颗粒，从而达到清除井壁的泥饼及地层中的黏土堵塞，恢复和增加近井地带的渗透率的目的。

2. 土酸处理设计

由于油气层岩石成分和性质各不相同，实际处理时，所用酸量、土酸溶液的成分应根据岩石成分和性质而定。多年的实践表明，由10%~15%的HCl及3%~8%的HF混合成的土酸足以溶解组成砂岩油层的主要矿物。其中当泥质含量较高时，氢氟酸浓度取上限，盐酸浓度取下限；当碳酸盐含量较高时，则盐酸浓度取上限，氢氟酸浓度取下限。有些油田配制的土酸，氢氟酸浓度超过盐酸浓度，现场通常称这种土酸溶液为逆土酸。

(1) 土酸酸化设计步骤：

① 确信处理井是由于油气层损害造成的低产或低注入量：主要采用试井分析确定表皮系数，结合钻井和生产过程确定储层损害的类型、原因、位置及范围。

② 选择适宜的处理液配方，包括能清除损害、不形成二次沉淀酸液及添加剂等，这需要根据室内岩心实验确定。

③ 确定注入压力或注入排量，以便在低于破裂压力下施工。

当施工压力大于地层破裂压力时，对单油气层，酸液将沿着裂缝流动，而对井筒周围大部分的损害带起不到解堵的作用，同时由于砂岩油气层碳酸盐含量低，在不加砂条件下，施工结束后裂缝将闭合，酸化的效果肯定不理想；对于多油层非均质油藏，如果施工压力过高，导致低渗层内产生裂缝，绝大部分酸液进入低渗层裂缝，而对要处理的高渗层（在钻井过程中泥浆的损害往往很大）进入的酸液却很少，因而酸化效果也不会好。所以，必须控制施工排量或施工压力。

确定处理液量。酸液经过砂岩地层以均匀和稳定的方式渗流，但是由于HF与长石、黏土及其他化学组成不明确的矿物和分布广泛的硅酸盐反应是很复杂的，很难用准确的化学反应动力学来模拟，所以土酸处理用液量的确定一般都用经验方法。

砂岩地层的土酸处理液一般都由三部分组成：前置液（预冲洗液）、酸化液、替置液（后冲洗液）。

(2) 提高土酸处理效果的方法。影响土酸处理效果的因素：在高温油气层内由于HF的急剧消耗，导致处理的范围很小；土酸的高溶解能力可能局部破坏岩石的结构造成出砂；反应后脱落下来的石英和黏土等颗粒随液流运移，堵塞地层。

目前为提高酸处理效果使用最多的方法是就地产生氢氟酸，以使氢氟酸处理地层深处的黏土。

一种方法是同时将氟化铵水溶液与有机脂（乙酸甲酯）注入地层，一定时间后有机脂水解生成有机酸（甲酸），有机酸与氟化铵作用生成氢氟酸。此方法在54℃～93℃（327～366K）都可以使用，可以产生浓度高达3.5%的氢氟酸溶液。

另一种方法是利用黏土矿物的离子交换性质，在黏土颗粒上就地产生氢氟酸（自生土酸）。其办法是先向地层中注入盐酸溶液，它与黏土接触后，使黏土成为酸性的氢黏土。然后使氟化铵溶液流经氢黏土，氟离子与黏土上的氢离子结合，在黏土矿物上生成氢氟酸，并立即与黏土反应。这种办法需交替顺序地注入酸溶液与氟化铵溶液。

根据报道，这两种方法在矿场上均达到了一定的效果。

三、酸化压裂技术

用酸液作为压裂液，不加支撑剂的压裂称为酸化压裂（简称酸压）。酸压过程中一方面靠水力作用形成裂缝，另一方面靠酸液的溶蚀作用把裂缝的壁面溶蚀成凹凸不平的表面。停泵卸压后，裂缝壁面不能完全闭合，具有较高的导流能力，可达到提高地层渗透性的目的。

酸压和水力压裂增产的基本原理是相同的，目的也都是产生有足够长度和导流能力的裂缝，减少油气水渗流阻力。主要差别在于如何实现其导流性，对水力压裂，裂缝内的支撑剂阻止停泵后裂缝闭合，酸压一般不使用支撑剂，而是依靠酸液对裂缝壁面的不均匀刻蚀产生一定的导流能力。因此，酸化压裂应用通常局限于碳酸盐岩地层，很少用于砂岩地层。因为即使是氢氟酸也不能使地层刻蚀到足够的导流能力的裂缝。但是，在某些含有碳酸盐充填天然裂缝的砂岩地层中，使用酸化压裂也可以获得很好的增产效果。

与水力压裂类似，酸压效果最终也体现于产生的裂缝有效长度和导流能力。对酸压，有效的裂缝长度是受酸液的滤失特性、酸岩反应速度及裂缝内的流速控制的，导流能力取决于酸液对地层岩石矿物的溶解量及不均匀刻蚀的程度。由于储层矿物分布的非均质性和裂缝内酸浓度的变化，导致酸液对裂缝壁面的溶解也是非均匀的，因此酸压后能保持较高的裂缝导流能力。

第七章 油田井网加密技术

第一节 剩余油

一、剩余油的相关概念和分类

(一) 基本概念

就字面上讲,剩余油就是已投入开发的油层、油藏或油田中尚未采出的石油。由于油层中的孔隙及其中的油气,其状况与分布均极复杂,且准确数量很难弄清,因此,通常所说的油气地质储量,只是人们在一定勘探开发阶段中(在一定的资料丰度基础上)对油气储藏及其油气数量的认识水平。随着油田开发过程的逐步深入,这种认识水平将逐渐接近地下油藏的客观实际。

在油藏开发尚未结束之前,可采储量都是通过各种方法预测估计的,多数情况下是在编制开发方案、调整方案或储量研究报告时所预测的。它不仅与油藏开采结束时的累积采油量(或称实际最终采油量)是两个概念,并且在数值上常常有很大差距。可采储量与累积采出量之差,被称为剩余可采储量,是剩余油的重要组成部分之一。剩余油是油田开发在现阶段出现的新问题,目前有关概念比较多,主要有如下说法。

1. 束缚油

我们知道束缚水的概念,束缚油的概念不常使用,但它的含义是明确的,是指紧密附着在岩石颗粒表面上和狭小的孔隙、裂缝中的常规不可流动、不可采出的石油。束缚油与束缚水可能有相似的物理状态,但两者怎样共存于岩石孔隙中,这方面的研究揭示似乎还不够。束缚油可能主要以吸附的形式附着在亲油岩石的颗粒表面而呈常规不能流动状态。

2. 残余油

现行残余油概念有两种含义。一是指室内岩心水驱油试验时,尽注水之所能(长时间高孔隙体积倍数水洗)未能驱出的石油;二是指油田开发结束时残留在地下的石油。由于岩心比实际油层小得太多,也由于实际油藏不可能以十倍、数十倍于油藏孔隙体积的注水量进行水洗,故实际油藏开采结束时,无论在平面上或是在剖面上,都存在一定数量未水洗及水洗不充分的油层。所以在某种程度上看,第二种残余油的数量远远多于第一种残余油概念所包括的数量,并且比较接近本章所说的剩余油概念。

3. 剩余油

在油田开发界,有学者将剩余油定义为"残留在地下的可采储量(或称为剩余可采储量),在数值上等于可采储量与累积采油量之差"。因为可采储量本身的不确定性,所以这一定义显然不能完全代替剩余油的全部。

剩余油可定义为已开发油藏(或油层)中尚未采出的油气。它既包括以前认为的剩余可采储量,也包括以前认为的不可采出的油气储量(这部分储量中的相当部分将成为提高采收率阶段剩余油研究的主要目标)。

除上面提到的相关概念外,何更生与罗蛰潭都在《油层物理》课本中提到"注水后地下的残余油应该包括两部分——剩留油与残余油,所谓剩留油(或称剩余油)是指由于波及系数低,注入水尚未波及的区域内所剩下的原油,而残余油是指注入水在波及区内或孔道内已扫过区域仍然残留、未能被驱走的原油"。这里的"剩留油"是剩余油的一种存在形式(一般多称为"死油区");"残余油"属于广义的残余油范围,仍然可以归入剩余油范畴。

因为研究"剩余油"的时间及角度的不同,学者们在"剩余油"与"残余油"概念上有些相互交叉。既然目前"剩余油"一词已经被油田开发界广泛使用,其他名词就暂且不在这里重复了。

(二) 剩余油的分类

对于分类的问题会多次遇到,不同的工作环境使得人们认识事物的角度也有所不同,所以剩余油的分类也存在同样的情况。下面介绍两种分法:一是二大类十四小类法,二是七大类法。

1. 二大类十四小类法

(1) 基本未动用的剩余油。基本未动用的剩余油,是指基本未受注水波及、其油层孔隙中的油气未经注入水(或其他驱替剂)驱替、可能仅仅由于弹性能量或溶解气能量有所释放而有轻微动用的石油储量。这类剩余油的存在,往往是由于井网控制程度不高或层间差异太大所造成的。基本未动用的剩余油主要有以下八种类型:

① 井网控制不住的剩余油:a. 油藏边缘井网控制不住的剩余油;b. 油层尖灭带边缘局部井网控制不到的剩余油;c. 封闭性断层附近井网控制不住的剩余油。

② 局部低渗透区带存在的剩余油。

③ 层间差异严重的低渗透未动用层中的剩余油。

④ 两口相邻采油井中间部位存在的剩余油。

⑤ 局部微构造的正向构造部位存在的剩余油：a. 局部小背斜部位存在的剩余油；b. 上倾方向受断层、不整合界面或岩性遮挡部位的剩余油。

⑥ 平面水窜（气窜）形成的剩余油：a. 渗透率方向性严重差异形成的剩余油；b. 裂缝水窜形成的剩余油。

⑦ 水锥和气锥形成的剩余油。

⑧ 剖面上漏划和漏射（包括人为避射水层等）的油层。

以上八种类型的剩余油，由于注入水难于洗到，其油气基本未受到驱替，是注水开发油田基本未动用剩余油的主要类型。它们都是宏观大片分布的未水洗储量，它们的动用，除第八种可以直接补孔开采外，其他一般都需要进行层系、井网的调整才能有效地予以驱替采出。

（2）采出程度不高的剩余油。是指已经受到注水（汽）波及，其主要孔道中的油气已经受到注入剂驱替，但驱替不充分，水洗程度不高，一些细小孔道可能尚未水洗到的剩余油。这类剩余油的存在，主要是由于油层的层内非均质性与平面非均质性所造成。平面上，这类剩余油主要分布在注入水推进的次要方向上（在某些特殊情况下也分布在裂缝发育注入水窜严重的主要推进方向上）；剖面上，这类剩余油主要分布在正韵律油层的中上部、厚油层的上部等油层内部难于被水洗到的地方。主要有以下六种类型：

① 正韵律油层上部与中部存在的剩余油；

② 厚油层上部或内部存在的剩余油；

③ 层间干扰造成低渗透层水洗较差形成的剩余油；

④ 局部夹层遮蔽影响的剩余油；

⑤ 局部细孔、细喉等部位存在的微观剩余油；

⑥ 岩石颗粒表面水洗程度不高的剩余油。

以上六种剩余油的进一步动用，一般不需要做井网调整，而是通过注水井调剖、注入水平面调向，变强度注水，油井选择性压裂、选择性酸化等措施，以及实施提高采收率等工作（如化学驱、混相驱、物理方法采油等）予以实现。

2. 七大类法

综合油藏类型特征分析剩余油分布有七种类型：

（1）剩余油分布在主控油藏断层附近（油藏顶部）。主控断层反向屋脊油藏，油藏顶部附近剩余油，由于该类剩余油分布不受储层物性和流体性质影响，主要受构造和井网影响，所以跨油藏类型多。沿断层面打定向斜井，逐层上返开发效果好。

（2）内部小断层遮挡部位。断块内部通常还发育多条四级、五级断层，由于断层发育，断块破碎，在侧向或垂向上因遮挡形成剩余油的聚集，根据剩余油储量大小确定打新井还是老井侧钻采这部分剩余油。

(3)油藏内部微构造(小高点)上。在区域构造控制下，受沉积环境、差异压实作用和古地形等因素的影响，形成正向(小高点，小鼻状等)，负向(低点，凹槽等)及斜面微构造特征，不同类型微构造对油水运动规律及剩余油分布有一定的控制作用。一般正向微构造剩余油相对富集，故在正向微构造高点实施打调整井等措施。

对断裂带附近及断层边角处，油层有效厚度较大的正向微构造等剩余油富集区，可采用特殊结构井挖潜；对井网不完善区，可实施补孔或打新井方式挖潜；对距原始油水界面较远且处于微构造高点的井，可选择提液带油的方式挖潜。

(4)水驱滞留区。水驱滞留区型剩余油对密井网一般不存在，即使是存在，其剩余油储量也小，通过调向注水采出。对高渗井距大或油水黏度大的油藏水驱滞留区剩余油储量较大，应采用打新井或是老井侧钻采这部分剩余油，对油水黏度大这种类型剩余油分布井区较多的油藏，应新增加注水井点开发。

(5)厚层层内和韵律层层内。厚层层内剩余油，是重力导致注入水下渗，同韵律层层内剩余油一样，主要是指油层顶部剩余油，在油层顶部低渗透部位打水平井采这部分剩余油，胜利油田已经取得成功经验。

(6)水驱波及体积内。由于油水黏度比大，故水驱油效率低，水驱波及体积内含油饱和度仍然较高，存在剩余油。对比较均质的中高低渗原油黏度油藏到特高含水阶段，应改变开发方式，通过增加驱油效率来提高采收率。因储层润湿性发生变化由亲油变成亲水的油藏，可以降低注水井注入速度。为保持地层压力和一定液量，增加一部分注水井点，这样可以提高水驱油效果，降水增油。

(7)多油层油藏中二、三类层内。二、三类层剩余油，由储层层间非均质形成，在多油层油藏中，不论是低、中、高渗油藏中均存在，但在低、中、高渗三种油藏二、三类层水淹程度剩余油饱和程度不一样，开采方法也不一样。低渗油藏二、三类层水淹程度很低或者基本没有水淹，开发这部分剩余油要单独建立一套注采井网。对非均质相对严重的中渗油藏开采二、三类层剩余油的方式与低渗油藏开发方式一样。对相对均质的中渗油藏及高渗油藏可用一套半井网(分注合采)方式开采。

(三)剩余油分布的主要影响因素

导致剩余油形成及控制剩余油分布的因素很多，归纳起来，主要有下述几方面的因素。

1. 构造

很多早期开发的构造圈闭油藏，开发方案编制中由于当时采用的是二维地震资料，并且测网较稀，所做的构造图准确性比较差，后来应用三维高分辨率开发地震资料和密井网钻井资料重查落实，发现了众多的小幅度和微幅度（3~10m）构造及多期多组规模不等的断裂系统，发现了大量未被动用的储量，重新布井，打出了高产井。这是因为相对大构造而言，油田注水开发时，油层内注入水质点受到的水平驱动力与其自身的重力的合力指向前下方，水质点向前运动时逐渐下沉，使油层内水淹程度和水驱油效率逐渐降低，而在局部构造幅度相对较高的部位水淹程度低。如果微幅度构造的高部位没有油水井点控制，就会留下剩余油。虽然这种微幅度构造闭合差仅有几米，但是往往经钻井后检验证实，含水率比较低，甚至不含水，这是剩余油富集的一个重要因素。

2. 沉积微相

沉积微相不仅是控制油水平面运动的主要因素，也是控制剩余油平面分布的主要因素。河道的变迁及河道的下切、叠加，使不同时期沉积的砂体积不规则，砂体间接触关系也很复杂。两期河道间有的以低渗透薄砂相接触，有的与废弃河道泥质充填或者尖灭区域相连接，这些部位及其附近区域是剩余油富集的有利地带。研究表明，大型河道砂中的油层，由于砂体分布面积广，连通性好，平面上所有井几乎都已不同程度水淹，剩余油主要分布在砂体物性变差的部位；而分流河道砂及水下分流河道砂中的油层，剩余油主要存在于河道薄层砂或河道边部物性变差部位，以及那些孤立分散状且井网难以控制的小透镜体中。注入水开发过程中，在相同条件下，河道微相和河口坝微相砂体吸水能力较强，而前缘席状砂等吸水能力较差。另外，水在不同相带中的流动速度也不同，相界面对水的跨相带流动往往起一个遮挡作用，例如，双河油田注入水首先在河道中运动速度最快，其次是在河坝内，最慢的是在席状砂和河道间等低渗透微相带。

3. 沉积韵律

沉积韵律的影响主要体现在油层纵向渗透率差异上。正韵律油层底部渗透率高，加上重力导致的油水分离，注入水沿油层底部突进，顶部形成剩余油；反韵律油层底部渗透率低，若注采井距小，重力的作用不明显，底部容易形成剩余油，若注采井距较大，纵向上水淹比较均匀；复合韵律油层纵向上出现多个渗透率段，在相对低渗透部位水洗较弱，容易形成剩余油。

4. 非均质性

在平面上，注入水沿高渗透带突进，在低渗透部位形成剩余油；纵向上，高渗透层动用程度高，水洗严重，剩余油相对较少，中、低渗透层动用程度低，甚至未动用，水洗较轻，形成剩余油。层内非均质性控制水驱油的波及厚度，影响油藏的吸水剖面和产液剖面，也是油藏开发中层内矛盾的主要控制因素。

5. 夹层

注采井组内分布稳定的夹层,将厚油层细分成若干个流动单元,易形成多段水淹。若夹层分布不稳定,则表现为注入水下窜(重力作用),不稳定夹层越多,其间油水运动和分布也就越复杂。夹层的存在减弱了重力和毛细管力的作用,对于正韵律、块状厚油层来说,夹层有利于提高注入水纵向波及系数,而对反韵律油层则不利于下部油层的动用。不稳定夹层的位置不同,水线推进形态各异,造成水淹状况极其复杂。当只是水井有夹层时,夹层越长越有利于上部水驱,在一定注采井距内,夹层长度达到井距之半后,上、下层水线推进距离就很接近;当只是油井有夹层时,水线前缘遇到夹层以后,就沿着夹层分段推进,夹层越长水淹厚度越大。在夹层分布不稳定的注采井组内,底部水淹严重。

6. 裂缝

对于裂缝性油藏,裂缝的分布一般具有明显的方向性,注入水沿裂缝推进速度快,水淹严重,而垂直裂缝方向和基岩水淹程度低,则容易形成剩余油。另外,微裂缝和潜在裂缝对剩余油分布也有影响。通常在开发初期或注水初期,这些微裂缝和潜在裂缝对注水开发并无明显的影响,随着注水压力和注水强度的增大,原来的微裂缝连通或潜在裂缝开启,导致沿裂缝水窜,使基岩中形成大量的剩余油。

7. 断层

封闭性断层对注入水的推进起着阻挡作用,将引起注采系统的不完整,使断层两边相同层位的油层水淹程度截然不同,在断层遮挡注采不完善地方或断鼻的上倾方往往容易形成剩余油。而开启性断层则为注入水的窜流提供了通道,同时削弱了注水效果,从而在断层附近形成剩余油。

8. 井网

井网密度越大,水驱控制程度越高,则注入水波及系数就越高,剩余油富集部位越少。不同注水方式注水波及系数也不一样。在线性注水方式下,同一井排两口注水井间或采油井间存在"死油区"形成剩余油。各种实验表明,见水时七点法和五点法面积波及系数较大,九点法最低。当井网不完善或不规则时,加上油层平面、纵向非均质的影响,则可以形成多种形式的剩余油富集部位。

二、剩余油分布规律的预测

剩余油分布在不同的油藏各有特点、千差万别,对于一些孔隙结构与渗流通道复杂的油藏,如裂缝型油藏、溶蚀缝洞型油藏等,其剩余油分布的细节至今仍不清楚。尽管如此,就一般孔隙性砂岩油藏来说,其剩余油分布仍具有一定的规律性。本节就剩余油的剖面分布、平面分布和微观分布的基本特点分述如下。

(一) 剩余油剖面分布

1. 油层剖面动用的一般情况

在定量描述或展示油层剖面动用情况时，主要使用油层剖面动用程度这一概念。所谓油层剖面动用程度，是指油层动用厚度占油层射开总厚度的百分比。

通常根据注水井吸水剖面测试资料，采油井出液剖面测试资料，也可以用水淹层测井解释资料、剩余油测井资料、检查井密闭取心分析资料等计算动用程度，来判定油层剖面动用情况。

我国的碎屑岩油藏主要为陆相沉积储层，油层层数较多，非均质性较严重是其主要特点。全井油层的剖面动用程度一般只在40%～80%，油层条件极好者可以超过80%，而油层条件较差，剖面非均质性严重的油藏，其剖面动用程度可低至40%以下。这就是说，多数油藏的油层在剖面上都有约1/3的未动用厚度。怎样提高油层的剖面动用程度，是油藏开发中的一个重要研究课题。

2. 剩余油的剖面分布特征

(1) 层间差异导致低渗透层中的剩余油。在注水开发中，在多层合采的情况下，高渗透层吸水多，水推快，水洗充分；而低渗透层则吸水少、水推慢、水洗差，剩余油较多。尤其当层间差异较大、渗透率相差较为悬殊时，那些渗透率很低的差油层甚至可能处于不吸水不出液的基本未动用状况。显然，这样的低渗透层剩余油较多。

(2) 厚油层剖面水洗差导致上部存在的剩余油。对厚油层来说，注入水在水平推进的同时，由于油水密度差异明显，因而在重力作用下注入水存在一个下渗的作用，从而导致厚油层下部水洗好而上部水洗差，使其剖面动用程度显著降低，从而在厚油层的中上部存在较多的剩余油。

在注蒸汽开采厚层稠油时，情况与注水开采厚层稀油正好相反。因为蒸汽比稠油密度低许多，因而蒸汽在厚油层中水平推进的同时，还有很强的向上超覆的作用，从而造成上部油层水洗好而下部油层水洗差，在油层的中下部留下较多的剩余油。克拉玛依油田九区稠油蒸汽驱试验区，在吞吐开采2年又汽驱2年后所钻检查井发现，在距注汽井30m处的检查井总共约20m厚度的油层中，仅在靠近顶部的4m油层为强水洗段，其余大部分油层基本未水洗，可见蒸汽超覆作用的强烈。

(3) 注采缺乏连通的剩余油。在一些砂体窄小的油藏中，某些砂体有注水井控制但局部方向无采油井钻遇，或某些砂体有采油井控制但局部方向却无注水井钻遇，形成注采连通不畅或缺乏注采连通的情况，从而形成局部水洗不到的剩余油。

(4) 水锥和气锥形成的剩余油。水锥是指底水油藏开发时，底水快速上蹿造成油井过早水淹,使油井的井底附近形成锥状的、向上突出的、局部抬高的油水界面,而在离油井稍远一些的地方,油水界面还处在比较低的深度位置,从而留下大量未波及未动用的剩余油。气锥是指带气顶的油藏进行开发时,气顶气快速窜入油井的生产井段,导致油井气窜,气顶气大量采出,而在远井地带的原油则无法采出形成剩余油。

以上是剩余油剖面分布的一般情况。对于具体的油田、具体的油层,其剩余油剖面分布会有不同的特点,应当依据该油藏的地质特征、开发设计、注采工艺、技术措施等影响油层剖面动用的各种因素,综合各种剩余油检测分析资料具体分析研究,才能得出比较准确可靠的认识。

(二) 剩余油平面分布

剩余油的平面分布主要受两个方面的因素控制。一是油层平面非均质性的影响;二是受井网条件的控制。归纳起来,剩余油平面分布的基本特征如下:

(1) 平面非均质性较强的油层,局部低渗透带有较多的剩余油。当局部低渗透带较小时,可以借助主体带的水驱作用予以开采。但当局部低渗透带范围较大时,其水驱效果较差,剩余油较多。对于这种较大范围的局部低渗透油层,应采取局部加密等井网调整措施来提高油层平面动用程度,增加石油采收率。

(2) 两口相邻采油井的中间部位有较多的剩余油。无论在面积井网或是行列井网中,还是在两口相邻采油井的中间部位,由于远离泄压的采油井,其地层压力较高,使注入水很难波及。这样的部位往往存在较多的剩余油。例如,吉林扶余油田在研究了大量油藏动态资料和检查井资料以后,得出两口相邻注水井中间部位的水洗厚度比例为53.7%,两口相邻采油井的中间部位的水洗厚度比例为35.4%,并得出"两口油井中间的水驱动用程度最低,剩余油最多,是钻调整井的有利位置"的认识。

(3) 局部井网不完善的部位有较多的剩余油。实际油藏由于边界不规则或断层的分布,在靠近边界或靠近断层的地方布井时,出现多一口井嫌多,少一口井又嫌少的情况,通常给后来的井网调整留下余地,应多采取少井策略,从而留下井网不完善的部位。此外,在老油田内部的某些地区,也存在由于油水井严重出砂、套管损坏等原因导致报废而出现井网不完善的情况。在这些局部井网不完善的部位,往往由于缺少采油井点而存在较多的剩余油。

注采关系不完善和井网对油层控制较差部位,生产井排两侧附近剩余油饱和度普遍较高。例××断块,有采无注或有注无采的地方,以及井网没有控制的地方剩余油富集。剩余油平面富集区可以通过加密井网、局部加密、改变注采关系或改变液流方向等措施进行挖潜。

(4) 井间微构造的正向构造部位，有较多的剩余油。微构造类型第一章提到过，这里还包括倾斜油层在上倾方向出现断层、不整合界面或岩性遮挡所形成的微构造。由于注入水的重力作用，使注入水易于进入油水井间的负向构造部位，使这些部位的油层水洗较为充分。而在油水井之间的正向构造部位，注入水进入较少，水洗程度不高，则油层中将留下较多的剩余油。

(5) 平面水窜形成的剩余油。注水开发油田平面水窜有两种情况：

① 油层渗透率方向性差异形成的水窜。这种水窜普遍沿一个方向并有大量井发生，但水窜程度一般不严重。它多发生在河流相砂体的主流线方向上，或其他具条带状砂体中。在这些砂体主流线两侧的砂体边缘部位，注入水难于水洗到，一般有较多的剩余油。

② 裂缝造成的水窜。当注水井和采油井之间裂缝比较发育甚至出现裂缝连通时，这时的水窜是惊人的，油井可以在短短的几个月内全部水淹。这时油层的过水断面很小，注入水波及体积也很小，大量剩余油分布在（被注入水封闭在）裂缝通道的两侧，成为基本未驱的优质易动用剩余油。

(6) 边缘相带剩余油富集。某油田阜一段主要发育水下分流河道、河口坝和席状沙沉积，水下分流河道沉积最为发育。注水开发时，注入水首先沿着高孔高渗方向快速推进，河道中心砂体水淹严重，剩余油分布零散；在三角洲前缘河口坝中水淹较均匀，剩余油相对较低，因此中心相带往往水淹严重，驱油效率高，剩余油饱和度低，但由于油层厚，剩余油储量丰度仍较大。在水下分流河道边缘的油井往往驱油效率低，动用程度差，剩余油饱和度高。

以上是剩余油平面分布的一般情况。在注水开发油田中，注入水的平面运动主要受渗透率差异和采油井点位置的控制。如果渗透率出现比较明显的方向性或条带状，甚至在某一方向出现裂缝或出现注入水严重窜进的情况，则剩余油分布又有新的特点，但它仍服从渗透率分布、压力差异分布的基本规律。在不同的油藏中，其剩余油分布是千差万别的，应当根据各油藏的特征进行具体分析，不可机械套用。

剩余油的剖面及平面分布都属于宏观分布，油田实际情况表明宏观剩余油分布有以下三种形式：第一种，有注无采的砂体，对于条带砂体和透镜状砂体，在只有注水井而没有采油井的情况下，油层注水后地层压力不断增加，直到水流不进，但油层未被动用而成为剩余油层；第二种，有采无注的油层动用程度低，对于透镜状砂体，砂体只有采油井或者虽有注水井的油层未吸水，油层仅靠天然能量采出少部分油，当采油井开采一定时间后，地层压力降低，剩余油无法采出，而成为低压基本未动用的剩余油层；第三种，注采系统不完善造成的剩余油区，对于片状、宽带状等平面分布范围较大的砂体，由于注采系统不完善可造成剩余油区分布，一是油层的部分区域，未受井网控制，而造成剩余油滞留区，二是油层的部分注采井组，由于注水井内油层未吸水，导致无注采关系，从而形成剩余油滞留区。

(三) 剩余油微观分布

1. 微观剩余油的主要类型

不少从事油气田开发地质和工程的学者都对微观剩余油主要类型做过分类。这里本着油气田开发的最终目标(提高采收率)，将微观剩余油分为：

(1) 宏观水洗区微观未波及的剩余油：主要是局部低孔低渗部位的簇状剩余油。这些部位由于孔喉细小，注入水难于进入，如果这些部位的岩石颗粒具一定的亲水性，那么其中的石油尚可通过毛细管力的自吸作用予以部分驱替排出。

(2) 微观水洗区各种附着于岩石颗粒表面，孔隙和喉道狭窄处及死角部位的剩余油：这类剩余油的特点是比较分散，而且加强水洗一般效果甚微。因此，对这类剩余油，就需要采取比较强烈的水洗手段(如化学驱、复合驱等)，才能获取有意义的采收率。

2. 剩余油微观分布特征

关于剩余油的微观分布，国内外都进行过大量研究。大多数都是采用人工模型或真实岩心，在室内进行水驱油实验来研究的。因此，这里所说的剩余油，是指室内水驱油经过充分水洗后的剩余油，实际应当是残余油的概念，与实际油田开采中的剩余油概念有所不同。虽然如此，但它仍提供了油田开采中水驱油的极限情况，展示出油层岩石孔隙中残余油分布的各种典型特征，为我们分析思考实际油藏的剩余油状况和分布起着重要的指导作用。

罗蛰潭教授提出了岩石微观孔隙网络中的残余油状态：(1) 孤岛状残余油；(2) 索状残余油；(3) 珠状或滴状残余油；(4) 悬垂状残余油；(5) 簇状残余油等。

三、剩余油分布的预测方法

(一) 应用资料

剩余油研究所用资料除包括常规基础资料外，还应增加新的资料如密闭取心检查井分析化验项目，开发过程中油、气、水性质变化资料。

1. 密闭取心检查井分析化验项目

分析取心层段各油层含油饱和度，逐层试油求日产油、含水，分析含油饱和度与含水的关系；分析不同含油饱和度岩样的润湿性，了解开发过程中润湿性的变化，并分析对后期注水开发的影响；作不同润湿性岩样相对渗透率曲线；分析孔隙度、渗透率，分析储层矿物成分、胶结物含量与成分变化对注水开发的影响；作压汞退汞曲线，同时分析孔隙结构变化。

2. 化验分析目前油、气、水性质变化资料

原油黏度、密度变化；气顶气、溶解气组分变化；地层水总矿化度，水型变化。

(二) 研究方法

目前，剩余油分布的预测方法很多，分类也多。综合学者们的方法及分类，归纳为如下八个方面。

1. 开发地质学方法

开发地质学是剩余油预测的基础，其核心内容是通过对油藏地质精细描述，揭示微构造、沉积微相及油藏非均质性对剩余油形成与分布的控制作用，应用储层相控建模、岩石物理相、流动单元、神经网络等研究手段寻找剩余油分布的富集区。现在用到的主要方法有：

（1）微构造方法。在重力分异作用下，剩余油富集区不仅限于高部位大型背斜内，低部位的正向微构造和小断层遮挡所形成的微型屋脊式构造也是剩余油集中部位，这类微构造包括油层的微小隆起（构造幅度小于10m）和处于油气运移通道上的侧向开启而垂向封闭的微小断层（断距小于10m）。因此对于以上这两种微构造发育的油田来说，应该采用较密的井网资料和小间距等高线进行微构造研究，并结合油水运动规律，寻找剩余油富集区域。

（2）岩石物理相方法。近年来，在油气储层描述中出现了一个重要的概念——岩石物理相。该方法根据平面渗透率与剩余油的关系、主要流动孔喉半径与剩余油的关系等，应用地质统计学方法，将研究区划分为多个级别的岩石物理相，研究不同岩石物理相对剩余油形成与分布的控制作用，从而确定剩余油分布的岩石物理相区域。

（3）储层相控建模技术。通过检查井取心的四性关系分析，形成关键井储层参数的三维数据体，在沉积微相边界的控制下，应用随机建模的方法勾绘沉积成因的三维储层参数图，研究储层参数的三维空间展布，从而形成在沉积微相控制下的储层三维可视化模型。

沉积微相—岩石相的类型反映了储层的物性特征，从而更细致地为油藏剩余油分布预测提供依据。例如，某区的油砂体以辫状水道和心滩为主，研究区L小层以下砂体大多为辫状水道沉积相，为典型的正韵律砂体，在砂体的底部水驱程度较高，剩余油分布较为零散，在砂体的顶部即K小层剩余油相对较为富集。L小层以上多

第七章 油田井网加密技术

为心滩沉积的砂体，心滩为均匀韵律或反韵律砂体，在注水开发过程中，驱油效率较高，油层水洗厚度较大，只在井网不完善地区和井间带存在剩余油。从平面上看，研究区沉积微相—岩石相的类型对剩余油分布的控制作用较为明显，将研究区划分成心滩粉细砂岩相、心滩中粗砂岩相、心滩钙质砂岩相、辫状水道砂砾岩相、辫状水道钙质砂砾岩相和河漫滩微相六种类型，从沉积微相—岩石相类型上体现了不同类型之间物性的差异，在注水开发过程中，物性较好的心滩中粗砂岩相、辫状水道砂砾岩相首先被水淹，水洗程度较高，剩余油饱和度较低；而心滩粉细砂岩相、心滩钙质砂岩相和辫状水道钙质砂砾岩相则由于其物性较差，在水驱过程中水洗程度较弱，剩余油饱和度高，因此形成水驱的波及程度低甚至未波及区域。

(4) 流动单元方法。流动单元的概念在第一章中有过介绍。该方法主要根据反应流动单元特征的储层参数，运用地质统计学方法将储层划分为不同级别的流动单元，在不同级别的流动单元中油水渗流是有差异的，水淹特征各不相同，反映剩余油的分布是有差异的，从而对剩余油的分布做出判断和预测。

(5) 人工神经网络方法。人工神经网络方法以丰富可靠的检查井资料、测井资料为基础，利用神经网络模式识别技术，实现任意井点薄差油层水淹程度的自动判别，其精确程度的高低取决于两个因素，即利用检查井资料建立的模型的可信度和选取的输入和输出的参数的精度。该方法的缺点是需要有足够数量的检查井提供资料，且对剩余油分布的预测仅仅是定性的判别。此外，由于各油田、各井区薄差油层的沉积环境、沉积特征、油水分布规律以及油水层的动用程度的差异等使该方法的应用受到区域性的影响。

(6) 岩心分析法。岩心分析法是唯一能够直接确定剩余油饱和度的方法，它不但可与其他资料相互验证，并且可以提高综合评价的可靠性。目前国内确定和监测剩余油饱和度最常用的方法是密闭取心，但密闭取心只能保持密闭而不能保持地层压力，而国外最常用的压力取心方法既能密闭又能保持地层压力，是一种十分有效的取心方法。我国在老油田开发井网中选取有代表性的部位钻检查井，在目的层部位进行密闭取心并在速送室内分析化验，以取得其含油饱和度数据。这可代表地下油层真实的剩余油饱和度资料，据此可以判定油层剖面剩余油的准确分布情况。再结合检查井的平面位置与注采井网的平面分布，推断剩余油的平面分布情况，用分段试油予以检验证实。

剩余油的岩心分析方法包括常规取心、橡皮套取心、金属丝网取心、密闭取心、压力密闭取心和海绵取心等方法。

2. 油藏工程方法

(1) 示踪剂技术。示踪剂测试是目前应用较为广泛的预测剩余油分布的矿场技术，包括单井回流示踪剂测试和井间示踪剂测试两种方法，其理论依据是色谱理论，利用示踪剂测试得到的示踪剂产出浓度曲线，通过公式即可求出剩余油饱和度。其早期的分析方法只是定性判断注水井与生产井之间的连通性及高渗透条带的存在与否，1984年，Abbaszadeh Dehghani和Brigham W.E.在五点井网中示踪剂流动特征的基础上，通过研制软件，定量求取注水井与生产井之间的厚度、渗透率等地层参数。同时，通过井间示踪剂资料解释数值模拟软件，可以对油藏的高渗透层、低渗透层、水淹层，以及剩余油饱和度的分布进行预测等。应用井间示踪剂技术确定剩余油饱和度的分布是目前国内比较常用的方法之一，无论在理论上还是实践上均比较成熟。

（2）水驱特征曲线法。经研究表明：甲型曲线截距的倒数只与水驱动用储量有关，倒数越小，水驱程度越高，而倒数较大时，动用程度较低，是死油区或弱淹区，因此只需找出油田或单元的甲型水驱曲线的有代表性的直线段，并利用半对数回归方法就可以求出甲型曲线的方程，从而求得倒数，绘制倒数等值线图，此等值线图能定性反映油层潜力区的平面展布及油层的平面渗流特征。此外，通过各种类型的水驱曲线可以进行地质储量、也可采储量等开发指标预测，从而进行油田总体区块、各小层的剩余油分布预测。

（3）试井法。通过不稳定试井，即压力恢复试井、压降试井及干扰（和脉冲）试井资料分析，可以确定储层的油、水和气体的有效渗透率，及井眼损害程度（如表皮系数、流动效率和损害比），通过相对渗透率等实验室资料，将渗透率与原始饱和度联系起来，计算出剩余油饱和度。

研究剩余油的油藏工程学方法还有水动力学方法、物质平衡法、生产资料拟合法等。油藏工程方法只能计算某个小层的剩余油饱和度平均值或剩余油分布的大致区域，而不能确切地、定量地反映剩余油饱和度平面分布的差异性，因而在应用上有其局限性。但是作为对单井调整或油田整体开发的宏观规划来讲，往往不失为一种很有效的依据，效果通常比较明显。

3. 数值模拟技术

数值模拟技术是在对不同储层、井网、注水方式等条件下，应用流体力学模拟油藏中流体的渗流特征，建立油藏地质模型并数值化，在计算机上对其注采过程进行仿真模拟。可输出任意时刻、任何点面上的剩余油饱和度数值，是定量研究剩余油分布的主要手段。目前，我国绝大多数油田均应用数值模拟方法进行剩余油分布的定量研究，但实践证明通过数值模拟技术确定的剩余油饱和度分布图并没有完全体现出研究人员所期望的实用价值。数值模拟技术预测剩余油的研究精度受多方面因素的影响，如地质建模的精度、网格粗化、局部加密及克服计算机内存不足等问题仍需要进行技术攻关。数模研究剩余油，关键是基础资料要准确，如相对渗透率曲线的应用，不同沉积相带应使用不同相渗曲线，主要反映为 PVT 平面上的变化。模拟过程不仅要对生产测井资料去伪存真，纵向上要细到小层，油藏动态分析人员还要介入数模。

4. 研究剩余油饱和度的测井法

测井技术是目前国内外确定剩余油饱和度在井剖面上分布的最广泛使用的方法，主要包括电法测井、核磁共振测井、电磁波传播测井、介电常数测井、脉冲中子俘获测井、硼中子寿命测井、碳氧比测井、重力测井、超导重力测井、中子寿命测—注—测技术、生产测井等。

测井技术中生产测井主要采用注水井吸水剖面测试资料与采油井出液剖面测试资料，判定油层剖面动用状况及剩余油分布情况。在油层射开的有效厚度层段中，主要的吸水层段与主要的出油层段应当是储量动用好—剩余油最少的层段；多次测试不吸水、不出液的层段，应当是动用液最差—剩余油最多的层段；其余层段介于二者之间。国内油田生产测井资料一般较多，选取其中有历年多次测试资料的井，结合油藏静态资料进行分析研究，常能较好地判定剖面上主要的剩余油层（又称潜力层）所在。研究剩余油饱和度的生产测井方法主要有以下两种。

（1）注水井吸水剖面测井。吸水剖面也常称注水剖面、注入剖面、吸入剖面。吸水剖面是指注水井在一定的注水压力和注水量的条件下，各射开油层井段吸水量的剖面分布情况。吸水剖面反映油层剖面的吸水能力变化、吸水层位和吸水厚度的分布。

吸水剖面测试一般采用放射性同位素进行示踪测井。将前后两条同位素曲线进行对比，在加入同位素后所测曲线上增加的同位素异常值井段，就反映其对应层段的吸水能力大小和数量。

在注水开发油田中，注水井的吸水剖面决定着采油井的出液剖面，即什么样的吸水剖面就有什么样的产出剖面，不吸水厚度对应不出油厚度。因此，可以根据注水井的吸水剖面资料，了解油层剖面吸水情况，监测油层水驱动态，分析油层剖面动用情况和剩余油分布。一般将注水井的吸水剖面资料与采油井同期所测的出液剖面资料进行对比分析，可以更好地判断油层剖面水洗动用情况和剩余油的剖面分布特征。

（2）油井出液剖面测井。出液剖面也称为产液剖面、产油剖面、产出剖面或出油剖面。在采油井正常生产的条件下，测量各生产层段沿井深纵向分布的产出量、含水率、流体密度等参数以判断油层剖面产出液性质和数量的测井，称为出液剖面或产出剖面测井。

由于产出物可能是油、气、水单相流，也可能是油水、油气、汽水两相流，或油、气、水三相流，因此，在测量分层产出量的同时，根据产出的性质，还须测量含水率或含气率以及井内温度、压力和流体密度等参数。对于油水两相流的生产井，只要测出体积流量和含水率两个参数，即可确定产出剖面的产油量和产水量；如果是油、气、水三相流，利用密度曲线就可大体确定产出液性质。对单井或井组进行定期监测，对比分析所测资料，就能了解和掌握油层剖面各层段的储量动用情况和水洗程度，以及剩余油的剖面分布情况。

　　另外，研究井间剩余油的分布规律测井评价技术，是针对砂泥岩储层注水驱油的特点和储层油水运动规律，运用现代数学方法和计算机手段，推出的一套在相控条件下利用测井资料结合地质沉积、构造及开发等动、静态资料预测剩余油分布的新方法。其技术特点包括：第一，应用神经网络模式识别技术自动识别沉积微相，画准率达80%以上，同时绘出沉积微相的平面分布图和剖面图；第二，应用人工智能技术，自动进行小层对比，符合率达85%以上，并画出小层对比栅状图、立体图；第三，应用决策模型进行三维相模拟，进行储层构建、砂体的空间展布及属性三维模拟；第四，应用分形理论进行参数评价、连通程度评价及井间剩余油分布描述。

　　上面提到的测井方法，已经在"矿场地球物理"或"生产测井"课程中介绍过，这里主要介绍的是应用。尽管研究剩余油饱和度的测井方法有很多，但每种方法都受到各种条件的限制，如套管井的影响，具有低孔隙度或高矿化度地层水以及裂缝性油藏的解释方法不成熟等。此外，对于大多数开发中后期油田来说，测井方法确定的剩余油饱和度大多低于实际岩心分析的剩余油饱和度，这也是应用测井方法确定剩余油饱和度存在的不足。

　　5.高分辨率层序地层学法

　　高分辨率层序地层学是从成因地层学入手，对储层进行较为精细的对比，在油田或油气藏范围内，通过关键界面的认识和对比进行研究。该方法主要根据地层基准面原理，详细划分对比储层，建立高分辨率层序地层框架，此种等时地层格架与一定级次的流动单元相一致，不仅控制了砂体储层内一定规模的流体流动，同时由于沉积物的体积分配与相分异的结果，砂体储层的非均质性特征与基准面之间存在对应关系，为注水对应分析及剩余油预测提供了依据。通过研究发现油田开发中后期剩余油的分布与基准面旋回之间具有一定的对应关系：处于中长期基准面最低位置附近的砂体分布较为广泛，物性好，多具有高孔高渗特征，但非均质性较强，石油地质储量较大，在开发过程中易发生强水淹，剩余油多呈透镜状零星分布；处于中长期基准面最高位置的砂体一般面积小，物性差，开发过程中易成为未波及地带，因此剩余油相对呈连片分布；在中长期基准面上升时期所形成的储层多呈正韵律特征，厚度大，水驱过程中易在砂层的上部形成剩余油；在中长期基准面下降时期形成的储层则具有反韵律特征，水驱相对均匀，但一般厚度较薄，易成为单层未动用剩余油区。

6. 开发地震技术

开发地震技术不仅是运用三维地震、高分辨率地震、井间地震等开发地震技术监测水驱前缘，判断剩余油的平面分布，也是近年来兴起的剩余油预测新技术，这些技术方法对研究剩余油的空间分布有很大的应用前景。

7. 微观模型实验法

微观剩余油研究主要是以岩心分析为基础，利用各种分析方法研究在微观孔隙内部以薄膜、大孔隙中的滞留和小孔隙中液滴等状态存在的剩余油分布，主要包括含油薄片分析技术、岩心仿真模型实验驱替方法、理想仿真模型实验驱替方法、随机网络实验模拟方法等。

根据目的层典型铸体薄片资料，将孔喉系统复制刻蚀在玻璃表面，以再现地层孔喉网络情况，然后进行水驱油的实验，并在显微镜下观察或录像，实验中油与水均进行适当着色以增强观察效果。该方法可直观形象地看到水洗油过程和剩余油的微观分布情况，目前已发展到采用实际岩心制作孔隙模型的程度。

8. 生产动态分析法

依据油田生产动态资料，通过分析油井见水、见效及产量、压力、含水、气油比的平面分布变化情况，再结合油藏静态地质特征和生产测井资料，来推断地下油水分布运动状况和变化趋势，据此判断储量动用状况和剩余油分布情况，称为生产动态分析法。

目前，剩余油预测的方法和技术数不胜数，其中流动单元和数值模拟是两项较为成熟的剩余油预测方法。流动单元体现了储层表征和建模的发展；数值模拟则是研究剩余油定量分布的主要手段。上述的预测剩余油的方法，各具特点，又都有其局限性。所以剩余油研究仍是油田攻关的项目之一，如果能够综合应用以上各种方法进行剩余油研究，这将大大提高剩余油研究认识的可靠程度。

当然，剩余油分布问题仍很复杂，一些特殊储层（如裂缝型储层、双重与多重孔隙介质储层等）中的水驱过程及其剩余油分布至今还是研究的重心。随着石油工业的发展和研究检测技术的提高，相信剩余油分布的研究方法会有所突破。对此，油气田开发地质工作者有着不容忽视的责任。

（三）研究剩余油的数值模拟方法

油藏数值模拟方法是用数学模型来模拟油藏，以研究油藏中各种流体的变化规律。其数学模型是以地下流体渗流方程为基础，遵循物质守恒原理而建立起来的三维三相非线性偏微分方程组，很难得到解析解，因此，一般采用差分的方法，首先对数学模型进行离散，得到数值解，然后编制相应的数值模拟软件进行计算。它既可以计算油井、水井和全油田的开发指标，也可以计算油、气、水相压力和饱和度在空间上分布状况，因此，它是定量研究剩余油分布的重要手段，在油田上得到广泛的应用。数值模拟主要步骤如下。

1. 数学模型的选择

油藏数学模型一般划分为黑油模型、组分模型、裂缝模型、热采模型、聚合物驱模型、化学驱模型、混相驱模型等，首先要根据所模拟油藏的实际特点选择合适的数学模型，然后确定采用何种包含此模型的商业化数值模拟软件或自主开发相应的数值模拟软件。油田常用的商业化软件主要有 ECLIPSE、VIP、CMG、WORKBENCH 及 SURE。例如，常规的注水开发油田，一般采用黑油模型，上述软件都可以进行模拟；凝析油气田开发及注气油田开采应采用组分模型，可以采用 ECLIPSE、VIP 或 CMG 软件；稠油注蒸汽开发采用热采模型，一般采用 CMG 软件的 STARS 模块。

2. 油藏地质模型的建立

油藏地质模型是油气藏的类型、几何形态、规模、油藏内部结构、储层参数及流体分布的高度概括，它是油藏数值模拟的基础。油藏地质模型定量表述各种地质特征在三维空间的变化及分布，由三个部分组成：

（1）构造模型。描述圈闭类型、几何形态、封盖层及断层与储层的空间配置关系、储层面的变形状态等。

（2）储层属性模型。描述储集体的连续性、连通性、内部结构、孔隙结构、储层参数的变化和分布、隔层的分布及裂缝特征分布。

（3）流体分布模型。描述地层流体(油、气、水)的性质及分布。

油藏地质模型的核心是储层属性模型，它是储层特征及其非均质性在三维空间上变化和分布的表征。储层属性模型主要为油藏模拟服务的，油藏数值模拟要求一个把油藏各项特征参数在三维空间上的分布定量表征出来的地质模型。实际的油藏数值模拟要求把储层网块化，并对各个网块赋以各自的参数值来反映储层参数的三维变化。因此，建立储层地质模型时，抛弃了传统的以等值线图来反映储层参数的办法，同样把储层网块化，通过各种方法和技术得出每个网块的参数值，即建成三维的、定量的储层地质模型。网块尺寸越小，标志着模型越细；每个网块上参数值与实际值的误差越小，标志着模型的精度越高。

3. 网格剖分

网格剖分就是把模拟区块的整体地质模型划分成若干个小的单元体（网格块），并在空间上按顺序编号，以便数值模拟软件接收各网格块的地质特征参数。在一个区块的模拟研究中，合理有效的网格剖分必须考虑下述几个问题。

（1）网格的定向。网格的界限要与天然的非流动边界相符合，包括整个系统的矩形网格应最大可能地重叠在油藏上；网格应包含所有的井位（包括即将完善的新井、扩边井）；网格方向要与流体流动的主要方向（沿主河道方向，即平行渗透率的主轴）和油藏内天然势能梯度吻合；网格的定向尽量减少死结点数目。

（2）网格的尺寸。网格越多，每个时间步长中所需计算的数学问题越多，机时费用越多；当时间步长由最大饱和度所控制时，较小的网格通常使最大可允许时间步长减小；一般邻井之间至少要有 2~3 个空网格或更多，使其能反映油藏结构和参数在空间的连续变化，同时足够的网格还能控制和跟踪流体界面的运动；如果模拟前考虑井网加密方案，应确定适当的加密井井位和网格尺寸。

（3）纵向网格的划分。除考虑本身按沉积韵律划分的层系外，还要考虑生产过程中的整体改造工作，如补层、压裂酸化、堵水等。同时，对生产特征（如底水锥进、气顶等）都应合理考虑，对一个层系中的细分小层问题更是如此。

4. 数据录入

（1）网格数据。网格数据包括油藏顶面海拔深度及网格几何尺寸，储层有效厚度，孔隙度、渗透率，岩石类型，油层初始压力、饱和度等数据。

（2）表格数据。表格数据主要指岩石物性、流体性质：油、气、水及岩石的高压物性（physical vapor transport，PVT）、油、水相对渗透率曲线，毛管压力曲线等。

（3）动态数据。①完井数据包括射孔、补孔、压裂、堵水、解堵日期、层位、井指数等；②动态生产数据包括平均日产油量、日产水量、日产气量、日注水量或日注气量等；③压力数据包括油水井流压、地层压力等；动态监测资料包括分层测试、吸水、产液剖面等。

（4）其他数据。其他数据主要包括算法选择，输入、输出控制，油水井约束界限，油井定压、定产等参数。

5. 历史拟合

一般认为，同时拟合全区和单井的压力、含水和油气比难以办到，必须将历史拟合过程分解为相对比较容易的步骤进行。历史拟合一般采取下述步骤。

（1）确定模型参数的可调范围。构成油藏地质模型的初始化数据由井点测井解释数据插值而来，存在着一定的不确定性，因此，根据历史拟合情况需要进行修正，可修正的参数有孔隙度、渗透率和有效厚度。流体压缩系数源于实验室测定，变化范围小，视为确定参数；岩石压缩系数源于实验测定，但受岩石内饱和流体和应力状态的影响，有一定变化范围；相对渗透率曲线视为不定参数，允许做适当修改；油、气的 PVT 性质，视为确定参数；油、水界面，在资料不多的情况下，允许在一定范围内进行修改。

（2）全面检查模型参数。油藏数值模拟的数据很多，出现错误的可能性很大，为此，在进行历史拟合之前，对模型数据进行全面检查是十分必要的。数据检查包括模拟器自动检查和人工检查两方面，缺一不可。

① 模拟器自动检查包括以下几种。各项参数上下界的检查。对各项参数上下界的检查，发现某一参数超过界限，发出错误信息。平衡检查，在全部模型井的产率（注入率）都指定为零的情况下，进行一次模拟计算，其结果应是油藏状态参数（压力场和饱和度场）应该与油藏初始状态参数一致，无任何明显变化，流体应该是处于平衡状态，否则表明参数有了问题，需重新检查模拟卡中的相关参数。

② 人工检查包括不同来源的资料相互对扣；日产（注）量、月产（注）量和累积产量相互对扣；物质平衡检查，即分析全区压力变化与累积净注入量（或亏空）的关系是否一致；对窜槽井的产水量进行修正。

（3）历史拟合。历史拟合过程中，需要对地层压力、综合含水率、单井含水率、产液量、采出程度等开发指标进行拟合，要修改的油层物性参数主要包括渗透率，孔隙度，流体饱和度，油层厚度、黏度、体积系数，油、水、岩石的综合压缩系数，相对渗透率曲线以及单井完井数据，如表皮系数、油层污染程度和井筒存储系数等。具体拟合方法如下。

① 压力拟合。油层压力是需要进行拟合的主要动态参数之一。在油藏数值模拟过程中经常遇到的情况是计算出的压力值普遍比实际值偏高或偏低；或局部地区偏高或偏低；有时也发生压力不光滑而呈锯齿状等情况。

对压力进行历史拟合，首先要分析哪些油层物性参数对压力变化敏感。实践表明，对压力变化有影响的油层物性是很多的。一般与流体在地下的体积有关的参数，如孔隙度、厚度、饱和度等数据都对压力计算值的大小有影响。油层综合压缩系数的改变对油层压力值的影响也比较大。与流体渗流速度有关的物性参数，如渗透率及黏度等则对油层压力的分布状况有较大的影响。相对渗透率曲线的调整，除对含水率和油气比影响较大外，对压力也有一定的敏感性。此外，如油藏周围水体的大小和连通状况的好坏，以及注入水量的分配等也对压力有比较明显的影响。

因此，在对油层压力进行历史拟合时，可根据对油层地质、开发特点的认识及对这些物性参数的可靠性及其对压力的敏感性进行分析，选择其中的一个或某几个参数进行调整。例如，在给定产量的条件下，增大孔隙度或厚度，可使计算压力值升高；反之，降低这两个数值，则可使计算压力值降低。但是，这两个参数的改动都会造成地质储量的改变，所以在调整这些参数时都要慎重考虑调整的合理性。增大或减小油层综合压缩系数，也可使计算压力值相应地升高或降低。

当计算出来的压力分布状况与实测值不符时，如油藏中某一部分存在高压区而其相邻部分为一低压区，则可以考虑增加相应部位的渗透率或降低原油黏度来增加原油的流动性，使流体更易于从高压区流向低压区，从而消除这种异常的压力分布。

其次边界条件的调整对于压力的拟合起很大的作用。由于油藏以外的水体部分一般取得的资料较少，所以水体的大小和边外渗透率的高低常常只有一个估计值，可靠性较差，所以有关边外水体的参数是拟合压力时需要考虑的一个重要因素。切割注水时，注水井排两侧区块的注入水量的分配比例应该随着这些区块的地质条件和开发历史的差异而有所不同。但是，实际上有些模拟计算只是简单地把注入水量平均地一分为二，每侧的区块各占50%，这也可能是造成区块的计算压力和实测压力不符的一个原因，需要进行具体分析和调整。单井动态的拟合常对表皮效应进行调整，有时也调整井周围各网格的渗透率值。至于相对渗透率曲线的调整，由于它们主要影响含水率或油气比的计算值，所以，虽然它们对压力也有影响，但在历史拟合实践中一般很少单独使用它们来进行压力拟合。

以上对压力计算值的某些因素进行了分析。但是，在实际计算时造成计算值和实测值不相符合的因素不止一个，所以在历史拟合实践中只调整一个物性参数还不能解决问题，而需要调整多个物性参数。

② 含水率拟合。在压力拟合满足精度要求的基础上，对全区和单井含水率进行历史拟合，但在含水率拟合的过程中，要注意拟合压力的变化，往往需要拟合多次，才能使压力和含水率达到较高的拟合精度。在拟合原则的前提下，采取以下方法拟合模拟区和单井含水率：

a. 调整相对渗透率数据；

b. 调整毛管压力曲线；

c. 若含水主要来自某注水井某个层，主要调整与其见效层相近的网格渗透率值，可改变其含水值，或同时调整孔隙度（油层厚度）；

d. 若含水主要来自边水（包括边部注入水），主要调整与边部井层相连网格的渗透率值；

e. 若含水主要来自底水，使用垂向渗透率因子，在底水锥进突出部位（网格），修改井垂向渗透率，使其值变化从底部到顶部由大到小；

f. 若模型中油井见水过早或过晚，拟合不上时，应移动水相渗透率曲线向右或向左；

g. 如果模型中油井含水期拟合不上，计算含水率或高或低于实际油井含水率，此时应移动油相相对渗透率曲线末端值或水相相对渗透率曲线末端值；

h. 若含水主要来自其他外来层，拟合时要考虑窜槽的影响。

6. 剩余油饱和度模型

在油藏数值模拟过程中，通过生产历史拟合，用动态资料来修正三维地质模型，在各项开发指标达到拟合精度后，即可以输出不同开发阶段剩余油分布三维可视化模型。根据需要，不仅可以输出各层剩余油饱和度平面分布图，也可以输出不同剖面剩余油饱和度纵向分布图，还可以输出饱和度分布场数据文件，在实际应用过程中，非常方便，为油田剩余油挖潜和开发调整提供了理论依据。

数值模拟计算剩余油饱和度的精度与地质模型的准确性、网格划分精度、历史拟合经验等因素直接相关。目前，各种地质建模软件齐全，并且国内各老油田井网经过多次加密，加上三维地震资料，地质信息丰富，为精细地质建模提供了技术手段和数据基础。随着计算机硬件的发展，内存容量越来越大，百万节点数值模拟已普遍开展，模拟网格可以划分得更细，从而为数值模拟研究剩余油提供了保障。历史拟合是一个多解问题，例如，调整相对渗透率曲线和油水井连通都可以改变油井的含水率，这就要靠操作者的经验，必须结合地质静态分析和生产动态分析，来确定需要调整的参数。因此，随着地质建模技术、数值模拟技术和计算机硬件的发展，应用数值模拟方法研究剩余油饱和度的精度将逐渐提高，应用范围将越来越广泛。

第二节　井网加密

一、井网加密原则

井网加密调整一般遵循下面四个原则。

(一) 调整表内储层与表外储层相结合

由于大庆油田的表外储层与表内储层属于同一储油系统，多数油层在平面上相互充填、补贴，在纵向上交错分布，有的粘连、叠合。在注水开发的过程中，两类储层难以严格分开，在油田井网调整中，采用表内与表外相结合的方法调整不仅有助于确保调整的结果，同时降低调整难度。根据油田潜力状况的分布特点，加密调整的第一阶段（二次加密），油田北部地区以调整表内差油层为主，结合表外储层统一考虑；油田南部地区以调整表外储层为主，未动用的表内储层也射开。在加密调整的第二阶段（三次井网加密）是在局部表外储层富集的地区进行。但考虑三次采油的综合利用，仍按均匀方式布井。

(二) 井网部署应有利于向块状注水转化

二次加密井的部署应考虑新老井结合，综合研究提高油藏系统的注入水波及效率，研究表明，驱油终集点比较集中的块状注水方式比较有利。

块状注水就是用老的注水井、新打的调整注水井，包括当前和今后要转注的井，逐步变成用注水井切割和包围不同开采对象的一组油井，最后把一个开发面积较大的切割成许多较小的、封闭式的开发动态单元，简称块状注水。块状注水的优点是驱油的终集点集中、清楚，有利于高含水后期的开发动态分析；有利于改变液流方向，提高注水波及效率；有利于高含水后期的综合调整和挖潜。因此，各地区在二次调整部署时，都要新老井结合，提出注采系统调整部署的演化图。同时，油田二次加密后动态分析要逐步由分层系分析向分块分析转化。

(三) 加密井与更新井统一考虑

在成片套损地区的加密井部署针对各类油层水淹状况的不同，应区别对待，全面研究，把更新调整和层系、井网调整井结合起来，整体部署。对于已处于高含水后期大面积分布的油层中的主力油层，可用一套井网合采，但对抽稀井点要有选择性地射孔，即射开含水相对较低的层或部位，砂体平面上要有出路，不能形成死油区；中高含水的非主力油层，由于油层太多，仍要分层系分采，对于非主力油层高渗透条带主体部位的特高含水层不应射孔，应利用其边部的变差部位采油；对未动用或动用很差的难采储层，要单独加密井网挖潜。成片套损区，也按均匀布井、块状注水的原则，综合部署注采系统。在上述原则基础上，再针对不同地区具体情况，在层系井网、注水方式、难采层开采全面研究的基础上，把打更新井、调整井结合起来综合考虑，整体部署。

(四) 均匀布井选择性射孔

根据油田潜力的分析，表外储层潜力不但在全油田广泛分布，而且不同地区平均单井具有较大的厚度，同时油田大部分地区还有一定厚度的表内储层潜力。另外，考虑三次采油的井网综合利用，加密井采用均匀布井比较适宜。因为这样的布井方法有利于深化对储层砂体的认识和后期不同层系井网注水方式的转化。

二、井网加密调整的主要做法

当油藏的含水率达到80%以上，即进入高含水期时，剩余油已呈高度分散状态，此时油藏平面差异性对开发的影响已经成为主要矛盾，靠原来的井网已难以采出这些分散的剩余油，因此需要进一步加密调整井网。

(一) 井网加密方式

一般来说，针对原井网的开发状况，可以采取下列几种方式。

1. 油水井全面加密

那些原井网开发不好的油层，不但水驱控制程度低，而且这些油层有一定的厚度，绝大多数加密调整井均可能获得较高的生产能力，控制一定的地质储量，从经济上看又是合理的。在这种情况下就应该油水井全面加密。这种调整的结果不仅会增加水驱油体积，采油速度明显提高，老井稳产时间也会延长，最终采收率得到提高。

加密调整井网开采的对象是原井网控制不住，实际资料又证明动用情况很差的油层和已经动用的油层内局部由于某种原因未动用的部位。对于调整层位中局部动用好，甚至已经含水较高的井位不应该射孔采油或注水。

2. 主要加密水井

这种加密方式仍然是普遍的大面积的加密方式。在原来采用行列注水井网的开发区易于应用，对于原来采用面积注水井网的开发区用起来限制较多。

这种加密方式，对于行列井网，主要用于中间并排两侧的第二排间。它适用的地质条件是，第一排间中、低渗透层均能得到较好的动用，再全面打井已没有必要，而第二排间差油层控制程度低，又动用差。在这种情况下可以考虑这种方式，即注水井普遍加密，而在局部地区增加少量采油井。

加密调整的层位和上一种没有什么不同，但效果会有差别。老井稳产情况将会明显好转。全区采油速度的提高不如全面加密明显，甚至基本不提高，这是因为增加采油井点少，或者不增加，油井内的层间干扰问题得不到彻底解决。

面积井网这种方式适用于地质储量已经很好地得到控制，但注采井数比较少，注水井数很少的情况。

3. 难采层加密调整井网

这种方式就是通过加密，进一步完善平面上各砂体的注水系统，来挖掘高度分散的剩余储量的潜力，进而提高水驱波及体积和采收率。

难采层加密调整井网的开发对象，包括泛滥和分流平原的河边、河道间、主体薄层砂边部沉积的粉砂及泥质粉砂层，呈零散、不规则分布，另外就是三角洲前缘席状砂边部水动力变弱部位的薄层席状砂，还有三角洲前缘相外缘在波浪作用下形成的薄而连片的表外储层，以及原开发井网所没有控制的小砂体等。

部署难采层加密调整井网的原则和要求是:

(1) 由于这些难采层叠加起来普遍仍可达一定厚度,因此仍采用均匀布井方式。

(2) 由于这些难采层除少数大片分布的薄层席状砂以外,绝大多数分布零散,在平面上和纵向上交错分布在原来水淹层的周围,因此要根据水淹层测井解释结果,选择水淹级别比较低的层位,综合考虑老井的情况,并按单砂体完善注采系统,进行不均匀的选择性射孔,射孔时切忌射开高含水层。

(3) 同一套难采层加密井网内的小层物性应大体相近,井段尽量集中,应具有一定的单井射开厚度,以保证获得一定的单井产量和稳产期。

4. 高效调整井

由于河流三角洲沉积的严重非均质性,到高含水期,剩余油不仅呈现高度分散的特点,而且还存在着相对富集的部位。高效调整井的任务是有针对性地用不均匀井网,寻找和开采这些未见水或低含水高渗透厚油层中的剩余油,这些井常获得较高的产量,因此称为高效调整井。

部署高效调整井的原则和要求有以下三个方面:

(1) 由于油藏内砂体展布和高含水期的油水分布极其复杂,高效调整井必须在较密井网的基础上通过静、动结合的精细油藏描述才能有针对性地进行部署。重点寻找厚砂体上由于注采不完善而形成的原油滞留部位。

(2) 高效调整井以具有较高产能和可采储量的油井为主,这类油井可以不受原开发层系的约束,只射开未见水或低含水的厚油层。

(3) 为使高效调整井能比较稳定地生产,必须逐井逐层完善注采系统,为其创造良好的水驱条件,可利用其他层系的注水井补孔或高含水井转注,必要时可兼顾周围采油井的需要补钻个别注水井。

(二) 加密时机

对于零星的注水井和采油井,一般分为两种情况:一种是根据开发方案打完井,对油层再认识后,发现局部井区方案不够合理,通常是主力油层注采系统不完善,这时安排打零星调整井,使主力油层注采系统完善,这种井打的时间很早;另一种是局部地区开发效果不好,水淹体积小,需要打加密调整井,这些地区打井只有在把井下情况看准后才能部署,一般来说时间较晚些。

对于需要普遍加密调整井的地区,钻井时间的选择取决于两个因素:一是需要,即从油田保持高产稳产出发,最晚的钻井时间也要比油田可能稳不住的年限早 2~3a,在看准问题后,尽量及早实施;二是合理,最好与地面流程的调整和其他工作的改造结合进行。

对于主要打注水井的做法，在中含水期调整好些。这是因为只加密调整注水井，油井仍用原来的，这些采油井点含水越高，层间干扰越大，调整效果受到影响也就越大；况且高含水主力层又不能大面积停采，这样势必造成采水量较大，采出这些层的油，相对需要消耗的水量多，经济效果差。

(三) 加密调整注意事项

(1) 在同一层系新、老井网注采系统必须协调。

(2) 加密井网应尽可能同层系的调整结合起来统一考虑。

(3) 井网加密除提高采油速度外，应尽可能提高水驱动用储量，这样有利于提高水驱采收率。

(4) 射孔时要避开高含水层，以提高这批井的开发效果。加密井打完后，必须对油层情况和水淹情况进行再认识，复核原方案有没有需要调整的地方。在此基础上，编制射孔方案注意要逐井落实射孔层位，为保证这套井网的开发效果，除须调整层布射孔外，中、高含水层一般不应射孔。注水井网射孔方法控制的严格程度可以比油井宽些。

(5) 解决好钻加密调整井的工艺和测井工艺是调整效果好的保证。加密调整井的开采层位是调整层中的未见水层和低含水层。一口井只要把一个高含水层误射了，往往会造成全井高含水，被迫提早实施堵水措施，不仅影响了加密调整井的效果，还增加了成本。所以要求测井工艺能准确地找出水层，尤其是高含水层。

加密调整井是打在已注水开发的地区，整个油层中已有些层水淹，形成油层、水层交错，高压层、低压层交错的情况，因此除测井解释水平要高外，钻井工艺要达到新的水平，对固井质量也要求很高。这时钻井再不会像开发初期那样，各个油层之间压力比较接近，而是各个油层的压力有很大差别，使钻井难度大大提高。

(四) 井网局部完善调整

井网局部完善调整就是在油藏高含水后期，针对纵向上、平面上剩余油相对富集井区的挖潜，以完善油砂体平面注采系统和强化低渗薄层注采系统而进行的井网布局调整。调整井大致分为局部加密井、双靶调整井、更新井、细分层系采差层井、水平井、径向水平井、老井侧钻等。

以提高注采井数比、强化注采系统为主要内容的井网局部完善调整，主要包括三个方面的措施：在剩余油相对富集区，增加油井；在注水能力不够的井区增加注水井；对产量较高的报废井，可打更新井。高效调整井的布井方式和密度取决于剩余油的丰度和质量。一方面要保证调整井的经济合理性，另一方面要有利于控制调整对象的平面和层间干扰,以达到较高的储量动用程度。

第三节　不同注采井网的开采特征

井网是保证油层具有一定水驱控制储量的基本手段。合理的井网一是以最小的井网密度,获得最大的水驱控制储量;二是以最大限度地控制油水运动的不均衡性,获取最大的波及系数。

一、基础井网

基础井网是以认识油藏特点,开发好主力油层获取较高的经济利益为目的,在油田开发初期所部署的第一套开发井网。

基础井网部署前,首先需要做好油层的研究工作,并结合生产试验区的生产实践,确定开采原则。其次在井网部署和注水方式的选择上力求简单、均匀,最后还要综合考虑将来开发区内多套井网的相互配合利用等问题。

基础井网所布的各类生产井,在层系划分上一般较粗,这对于较稀井网开采主力油层基本适应。基础井网中的主力油层在投入开发以后,注入水在纵向上的不均匀运动,决定了主力油层先动用、先高产。这不仅对提高主力油层开发效果有重要的作用,还为其他油层的产量衔接做好了接替准备。

(一) 基础井网层系划分原则

基础井网层系划分确定了以下三个方面的原则:
(1) 将多油层划分为几个层系单独开发,充分发挥各类油层的作用。
(2) 同一层系中各油层的分布状况和渗透率的高低与变化状况应尽量接近,使之对注水方式和井网部署有着共同的要求。
(3) 有一定的有效厚度和储量;保证生产井具有一定的生产能力。

(二) 基础井网确定的开采原则

基础井网确定的开采原则是:
(1) 具备独立开发条件、有稳定分布的油层及一定的油层厚度,油层物性比较好,控制油层储量一般在80%~90%。
(2) 井网部署均匀、注采关系相对完善,有利于开发过程中调整和控制,还能确保层系间的相互综合利用。

(3) 有较好的生产能力，投产前一般无须采取油层改造措施，投产初期生产能力较旺盛。

(4) 油层有良好的隔层，能保证开发层系间不发生窜流。

(三) 基础井网投入开发以后矛盾与问题

在基础井网投入开发以后，暴露出以下三个方面突出的矛盾和问题：

(1) 层间、平面矛盾大。油层在纵向上的非均质性，使油层中层与层之间的渗透率、厚度、储量延伸范围等方面差异都很大。在多层开采过程中单层的吸水能力、产液能力、压力水平、开采速度、水线推进速度的不同，油层间产生着相互的干扰和影响。而渗透率高的好油层采油速度高、见水早、局部高渗透带易发生舌进现象，从而减少了扫油面积，有些地方形成开采的盲区（死油区）。

(2) 采油速度低，产量递减速度快，未动用油层厚度大。基础井网在开发过程中暴露出层系划分粗、油层动用差的问题。

(3) 可采储量动用程度低，最终采收率低。基础井网的投入开发，它的主要任务是使油田能以较少的投入，较快的开采速度建成一定规模的油田，并以此获取较大的经济效益。由于基础井网开采的是主力油层，所以相对较差油层得不到动用。同时受层间干扰的影响，限制了个别油层生产作用的发挥。

二、一次加密井网

受油田非均质程度的影响，基础井网中差油层动用状况不好。原稀井网大面积分布的主力油层实际上有许多变差部位，大面积尖灭区内实际还有发育较好的油层。同时，在钻遇的油层中还有相当一部分油层厚度未射孔，这部分油层还有一定的开采潜力。

一次加密井网正是以此为突破口，以细分开发层系，改善油田差油层的开采效果，提高油田采收率为目的，在油田原井网上部署新的一套井网。

(一) 层系划分原则

一次加密井网布井，层系划分确定了以下原则：

(1) 具备独立开采条件，自然投产的情况下具有一定的产能。

(2) 以砂岩组为调整单元，考虑调整对象的沉积成因和渗透率级差大小，通过增加油层连通厚度，完善原有的注采关系。

(3) 油层条件，油层性质接近，井段不宜太长。

(4) 一次加密井网将井距由原基础井网的 500m×600m 缩小至 250m×300m，井网密度增加至 23~2 口/km² 左右。

(二) 开采原则

对一次加密井网确定了以下开采原则：

（1）以细分开发层系、解决层间矛盾提高采收率为重点，将井均匀部署在基础井网的井排或井间。

（2）以油砂体为单元合理划分和组合开发层系，减小油层间的相互干扰和影响，形成一套合理的注采井网和独立的开发层系。

（3）加密井网后水驱控制程度进一步提高。

一次井网加密后，原受主力油层干扰和影响差油层的作用得到了较好的发挥，油田的可采储量、采油速度和采收率都得到了明显的提高。差油层的压力有了较明显的回升，开采状况也得到了一定的改善。

三、二次加密井网

油田经过一次加密井网后由于继续受到层间矛盾的影响，仍有近三分之一的油层厚度和 50.0%~60.0% 的含油砂岩和未划含油砂岩（表外储层）厚度未得到较好的动用。

二次加密井网是在油田二次部署的另一套开发井网，主要以分散在各单砂层中动用差或未动用的低渗透薄差油层和部分具有开采条件的表外储层为开采对象。这些潜力层主要是在低能环境中形成的低渗透薄砂层，单层厚度在 0.5m 左右。分布的类型如下三点：

（1）与好油层合采条件下大片分布的外前缘相低渗透席状砂；

（2）内前缘席状砂中低渗透或特低渗透部位；

（3）原开发井网未控制住的小型砂体。

二次加密主要开采目的是进一步完善一次加密井的注采关系，它的主要任务是弥补原井网老井的自然递减，通过对层系的进一步细分，从而开采未动用油层的那部分储量。

(一) 基本原则

二次加密井网布井、层系划分确定了以"均匀布井、减小层间矛盾，强化注水系统、协调新老井关系和适应调整层特点"为基本原则。

（1）以完善加密井的注采关系，调整不同受效方向的注采强度，进一步减小层间、平面矛盾，以增加水驱厚度为目标。

(2) 调整井射孔应利用水淹带驱油,综合考虑新老油水井的分布,在砂体平面上不均匀射孔,有目的地对未见水或低含水层进行射孔,充分挖掘难采储层的潜力。

(3) 对油层厚度较大(一般在 2.0m 以上)但动用不好的厚油层,调整井开采要有意识地加以培养,使其发挥应有的生产作用和效果。对未动用或动用状况不好、水洗程度低的薄、差油层,采取对症的挖潜措施,使单井、区块的产能达到设计指标。

(4) 二次加密井网井距缩小至 250m×250m,井网密度增加至 40~45 口/km^2。

(二) 层系划分原则

对二次加密井网层系划分确定了以下主要原则:

(1) 油层射孔、层系划分要协调好新、老井的注采关系。

(2) 表内外储层尽可能实行单独开采,以减少相互的干扰和影响。

(3) 油层性质接近、层段尽量集中。

(4) 具备单独开采的条件,具有一定的生产能力。

油田经过二次加密井网,不仅完善了砂体新、老井平面注采关系,还较好地解决了平面矛盾给油田开发效果带来的负面影响,原动用状况不好的油层,油层连通厚度增加,层间干扰进一步减小,同时,由于单独开采差油层消除了主力油层的干扰,差油层的动用状况得到进一步的改善。

四、三次加密井网

油田三次加密井是在二次加密井网基础上进行的,油田经过二次井网加密且经过一段时间开采后,剩余油在纵向上高度分散、平面上分布极不平衡,可调油层的地质条件变得更差。

从大庆萨喇杏油田剩余油分布情况分析,由于油层平面的非均质,相对较好的部位已经水淹,所以只有油层的边部由于注采不完善和井网控制不住还存在部分剩余油。这些剩余油分布的主要类型有井网控制不住型、成片分布差油层型、注采不完善型、二线受效型、单向受效型、滞留区型、层间干扰型、层内未水淹型、隔层损失型等九种。

三次加密井网主要以完善单砂体注采关系,解决平面矛盾为主,调整的对象以油层性质更差的未动用或动用不好的表内薄层、差油层及表外层为主,它的主要任务是挖掘二次加密井网后注采仍不完善地区残留在地下的剩余油,以减缓油田产量的递减速度,延长油田的开采年限。

三次加密井网的布井和层系划分确定原则如下。

(一) 三次加密井网的布井原则

以完善注采关系挖掘剩余油为目标,在精细地质研究的基础上,根据剩余油分布采用不均匀布井,合理井距确定在200m左右,在降低投资成本的基础上,扩大可布井的范围。为了更好地改善表外储层的动用状况,以完善调整对象注采关系为目标,设计中强调适当增加一定比例的注水井。同时严格选择射孔层位,尽可能单独开采表外储层。

三次加密井网的注入,采出井均采取压裂完井后投产的方式,以提高调整井的生产能力,获取最佳的生产效果。

(二) 三次加密井网层系划分的主要原则

(1) 按照剩余油的分布规律进行层系划分,采取不均匀布井,以布采油井为主且采取选择性射孔。

(2) 层系划分与原井网(二次、一次加密井网)综合考虑相互利用,做到不仅有利于进一步完善注采关系,还能提高水驱动用储量。

(3) 表外储层是三次加密井的物质基础,尽可能让表外储层单独开采,以减少层间干扰带来的不利影响。

(4) 保证加密后的生产井具有一定的物质基础(油层厚度、可采储量)和生产能力(产能)。

(5) 考虑到三次加密采油在经济不合理的情况,可以和三次采油方法相结合,层系上相互衔接做到一井多用,以获取较大的经济效益。

(6) 三次加密井的井距缩小至200m×250m,井网密度增加至60口/km^2左右。

由于三次加密井是以开采薄差油层和表外储层为主,投产的采油井自然产能低,注水井吸水能力也较差。通过应用限流法压裂完井工艺技术和对部分井投产前先实施压裂、酸化等措施来改造油层,可以有效挖掘三次加密井的生产潜能,使其动用状况有着明显的改变。

油田经过三次井网加密不仅进一步完善了油水井间的注采关系,油田水驱控制程度也得到明显的提高。多向连通受效层明显增加,薄差层和表外储层的动用程度都会有明显的提升。

第八章 油田水平井采油技术

第一节 钻水平井采油

一、水平井的分类及特点

水平井是最大井斜角保持在 90° 左右，并在目的层中维持一定长度的水平井段的特殊井。水平井钻井技术是常规定向井钻井技术的延伸和发展。

目前，水平井已形成三种基本类。

(1) 长半径水平井（又称小曲率水平井）：其造斜井段的设计造斜率 $K<6°/30m$，相应的曲率半径 $R>286.5m$。

(2) 中半径水平井（又称中曲率水平井）：其造斜井段的设计造斜率 $K=(6°～20°)/30m$，相应的曲率半径 $R=286.5～86m$。

(3) 短半径水平井（又称大曲率水平井）：其造斜井段的设计造斜率 $K=(60°～300°)/30m$，相应的曲率半径 $R=19.1～5.73m$。

应当说明以下几点：其一，上述三种基本类型的水平井的造斜率范围是不完全衔接的（如中半径和短半径造斜率之间有空白区），造成这种现象的主要原因是受钻井工具类型的限制；其二，对于这三种造斜率范围的界定并不是绝对的（有些公司及某些文献中把中、长半径的分界点定为 8°/30m），但会随着技术的发展而有所修正，例如最近国外某些公司研制了造斜率在 $K=(20°～71°)/30m$ 范围的特种钻井工具（大角度同向双弯和同向三弯螺杆马达），在一定程度上填补了中半径和短半径间的空白区，提出了"中短半径"（mediate short radius）的概念。有关中短半径造斜率马达及其在侧钻水平井中的应用将在本书第七章详加介绍；其三，实际钻成的一口水平井，往往是不同造斜率井段的组合（如中、长半径），而且由于地面、地下的具体条件和特殊要求，在上述三种基本类型水平井的基础上，又繁衍形成多种应用类型，如大位移水平井、丛式水平井、分支水平井、浅水平井、侧钻水平井、小井眼水平井等。

二、水平井采油的应用与发展

(一) 水平井采油工艺的应用现状

国外对于水平井采油工艺的应用较早，早在20世纪20年代就开始采用水平井来提高油田产能，并在20世纪80年代出现了导向钻井技术，水平井采油工艺得到了飞速发展。当前国外水平井油田的数量已达到数万口，水平井技术已经成为提高油田产能及效率的有效手段。当前国内外成熟的水平井完井方式主要包括裸眼完井、割缝衬管完井、历史充填完井、带管外封隔器完井以及固井射孔完井等五种类型，我国的胜利油田即采用了固井射孔完井、筛管完井及裸眼完井技术等。我国是引入水平井采油工艺较早的国家之一，在20世纪60年代中期就开始水平井油田的相关研究，如四川碳酸盐岩中的两口水平井。经过几十年的发展，我国的各类水平井已达数百口，约占全部油田的50%以上。近年来随着我国水平井开发工艺的逐步成熟，水平井已经成为推动我国石油开采发展的重要技术支撑。当前我国的水平井采油技术已达到世界先进水平，在各大油田中也得到了广泛的实践应用，相应的配套设施也得到不断完善。

(二) 水平井采油工艺的发展趋势

采油工程技术历经五个阶段。(1) 探索、试验阶段：此阶段以注水开发为代表，探究出了诸如油田堵水实验、油层水力压裂实验、人工举升实验、注蒸气吞吐开采实验等一系列采油实验，为我国石油开采工作打下良好基础，打开了全国采油工程技术发展的历史大门。(2) 分层开采工艺配套技术发展阶段：即根据陆相砂岩油藏含油层系多、各油层情况迥异且互相干扰严重的特点，探究出的一套以分层注水为中心的采油工艺技术。(3) 发展多种油藏类型采油工艺技术阶段：随着不同类型的油田的发现及开采，逐步研究形成了适用于各类型油田的采油技术，如复杂断块油藏采油工艺技术、高凝油油藏开采技术、低渗透油藏采油工艺技术等。(4) 采油工程新技术重点突破发展阶段：随着石油生产迅猛的成长与发展，其致力于采油技术的研究与创新，成立了完井、压裂酸化、防砂、电潜泵和水力活塞泵五个中心，很大程度上促进采油技术的发展。(5) 采油系统工程形成和发展阶段：即当前所处的阶段，在不断完善采油系统工程技术。

三、水平井井身剖面设计

(一) 井身剖面设计原则

井身剖面设计应该是既能保证实现钻井目的，又能满足采油工艺及修井作业的要求，有利于安全、优质、快速钻井。在对各个设计参数的选择上，在自身合理的前提下，还要考虑相互的制约，要综合地进行考虑。

1. 选择合适的井眼形状

复杂的井眼形状，势必带来增加施工难度，因此井眼形状的选择，力求越简单越好。

从钻具受力的角度来看：目前普遍认为，降斜井段会增加井眼的摩阻，引起更多的复杂情况。增斜井段的钻具轴向拉力的径向的分力，与重力在轴向的分力方向相反，有助于减小钻具与井壁的摩擦阻力。而降斜井段的钻具轴向分力，与重力在轴向的分力方向相同，会增加钻具与井壁的摩擦阻力。因此，应尽可能不采用降斜井段的轨道设计。

2. 选择合适的井眼曲率

井眼曲率的选择，不仅要考虑工具造斜能力的限制和钻具刚性的限制，还要结合地层的影响，留出充分的余地，保证设计轨道能够实现。在能满足设计和施工要求的前提下，应尽可能选择比较低的造斜率。这样钻具、仪器和套管都容易通过。当然，此处所说的选择低造斜率，没有与增斜井段的长度联系在一起进行考虑。

另外，造斜率过低，会增加造斜段的工作量。因此要综合考虑。常用的造斜率范围是 $(4°\sim 10°)/100m$。

3. 选择合适的造斜井段长度

造斜井段长度的选择，不仅影响着整个工程的工期进度，也影响着动力钻具的有效使用。若造斜井段过长，一方面由于动力钻具的机械钻速偏低，使施工周期加长，另一方面由于长井段使用动力钻具，必然造成钻井成本的上升。所以，过长的造斜井段是不可取的。若造斜井段过短，则可能要求很高的造斜率，一方面造斜工具的能力限制，不易实现，另一方面过高的造斜率给井下安全带来了不利因素。所以过短的造斜井段也是不可取的。因此应结合钻头、动力马达的使用寿命限制，选择出合适的造斜段长，一方面能达到要求的井斜角，另一方面能充分利用单只钻头和动力马达的有效寿命。

4. 选择合适的造斜点

造斜点的选择，应充分考虑地层稳定性、可钻性的限制。尽可能把造斜点选择在比较稳定、均匀的硬地层,避开软硬夹层、岩石破碎带、漏失地层、流沙层、易膨胀或易坍塌的地段,以免出现井下复杂情况,影响定向施工。造斜点的深度应根据设计井的垂深、水平位移和选用的轨道类型来决定,并要考虑满足采油工艺的需求。应充分考虑井身结构的要求,以及设计垂深和位移的限制,从而选择合理的造斜位置。

(二)水平井常用井身剖面及特点

根据长、中半径水平井常用井身剖面曲线的特点,剖面类型大致可分为单圆弧增斜剖面、具有稳斜调整段的剖面和多段增斜剖面(或分段造斜剖面)几种类型,不同的剖面类型在轨迹控制上有不同的特点,待钻井眼轨迹的预测和现场设计方法也有所不同。

1. 单圆弧增斜剖面

单圆弧增斜剖面是最简单的剖面,它从造斜点开始,以不变的造斜率钻达目标,这种剖面要求靶区范围足够宽,以满足钻具造斜率偏差的要求,除非能够准确地控制钻具的造斜性能,否则需要花较大的工作量随时调整和控制造斜率,因而一般很少采用这种剖面。

2. 具有切线调整段的剖面

具有稳斜调整段的剖面又可分为:

(1)单曲率—切线剖面:具有造斜率相等的两个造斜段,中间以稳斜段调整。

(2)变曲率—切线剖面:由两个(或两个以上)造斜率不相等的造斜段组成,中间用一个(或一个以上)稳斜段来调整。

(3)多造斜率剖面:多造斜率剖面(或分段造斜剖面),造斜曲线由两个以上不同造斜率的造斜段组成,是一种比较复杂的井身剖面。

3. 常见剖面类型

水平井的剖面类型很多,最常见的是单增斜剖面、双增斜剖面、三增斜剖面,大多时候开钻前的设计为二维剖面,少数是三维剖面,一般海上三维剖面用得多。

(三)剖面优化

水平井井身剖面设计是水平井钻井施工的首要环节,其剖面优化能有效地降低钻进过程中的摩阻扭矩、降低施工难度和提高中靶精度。

对油藏地质情况了解得不够详细准确、油层较薄、水平井钻井经验较少、缺少MWD测量仪器的情况下更倾向选择三增斜剖面,便于控制增斜过程,精确中靶。

对地质情况比较熟悉、油层较厚、水平井钻井有一定经验的情况下则更倾向于选择双增斜剖面。双增斜剖面便于快速优质钻进，尽快实施着陆控制，降低钻井成本，并且双增斜剖面也是水平钻井技术成熟地区选用最多的着陆控制剖面类型。

四、水平井钻井工艺技术

水平井与直井相比，井下情况比直井要复杂得多，不仅要稳定井斜角和井眼方位，还由于重力作用、摩擦力、岩屑沉降等诸多因素而涉及其他一系列问题，从而使水平井的安全钻进与直井相比也有所不同。

在水平井中，由于重力的作用，井斜角超过30°以后的井段内，岩屑就会逐渐沉降到下井壁，形成岩屑床，钻井液携砂性能好、悬浮能力强，则形成岩屑床所需时间长。反之，则形成岩屑床所需时间就短。现场实践发现，岩屑床在井斜角为30°~60°的井段内，是不稳定的，也是较危险的，当沉积到一定厚度后，岩屑床会整体下滑从而造成沉砂卡钻。

预防和清除岩屑床是水平井安全钻井与直井安全钻井相比显著的不同之处，应采取以下措施：

第一，在钻进中发现扭矩增加不正常，就要查明原因，如无其他原因，说明已经形成岩屑床。

第二，在每次接单根或每次起下钻时，都要记录钻柱的摩擦阻力，发现摩擦阻力增加，说明井下已经存在岩屑床，就要采用短程起下钻和分段循环的办法清除岩屑床。

第三，发生沉砂卡钻后，切忌硬提解卡，最好的处理方法是接上方钻杆，大排量循环，进行倒划眼。此外，为了降低水平井钻井的作业风险，确保井身质量，还要采取以下的安全钻井技术措施、做好着陆控制和水平段控制。

（一）操作注意事项

（1）下金刚石钻头前应确保井底干净，必要时应专程打捞。

（2）动力钻具入井前应检查旁通阀是否灵活可靠，并在井口试运转，工作正常后方可入井。

（3）弯外壳井下马达下井扣必须上紧，不允许用动力钻具划眼。

（4）带井底动力钻具或稳定器钻具下钻，均应控速、匀放。

（5）带弯接头、弯外壳井下马达或稳定器钻具起钻，禁止用转盘卸扣。

（6）搞好井眼的净化工作，钻井液的含砂量低于0.3%，提高动力钻具的使用寿命。

（7）定向钻井过程中，应实测摩阻力，除摩阻力外，下钻遇阻不能超过50kN，起钻遇卡不能超过100kN。

(8) 每次起钻检查扶正器外径，并按要求更换。更换扶正器后，严格控制下钻速度，遇阻划眼，且划眼要精心操作，不能急于求成，防止卡钻或转盘倒钻，预防钻具事故发生。

(9) 维护好钻井液性能，滤饼摩阻尽可能小，钻柱在井内静止时间不能超过3min，否则必须大范围上下活动钻具，以防止卡钻。

(10) 严格控制起、下钻速度，防止压力激动压漏地层和抽汲井喷。

(11) 进入气层后坚持短程起下钻。

(12) 含硫化氢地区钻井，应注意防止硫化氢对钻井液的污染和对钻井、测井等工具的腐蚀，应加强硫化氢监测，钻井液中加入除硫剂，并注意人身安全，防硫化氢中毒。

(13) 按井控相关标准搞好井控工作，严禁井喷失控事故的发生。

(二) 着陆控制的技术要点

(1) 防止因地层因素、工具造斜率等诸多因素造成实钻井眼的造斜率低于理论预测值，并为下部井段钻进控制井眼轨迹留有余地。

(2) 在着陆控制过程中，实钻井眼的造增率高于井身剖面造斜率，现场通过改变井下钻具组、导向钻进方式等技术措施，会降低井眼的造增率。若实钻井眼造增率较设计井身剖面造增率低，则在大井斜井段钻进时，一是工具可能无法实现的，二是技术上能实现因井眼曲率变化太大，可能酿成井下复杂事故。

(3) 着陆控制就是对垂深和井斜的匹配关系的控制，垂深通常对井斜有着误差放大作用。

(4) 方位控制对一口水平井尤为重要，由于各种原因井眼轨迹偏离设计线，需要进行扭方位作业时，所以尽早扭方位不但会使工作量减少，而且也会降低施工作业的难度。

(5) 稳斜探顶就是在油气顶界位置不确定时，提前垂深上达到预定进入角值，克服了油气在高度上误差，减少了工程的工作量（井眼上、下反抠）提高了井眼控制成功率。

(6) 在水平井钻井过程中，矢量进靶时不但要控制钻头与靶窗平面的交点位置，还要控制钻头进靶时的方向。它涉及水平井着陆点的位置、井斜角、方位角、工具面等，是一个位置矢量。

(7) 动态监控包括对实钻井眼轨迹的计算描述、预测井眼轨迹发展趋势，不仅是对井眼轨迹过后分析和误差计算，也是对当前使用的工具和所采用的技术措施的评价。

(三)水平段钻进技术要点

水平段控制的技术要点为钻具稳平、上下调整、多开转盘、注意短起、动态监控、留有余地、少扭方位。

(1) 优选稳平能力强的单弯动力钻具组合,尽量减少水平段轨迹调整工作量,强化钻井技术措施,加快水平段钻井速度。

(2) 采用小角度单弯或反向双弯动力钻具组合,在水平井段钻进时不但具有增斜、降斜和扭方位作用,还具有复合钻进稳斜效果。

(3) 在水平段钻进过程中,应多开动转盘进行复合钻进,降低摩阻力,有效地清洁井眼,消除破坏岩屑床,同时有效地控制井眼轨迹,提高钻井速度。

(4) 为了保证井眼清洁,防止井眼不被岩屑堵塞,防止或避免井下复杂事故发生,在水平段钻进时要每隔一定的间距(50~100m)进行一次短起下钻作业。

(5) 对实钻井眼轨迹进行随钻跟踪计算,预测水平段井眼发展趋势。现场及时做出井下判断和下一步施工决策。

(6) 随钻跟踪分析钻头位置距靶体上、下、左、右四个边界的距离。由于随钻仪距井底有13~17m距离及地层因素等原因,当时井底井斜、方位等数据存在着滞后现象,故在水平段控制要强调留出足够的进尺来调整井眼轨迹,确保井身质量满足地质要求。

(7) 控制好着陆点进靶方位,减少水平段扭方位次数,降低水平井施工风险,应该尽早把井眼方位调整好,利用靶底宽度允许的方位误差钻完水平段。

随着水平井、工具仪器及配套钻井工艺技术的发展,目前国内外水平井钻井技术已日臻完善,并形成了一整套综合性配套技术。作为常规钻井技术应用于所有类型的油气藏,部分油田已应用此项技术进行整体开发。

(四)水平井采油工艺的配套技术

1. 配套井口

配套井口需要根据不同尺寸井眼水平井的具体要求来进行设置,必须满足不动管柱进行注汽、自喷、抽油、伴热、测试等开采作业要求的需要,也包括不动井口提下副管作业。如在克拉玛依油田水平井配套井口的设计中,通过引入双管热产井口来达到浅层稠油、超稠油区块水平井作业的需要。生产实践表明,有针对性的配套井口设计较好地满足了水平井生产工艺要求,各项生产指标也都符合实际采油工艺需要。

2. 配套抽油泵

水平井采油中所选用的配套抽油泵必须能够下到斜井段抽油，实现不动管柱注汽、转抽，并与直井段保持一致的高泵效。为满足以上生产要求分别研制了斜抽管式泵及多功能长柱塞注抽两用泵，其中斜抽管式泵主要用于倾斜角在60°以内的定向井、水平井斜井段及斜直井的抽油，并保持较高的泵效；多功能长柱塞注抽两用泵则主要用于能下至斜角大于60°的大斜度井段，以满足主副管同时注汽的要求。

3. 防断防脱油杆

相对常规采油工艺，水平井采油需要在特殊的井身结构中开展作业，水平井身抽油杆柱、泵的工作情况较竖直井复杂很多，抽油杆磨损、断脱的情况时有发生，因此必须研制配套的防断防脱油杆。在抽油杆的设计中引入扶正器、防脱器，从而实现水平井段抽油杆作业的特殊要求，解决抽油杆柱过度磨损及断脱等问题，从而提高水平井采油工艺的实践应用水平。

4. 井下温度测试技术

水平井温度测试对于了解水平井段的出油部位有重要意义。传统的井下温度测试采用泵送仪器法对斜直井的温度进行测试，但是由于该仪器需要使用大量清水，且温度测试的失真问题较为严重，近年来研制了抽油杆送测试仪器的方式对水平井段温度进行测试。将温度测试仪通过带有扶正器的抽油杆段送至水平井段内，从而实现逐段对水平井段的温度分度进行测试。

五、水平井钻井新技术

(一) 国内外水平井钻井技术的发展方向和趋势

水平井技术以其高效益的原油开采效果，加速了水平井钻井技术的发展，并于20世纪90年代开始大规模应用，目前已作为常规钻井技术应用于几乎所有类型的油藏。

目前国外水平井钻井技术在井身结构设计、钻具配置、钻头、井下动力钻具、轨迹控制、泥浆技术、井控技术方面通过研究都有了很大提高，大大降低了水平井的技术风险，美国的水平井已达90%~95%的技术成功率。现在无论大、中、短及超短曲率半径水平井，其井身质量、钻速、钻时、钻井成本、综合效益都可以得到保证。水平井的钻井成本已基本上可以控制到五六年前常规直井的成本水平。

钻水平井最多的国家是美国和加拿大。在国外，地质导向技术在水平井（侧钻水平井）钻井中已经普遍应用，水平井钻井工具最重要的发展趋势之一，就是用旋转导向钻井系统取代目前所用的可转向钻井马达。目前，国外水平井钻井轨迹已从单纯通过起下钻更换下部钻具弯接头和旋转钻柱改变工具面角来改变方位和井斜的阶段，进入了利用电、液或泥浆脉冲信号从地面随钻实时改变方位和井斜的阶段，使水平井钻井进入了真正的导向钻井方式。可转向井下马达的问世和应用不仅提高了井眼轨迹控制能力，还减少了起下钻次数。近年来，为了提高油气采收率，老井开窗侧钻短半径（12~30m半径）水平井，已成为水平井钻井的另一个重要发展趋势，而为提高短半径钻井能力，许多公司专门研制出了新型短半径钻井系统，以铰接式钻井马达和非铰接式钻井液马达为基础的系统以及旋转导向短半径钻井系统。

国外水平井钻井技术正在向集成系统方向发展，即以提高成功率和综合经济效益为目的，综合应用地质、地球物理、油层物理和工程技术等，对地质评价和油气藏筛选、水平井设计和施工控制进行综合优化。而其技术的应用也向综合方向发展，近年来大位移水平井、小井眼水平井和多分支水平井等钻井完井技术获得了迅速发展并大量投入实际应用。采用的技术包括导向钻井组合、随钻测量系统、串接钻井液马达、PDC钻头和欠平衡钻井等。

我国是继美国之后，世界上最早钻成水平井的国家之一，最初通过大规模的水平井钻井技术攻关研究，取得了丰硕的成果。后来在继续完善和推广水平井钻井技术的同时，在辽河、胜利、新疆和冀东等油田开展了老井侧钻水平井技术研究及大位移钻井技术的实验研究工作。我国完成的水平井中，除少数是探井外，主要是开发井。对于不同类型的水平井，在地质、工程优化设计、井眼轨迹控制、钻井（完井）液、完井（固井）测井和射孔、老井侧钻水平井等关键技术上均取得突破，并研制成功数十种新工具和新仪器。国内目前水平井钻井技术正往综合应用各种配套技术方面发展。

六、主要技术发展应用的情况

（一）国外主要技术发展应用情况

1. 水平井钻头

国外许多公司研制出了耐磨损、抗冲击的各种新型水平井钻头由于钻头技术的进步，目前国外许多水平井钻井的钻速已是几年前的2~3倍。

2. 井下动力马达

井下动力钻具在国外具代表意义的新进展是螺杆钻具和井下动力马达。近5年来，井下钻井马达的发展取得了快速进步，其主要进步包括大功率的串联马达及加长马达、转弯灵活的铰接式马达，以及用于地质导向钻井的仪表化马达。其他进步包括：为满足所有导向钻具和中曲率半径造斜钻具的要求，用可调角度的马达弯外壳取代了原来用的固定弯外壳；为使马达获得更大弯曲度，在可调角度的弯外壳和定子之间使用了镀铜柔性衬里；为了获得更好的定向测量，用非磁性马达取代了磁性马达。

3. 旋转导向短半径钻井系统

以前，大都使用由铰接式钻铤、稳定器和钻头等组成的短半径钻井系统钻短半径井。但是这种老式的短半径旋转钻井系统存在定向控制困难、起下钻频繁和钻速低等问题。为克服这些问题，降低钻井成本，美国 Amoco 公司近年来研制出了改进的旋转导向短半径钻井系统。该系统由抗偏转的 PDC 钻头、改进的柔性接头、转向套方向指示器和铰接式钻铤等组成。

改进的柔性接头上有两个扭矩传递齿和一个可在钻具旋转时保持扭矩传递齿啮合的止推套。该柔性接头能使钻头充分倾斜以按要求钻短半径井眼，并能有效地传递钻压、扭矩和拉力，该转向套实为一个旋转定向套，通过逆时针旋转钻柱可使之定向。其方向指示器实际上是一个简单的井下阀，它用于提供地面信号以帮助转向套定向。当逆时针旋转钻柱至钻柱上的参考点与转向套的最大偏心度对准时，该阀就会使钻井液从旁边流入环空引起地面泵压下降，从而表明已将钻具调整到理想的方向。

4. 小井眼水平井钻井系统

（1）小眼井水平井与常规水平井的成本对比。为了降低钻井成本和在小直径套管内实施老井开窗侧钻水平井，小井眼水平井钻井技术取得了很大发展，小井眼水平井的应用也呈不断增长趋势。目前在国外，从 $\varphi 114mm$ 套管中开窗侧钻 $\varphi 92mm$ 小井眼水平井已属于成熟技术，而且还能钻多分支小井眼水平井。老井侧钻和钻新井不仅可以应用小井眼水平井技术，而且可以大大降低钻井成本。

（2）小井眼水平井旋转导向钻井系统。为提高水平井的钻井效率和钻速，消除使用钻井马达钻井所存在的问题，Amoco 公司研制出了用于取代钻井马达的旋转导向钻井系统。为了提高老井侧钻小井眼水平井的能力和降低钻井成本，该公司还研制出了小井眼水平井旋转导向钻井系统。规格为 $\varphi 79mm$、$\varphi 114mm$、$\varphi 152mm$，分别用于从 $\varphi 114mm$、$\varphi 140mm$、$\varphi 178mm$ 套管内侧钻中、短曲率半径的小井眼水平井。$\varphi 152mm$ 小井眼水平井旋转导向钻井系统的造斜井段钻井工具由柔性接头和非旋转套等组成。这种工具能沿任何方向钻曲线井眼。到目前为止，Amoco 公司已使用它的小尺寸旋转导向钻井系统从老井中成功地钻出了 40 多口中、短曲率半径的小井眼水平井。

5. 径向水平井转向器

目前径向水平井转向器已由机械式转向了液力式。美国 PetrolPh-sics 有限公司和 Bechtel 投资公司在其研制的Ⅲ型转向器的基础上又研制了新型液力转向器。由缸筒、活塞、弹簧、提升侧板组成。活塞上部与高压油管柱相连，下部连接转向机构，其上安装有高压密封，缸筒与提升侧板相连。将钢质柔性钻杆插入高压密封后，高压密封的上部形成一个高压工作腔。高压液经进液孔作用在缸筒上，缸筒与提升侧板向上运动使转向机构弯曲转向，同时压缩活塞下部的弹簧。喷射钻进完成后，将钻杆抽出高压密封，上部高压腔卸压，在弹簧弹力及缸筒和提升侧板等自重作用下，将转向机构收直，以便调整新的方位钻下一个径向井眼。国内的石油大学也已进行了径向水平井技术的研究，完成了工具的研制，并进行了现场的试验。

(二) 国内主要技术发展应用情况

国内长、中、短三种半径类型的水平钻井技术发展情况如下：

1. 水平井地质、钻井优化设计技术

目前国内已有水平井区块及井位优选方法、水平井完井方式选择及井身结构设计、水平井轨道优化设计方法、水平井管柱设计及其与井壁接触摩阻和钻柱屈曲计算方法、环空清洁与携屑计算方法、倒装钻柱设计及水平井钻头选型等。

2. 水平井井眼轨迹测量和控制技术

在测量技术上，国内不仅能生产单点、多点、有线、无线随钻和陀螺五种类型的测斜仪器，并掌握其使用工艺。在控制技术上，国内已能生产各种规格、形式的固定角度及地面可调角度的弯外壳螺杆钻具，完成了下部钻具组合的变形分析及轨迹预测方法，完善和掌握了控制轨道所需的多种下部钻具组合及其使用工艺。其中包含老井侧钻(小井眼)水平井的测量与轨迹控制技术。

3. 水平井取心技术

主要包括改进现有转盘钻井取心工具，使之适合水平段和大斜度井段取心的要求，不但研制了螺杆钻具取心工具，还掌握了相应的取心工艺。

4. 水平井钻井液完井液

主要根据水平井对钻井液完井液要减低摩阻、强化携屑、防止井塌和保护油层四项要求，研制或评价了多种体系，如阳离子聚合物体系、水包油乳化体系、正电胶钻井液体系、生物聚合物体系和两性离子聚合物体系等，并研制成多种所需的化学处理剂。

5. 水平井固井完井技术

已经掌握了水平井下套管固井、筛管、砾石充填及裸眼四种完井技术，研制了多种套管附件，如管外封隔器、弹性限位扶正器，适用于水平段的单流阀等，也可以适应多种类型油藏完井的要求。特别是侧钻水平井、短半径小井眼热采水平井完井(固井)配套技术取得成功(包括完井管柱和专用工具)。

(三) 小井眼水平井钻井

1. 小井眼水平井技术简介

小井眼水平井技术是指用直径小于等于6″的井眼穿过目的层，井斜不小于86°，并保持这一角度直至打完水平段的一种钻井技术。具有小井眼井和水平井的双重优点，具有机械钻速高、钻井成本低、环境污染物排放量少等优势，在老油田加密井开采剩余油、老井和报废井改造再利用，以及特殊油气藏资源的开采中得到广泛应用。小井眼钻井技术在国外研究起步较早，20世纪50年代美国就开始使用该项技术，节约了钻井成本，20世纪60年代前后是国外小井眼技术发展的高峰期，世界上各石油公司共钻超过3200口小井眼井，取得了较高的经济效益。进入21世纪前后，国际油价居高不下，小井眼技术未得到足够重视，技术也未取得实质性突破。直到近10年来，各老油田开发进入后期和国际油价的下跌，小井眼技术和小井眼水平井技术再次进入高速发展阶段，除了在1000m以内浅井中得到应用，在垂深超过3500m的深井中也得到较大范围应用，并取得了良好效果。

2. 小井眼水平井钻井优势

(1) 技术发展迅速。目前，国内外针对小井眼钻井技术的研发进展飞速，从小井眼钻井钻机、配套工具(井口、防喷、井下动力钻具)到小井眼钻井的整套技术(井控技术、固井技术及钻井液优化等)，都获得了快速的发展，并促进了小井眼钻井技术安全高效的发展。

(2) 环保压力减小。国内外对钻井过程中的环境问题非常重视，常规钻井过程中会产生大量的钻屑、废油、泥浆及钻井液，还有噪声污染、空气污染等，都对环境造成了污染。这些问题，在采用小井眼钻井后，都得到了有效解决。小井眼钻机小，相对常规井眼钻井来说，井径小了一半，占地面积随之减少，钻井液的使用量及岩屑排放量大约降低了70%。

3. 配套技术及工艺

小井眼水平井技术的成功应用，井身结构设计必须合理，设计原则是首先要保护好油气层，其次是要杜绝漏、喷等井下复杂事故发生，确保钻井顺利进行；再次是确保钻井液液柱压力能够有效平衡井内压力，不能将套管鞋处裸露地层压裂，还要能够平衡地层压力；最后是优化设计套管层次和下入深度，确保裸眼井段的长度即为两相邻套管下入深度之差。对钻井周期和成本、井深和造斜点位置、裸眼段长度、完井方式和地层三项压力，以及钻遇地层不同岩性特征等多因素进行综合考虑，确定最佳井身结构。套管层次：深部地层岩性较为稳定，根据以往该区块设计经验和水平井钻井经验，通过优化套管与钻头尺寸配合，采用三层套管设计方案形成特定井身结构系列，当出现复杂后每层之间可以加放一层非标套管。二开的井控和井壁稳定问题，可以通过提高钻井液密度平衡地层压力来解决，从而缩短钻井周期、降低钻井成本。

4. 促进小井眼固井质量提高的策略

（1）使用套管扶正器。沿着 φ101.6mm 套管周边进行六个扶正器的焊接，使它们均匀地分布在同一圆周上，通过一根套管可以进行 1 到 2 组的安装具有较大斜度的井段可以提高扶正器的密度。间隙比的最小值应当超过 API 标准中提出的 0.66，这一工艺不但能够有效地保证套管位置处于中间，并且使水泥能够分布均匀，并且工艺所需的成本较低。通过研究可以发现，刚性扶正器在小井眼中的应用效果较好，其主要的优势表现在扶正的点位较多、阻流不大、不容易出现脱落并且成本较低，只要保证其分布的合理性，就能够起到很好的效果。

（2）回插式液压尾管悬挂器固井工艺：

① 要将水泥浆注入。在工具达到既定的井下深度以后，将水泥浆下注，在水泥浆的注入量达到一定体积以后将小胶塞投入其中，将顶替液潜入实现对小胶塞的推动使水泥浆持续向下运动。在小胶塞到达空心胶塞位置时，对水泥浆和空心胶塞进行推动使他们共同向下移动到处于尾管底部的回压阀位置，水泥浆注入环节结束。

② 在水泥浆注入结束以后，将尾管向上提拉，使水泥浆回落，然后再将尾管重新插到井的底部，使环空内的水泥浆能够再次分布均匀，并将管柱正向旋转若干圈。

③ 憋压坐挂。当环控内的水泥浆分布较为均匀以后，将悬挂器向上提拉使其到达坐挂位置憋压产生一定的压力，将液缸剪销剪短，活塞向上移动，实现对卡瓦的推动，使其坐挂在 φ177.8mm 的套管内壁上。

（3）预封堵水技术。在下井眼钻穿设计的预封段完成以后，依据实地检查获取到的孔隙度、地层性质等进行水泥的选择和配比，并配置成水泥浆封堵亮剂，将其泵到预封段并进行挤压使其到达目标层段，在封堵时要对破裂压力等参数进行考量，使挤入压力尽量大，从而使尽量多的封堵剂进入地层内部。一方面水泥到达既定的地层空隙以后，会起到堵塞的效用。另一方面，因为水泥浆具有的失水属性，在渗透性较高的岩石当中会受到压力差的作用出现失水发生沉淀产生滤饼，通过滤饼颗粒的不断增多，水泥浆失水持续放慢，需要的压力不断增加，最后会在地层当中形成硬块，造成孔道和空隙的堵塞，达到堵漏封窜的效果。

5. 小井眼水平井钻井技术方案设计

（1）钻具组合设计原则。首先，要保证水平段旋转钻进过程中的稳斜能力。相对于滑动钻进方式，旋转钻进能够提高钻压传递效率，从而对水平段钻进速度与延伸能力起到很好的提升作用。而要想将旋转钻进优势发挥彻底，必须优化导向钻具组合，优选各项钻井参数，对旋转钻进方式下，导向钻具组合的稳斜效果进行提升，保证水平段能够尽可能多地采用旋转钻进方式。其次，要保证水平段滑动钻进过程中的造斜能力。水平井在长水平段具有非常明显的摩阻问题，在滑动钻进时，很难对轨迹进行调整，因此，在滑动钻进过程中，导向钻具组合的造斜率提出了一定的要求。滑动钻进时，过高的造斜率会在该井段造成较大的井眼曲率，进而大幅加大摩阻扭矩；而过低的造斜率会降低轨迹调整速度，一旦滑动钻进井段过长，就会对整体的钻井速度造成影响，更有甚者会导致脱靶。

（2）钻头的合理选型。

① 牙轮钻头。目前，国外应用比较普遍的是碳化钨合金镶齿牙轮钻头，其中贝克休斯的牙轮钻头最具有代表性，实现了比较小的轮轴直径以及较厚的锥形外壳，可适应高速转速。② 金刚石钻头。国外的成品钻头有 PDC 钻头、天然金刚石钻头及 TSP 金刚石钻头，其钻头耐磨结构紧凑，对硬岩石地层的适应性很高。

第二节　不同条件下水平井的应用

当今，油田为减少钻井占用土地，节省生产建设投资，有效开发和利用地下油气资源，进一步搞好老油区的稠油开采，挖掘水驱油藏差油层平面范围内的剩余油，提高现有油田的采收率和整体经济效益，利用水平井技术采油，已成为油田开发过程中重要的措施。

一、水平井的应用范围

（一）老区油田

开发时间较长的老油田，自投产以来一直采用直井开采，在经济效益不允许重新扩大布井规模的情况下，通过在老井剩余油富集区采用侧钻水平井，来挖掘有效油层剩余的生产潜力。

老区油田（即开发中后期油田）是指油田全部或主体部分方案设计的钻井、地面设施全面建设投产，而且开发生产几十年甚至近百年的油田。这类油田主要有以下开发特点：

（1）油田采出程度高，一般已采出可采储量的 70% 左右；油田综合含水高，一般在 80% 左右；油田采油速度低，一般约在 0.5%。油田开发进入低产、低速、低效益开发阶段。

(2) 注水开发和天然水驱油田，主力油层多数已见水，而且往往高含水。地下油水分布杂乱，主力开发层系内残余油分布零散。通常情况下，难以有成片、成带、成层的剩余油分布。

(3) 主力油田和主要开发层系经过层系细分，井网加密，注采系统基本完善，储量动用程度一般较高。

(4) 油田主体采油工艺比较完善，油田开发生产中高效增产技术措施多已采用，措施增产高峰期已过，油水井井下技术状况恶化，停产井、事故井、报废井数量多，油井利用率低，生产时率不高。

(5) 虽然油田地面建设各系统工艺流程比较完善，设施较为齐全，但地面井网、主体设备、水电路信基础设施陈旧老化，甚至损坏严重。

(二) 开采薄油层

薄层在国外一般是指厚度小于 7.5m 的油层，超薄层是指厚度不足 2m 的油层。

我国主产油田薄油层分布面积较大，采用直井开采薄层裸露的面积有限，难以形成一定的生产规模。而水平井对射开油层井段长，控制油层含油面积大的薄油层，可充分显露其优势，开采效果远好于直井。

(三) 低渗透油藏的开采

我国以层状砂岩油藏为主的低渗透油藏，在整个石油储量中占有较大的比例，单靠现有的常规的开采工艺技术，会有相当一大部分石油储量难以被开采出来。水平井井段横穿面积大、井段长，可有效使贯穿部位低渗透油层的作用得到较好的发挥。

(四) 地面条件

水平井适合沼泽、洼地、农田或居民居住区等地面投资相对较高的地区，既可以节省大量征地费用，又有利于保护周边环境。

二、水平井生产影响因素

(一) 地层气的影响

地层含气比较高，而从某种程度而言，位于西中部的水平井的情况和其他地方的水平井相比，显得特别严重，而且此处的水平井在很多大程度上还缺少比较可靠的自动放压装置，以致使水平井在生产作业的过程中，因为没有对套管进行比较彻

第八章 油田水平井采油技术

底和比较及时的放气而出现出液含气过高、油井在供液方面严重不足等诸多问题，这些在很大程度上对水平井的安全及正常生产造成了比较严重的影响。

(二) 井间气窜、出砂

地层胶结过于疏松，稠油油层埋藏比较浅，注汽过程中对井间气窜带来影响，从而导致某些生产井产生关井现象，甚至使某些油气井出现气窜或少量出砂的情况，严重的会导致泵卡乃至砂埋。

(三) 原油黏度高

从某种角度来说，如果原油有比较高的黏度，通常会很容易导致水平井注汽结束后出现转抽困难的情况；在推油作业的过程中，原油从水平段向抽油泵入口流动的工程中，温降的变化通常会受长距离的影响而不断改变，通常，水平段到井口的温降都会在50℃以上，井筒举升在很大程度上会受原油黏度的影响（原油黏度越高，井筒的举升就越困难），而光杆又不同步，因此，必须对它们进行比较频繁的伴热。

(四) 抽油泵及杆柱故障

水平井在起抽后，不仅会出现不同程度的杆脱，而且抽油机的负荷也会出现比较异常的变化，从而导致某些井发生非正常的关井情况，进而在一定程度上对生产效率和井底热能的有效利用产生负面影响。

(五) 蒸汽超覆及气窜

一般水平井的控制井段距离较长，在各种因素的影响下，如地层倾斜角度、井眼的走向等，水平段的部分位置倾角较大，该类部位则会很容易出现蒸汽超覆现象。注入的蒸汽会首先行至水平段倾角较高的位置，因此水平段高倾角部位相较低倾角部位的蒸汽接受程度更高。另外，水平井之间在进行蒸汽的注入时，会出现汽窜现象，且气窜通常具有多向性，即一个水平井的蒸汽注入后，会在多个井中进行运行，均会出现不平衡的现象，直接影响水平段动用的均匀度。

三、不同类型油藏水平井的应用

(一) 天然裂缝性油气藏

裂缝性油藏储层空间根据形态可以分为缝、洞、孔三大类。裂缝储集空间首先是构造缝，其次是层理缝，属于岩石受力后形成的次生孔隙。根据岩心观察，裂缝性潜山油藏的裂缝十分发育，组系多，密度大，以高角度构造缝为主。溶蚀孔洞是裂缝或晶间孔隙经风化淋滤后发育形成的次生孔隙，与裂缝有关的多呈串珠状分布。孔洞直径一般为 1~10mm，其中直径大于 2mm 的为洞，小于 2mm 的为孔。孔隙储集空间主要是晶间、粒间等原生孔隙。室内模拟试验、油藏动态分析及数值模拟研究结果表明，缝洞孔这三种储集空间的储集—渗流条件差异很大，其中宽度不同的裂缝及与其连通的溶洞是这类油藏有效的储集——渗流空间，基质原生孔隙不具备储集——渗流条件。

由于裂缝性油藏储集空间的多样性，导致流体在其孔隙网络中的渗流条件差异很大，使这类油藏的储层具有多重孔隙结构特征，也给开发工作带来了复杂的新课题。

为了便于研究和评价，根据潜山油藏的孔隙结构特征和流体在其中的流动特点，从储集和渗流条件的结合上来分析，可以把多重孔隙介质简化为双重孔隙介质来处理，包括裂缝系统和岩块系统。

在驱动机理方面，裂缝系统和岩块系统是不同的。裂缝系统的水驱过程主要是靠驱动压力的作用进行，重力也有重要的影响，毛细管力可以忽略。因此，由于裂缝系统渗透率高，导流能力和流动能力强，连通性好，其产油能力也很高。所以，裂缝系统可以较小地生产压差，达到较高单井产量，是一个高渗高产高效系统。而岩块则是依靠毛细管力的作用自吸排油和依靠外加压力梯度的作用驱油。两种系统的驱油机理和渗流特征显著不同，但二者相互制约，相互联系，组成统一的储集——渗流综合体，其中裂缝系统处于主导地位，不仅决定自身的渗流能力，也决定岩块的自吸排油能力。

裂缝性潜山油藏经历了 20 多年的开发实践，发现中国裂缝性油藏类型多为底水块状油藏，边底水具有一定的天然能量，为满足较高的采油速度，一般采用边缘底部注水来补充能量，进一步增强了边底水的活跃程度。因此，裂缝性潜山油藏的开发过程也是底水上升过程，在这类油藏的开发过程中，贯穿着恢复和保持地层压力与控制含水的矛盾。

水平井可以一次穿越许多个垂直的裂缝，使其连通油层厚度、地层渗透率增大，从而大幅提高裂缝油气藏油层的产量和采收率。

（二）稠油油藏

钻水平井可使井眼在油层有长的延伸，采取水平井注蒸气，另一口水平井吞吐开采，产量是同为直井采取蒸汽吞吐开采的 3~4 倍。

1. 注汽强度和吸汽均匀性的关系分析

通常采用平面均质模型对沿水平井蒸汽的干度、温度、压力的变化进行计算，此外，沿着水平井吸热速度及吸气速度的变化及其影响因素也用此计算方法对其进行研究并计算。对注气过程进行比较时，可选择水平井始端位置的某个点及末端位置的某个点，通常，始端位置的某个点和某端位置的某个点到 A 点的距离分别是 21.5m 和 656.5m，首先，观察这两个点是吸热速度和吸气速度等参数在注汽时间的影响下会发生怎样的变化，并根据实际情况把水平井注气分为水平井开始注汽的四个阶段：即初始阶段、吸汽差异阶段、吸汽补偿阶段、降速憋压注汽阶段。其次，根据模拟结果可知，经过 8d 的注汽（其中，第一阶段的注气时间为 0.6d，第二阶段的注气时间为 2d，第三阶段的注气时间为 2.5d，第二阶段的注气时间为 3d），最后，水平井的末端和始端的累计吸热量之差为 32.3%，而累计吸汽量之差则为 7.9%，这都在一定程度上说明沿水平井的吸汽量经过四个不同阶段后差异已经相对变小，而差异较大的则是吸热量，而且接近注汽口的吸热量比远离注汽口的吸热量高很多。综上，对水平井长和注气参数进行有效优选时，必须以第二阶段的吸汽特点作为重要参考对象。通常，油层的实际情况并不是均质的，而且注气参数等对井长的优化也有着非常重要的影响，因此，对水平井进行有效优化时，必须考虑油层非均质性、蒸汽干度以及注汽速度等因素。

2. 优化举升

（1）水平段电加热技术，此技术可对井下水平段的连续钢管及原油进行集中加热，并使原油的黏度得到一定程度的降低，进而使油稠入泵困难及流动性差得到有效解决。

（2）双进油重球泵、长柱塞多功能泵以及空心泵等都能应用于抽油泵优选水平井，而且都能在一定程度上符合水平井主副管同注的需要。

3. 优化注汽方式

（1）逐层逼近式注汽，即通过对水平井注汽效果进行观察，提出适合油层原油含水、含砂及黏度等情况的注汽方案。

（2）限流法注汽方法。为了对注汽质量进行有效提高，并使水平井段受热不均匀情况得到有效提高，可考虑在副管上打孔的限流方式（流道面积为 638.12mm^2），在注汽的时候，为了使主副管能够同注，可使蒸汽从小孔进入水平段，这样也能在一定程度上使水平段的受热更均匀，抽油时，还可以对 A 点附近的油层给予适当拌热，以使油层的黏度得到有效降低。

(三) 有底水油藏

因为水平井在这种地层中可有选择地在气顶和底水中间延伸相当长的距离，而直井却无法避开底水顶。

1. 水平井的底水脊进原理

水平井开采的过程中存在着底水浸入井筒的现象，根据底水侵入油层形成的形状，国外学者把底水侵入水平井井筒搞的现象称为"水脊"，所以底水油藏水平井的锥形应该描述为脊进更准确。当存在底水的油层打井后，油井投入生产，在一定的产量下，井底形成压降漏斗。如果提高油井产量，井底生产压差变大，油水界面向上脊进，并最终突破井筒，当井筒中开始见水，含水上升率也随之上升。

2. 水平井脊进的影响因素

底水油藏的开发实践表明：控制底水锥进是底水油藏开发的关键技术；采取合理的生产制度，维持稳定的水脊，以达到提高无水采油期、提高采收率目的。随着数值模拟技术的成熟，在油田生产实践中，已经广泛地应用数值模拟计算建立油藏地质模型，联合油藏的生产历史建立准确的数值模型，通过分析可知，影响水平井底水脊进的主要因素有以下几种。

（1）地层的天然能量。对于油藏开采来讲，地层的天然能量是有利的，但是底水油藏的底水能量大小会影响水平井的开采效果，并且这一影响是不可抗的。底水体积越大，底水能量就越充足，在生产压差的作用下，底水开始向上推进，在油水界面与井筒之间如果没有渗透性差的隔夹层，底水很快就会上升到井筒附近，最终突破井筒油井开始见水。

（2）储层地质构造。油藏的地质构造，包括储层非均值性、渗透率比值、隔夹层发育等因素对底水脊进的影响都属于地质方面的影响因素。

（3）井距。底水油藏的布井方式、井距也是影响水平井底水脊进的因素。通常来讲，提高井网密度，单井的泄油面积减小，单井的产量维持在较低水平就可以完成油田产量要求，因此井底的生产压差也比较小，油水界面变形形成的水脊向上推进速度也比较缓慢，油井的无水采油期越长，无水采收率越高。

（4）水平段在油藏中的位置。水平段距离油水界面的距离，关系水脊顶的高度、底水的突破时间以及临界产量的高低，影响油藏的最终采收率。因此，确定水平段的合理位置，对水平井开发底水油藏具有非常重要的意义。

3. 底水油藏水平井含水上升规律

对水平井开发底水油藏的含水上升规律进行分析，通过建立模型，分析了该井的日产油、日产液、含水率等指标。根据底水型水平井开采动态变化情况，将水平井开采底水油藏分为三个开采阶段：第一阶段是低含水开采阶段；第二阶段是含水快速上升阶段；第三阶段是高含水开采阶段。

(1) 低含水开采阶段。水平井底水突破的时间受油层厚度、井眼轨迹、油层及流体性质、井筒压力损失等多种因素影响。但是在众多影响因素中，初始产液量对水脊突破时间的影响最大。水平井开采底水油藏水脊见水时间与初始产液量具有良好的相关性，初始产液量越大，水平井水脊突破时间就会越短，水平过早进入高含水低产能的开采阶段，累计产量越小。而初始产液量越小，水平井水脊突破时间就会越长，水平井见水时间更晚，累计产量越大，从而取得更好的开发效果。

(2) 含水快速上升阶段。当底水突破水平井后，水平井会出现一个含水率快速上升的阶段。含水上升速度主要受油层厚度、产液量、水平段长度等因素综合影响。其中水平井段钻遇的地层储层性质均匀，不会形成窜流通道，含水率上升就会越慢。

(3) 高含水低开采阶段。底水油藏进入高含水开采阶段后，水平井的含水率会达到90%以上，开采效果变得很差。因此利用水平井开采底水油藏要尽量延长前两个阶段的开采时间，从而取得更好的开采效果。这就需要降低水平井初始产液量，制定合理的工作制度。

4. 水平井动用状况优化研究

(1) 隔层。隔层对于底水油藏的底水锥进具有很好的阻挡作用，在水平井部署设计过程中，应充分考虑隔夹层在储层中的分布位置。如果是隔层不发育区域，在实际生产中，我们可以在水平井和底水之间加一个人工隔层来延迟底水的水脊突破。数值模拟结果显示人工添加隔层对于水平井开发效果具有明显改善作用。

(2) 优化水平井长度。在底水油藏中，在产量一定的情况下，水平井长度越长，水平井的生产压差就会越小。因此增长水平井段的长度有利于延缓底水的锥进。考虑经济开发的因素，水平井长度不能无限地增大，因此选取合理的水平井长度对于高效开发水平井长度具有重要意义。结合油田实际情况，将水平井长度分别设计为200m、300m、400m、500m，研究不同水平段长度对水平井开发效果和动用状况的影响。随着水平段的长度增大，水平井的累产油越多，含水率降低。当水平井段的长度达到500m时，水平井的累产油量最大，且在相同采出程度时，含水率最低。随着水平井段的长度减小，达到相同的采出程度时，含水率越高。造成这种现象的原因是水平井井段越长，产量越大，采出程度增加得越快，对整个油藏的影响越大，所含水要低。从这一点看，在油藏条件允许情况下，水平井段的长度越长，油藏的开发效果越好。

(3) 水平井采液速度。底水油藏中，流体流动产生的黏滞力和油水两相由于密度的差异而产生的净重力作用了水脊的形成和水脊形态。水平井采液速度决定了流体流动产生黏滞力的大小。当两种作用力达到平衡时，水脊趋于稳定。因此水平井采液速度决定了水脊的高度和水平井是否能够见水。如果采液速度过大，水平井底部的油水界面被上抬至井底，此时流体流动产生的黏滞力远大于油水两相由于密度的差异而产生的净重力。当底水突破至井底后，达到另外一种平衡。如果采液速度过小，影响水平井的产量和油藏的开采速度。不仅增大了油田开采周期，还降低了油田生产效益。因此选取合理的水平井采液速度具有重要意义。低速开采可有效地抑制底水锥进，但采液速度过低难以充分发挥水平井生产潜力，因此油田实际生产中需为水平井制定合理的采液速度，可在合适的含水率阶段放大产液量以缩短油田开发期限。

(四) 致密油藏

由于水平井能使油层大面积地暴露在井筒且可采取必要的挖潜措施，增产后可改变致密油层的开采效果。

1. 致密油藏的常规开发技术措施

致密油藏是指储存在致密性的储层中的石油聚集，储层的岩性包括致密性的砂岩，致密性的灰岩和碳酸盐岩。致密性油藏的开发方式与页岩气相似，只有选择水平井体积压裂开发的技术措施，才能达到设计的生产能力。

致密性油藏的孔隙度低、渗透率低，给油藏开采带来巨大的难度。而储层的成藏机理更加复杂，孔喉半径更小，勘探开发的难度更大。对致密性油藏实施水力压裂技术措施，如果依靠常规的压裂技术措施，那么很难达到预期的开采效果。因此，致密性油藏的体积压裂技术措施的应用，成为致密性油藏开发的关键技术措施。

体积压裂过程中，使压裂液不断延伸，促使脆性岩石产生剪切滑移，从而形成裂缝网络系统，系统中含有天然裂缝和人工裂缝，达到提高储层渗透性的效果。体积压裂改造的储层为致密性的砂岩，经过体积压裂后，达到增加储层孔隙度和渗透率增大泄油面积的目的。

影响体积压裂缝网形成的因素，包括储层的地质因素，储层岩石的矿物成分，影响着岩石的力学性能，在进行水力压裂过程中，由于岩石的受力不同，形成的裂缝也不同。储集层中的天然裂缝，制约着人工裂缝的延展，通过人工裂缝沟通天然裂缝，才能形成网络系统。水力压裂施工过程中，优化压裂施工参数，才能达到预期的体积压裂施工的效果。否则导致压裂失败，无法形成裂缝的网络，给致密性油藏的开采带来损失。合理控制压裂液的排量，对压裂液体系进行优化，低黏度、低加砂比的压裂液的应用，形成中等程度的裂缝网络，增大泄油面积为开采致密性油藏奠定了坚实的基础。

第八章 油田水平井采油技术

体积压裂施工后，次裂缝的导流能力有待提高。能够开采出一定的地质储量，针对致密性油藏开发的实际，需要研究新的开发技术措施，才能获得更高的产能。对致密性油藏实施体积压裂后，增加了泄油面积，缝网结构复杂的储层为后期水驱开发带来一定难度。随着致密性油藏开采程度的增加，油井的产能逐渐下降，需要继续实施重复压裂的技术措施，增加致密性储层开发的成本。

2.致密油藏水平井开发技术

致密砂岩类型的油藏，以砂岩作为地层的主要构成物质，储藏油气资源的物性会受到岩石特性的影响。多以游离状态存在岩石缝隙当中，地下储层的岩性较为致密，呈现出较强的非均质性。地下储层中的油、水关系也比较复杂，地层具备的压力也处于非正常状态，为致密油藏的开发利用带来很大的困难。所以，优化改进水平井压裂技术，可以得到更高的采收率。

对水平钻井施工进行实时的监测，科学合理地控制好水平井眼轨，使其达到设计要求，保证井眼轨迹可以进入致密油藏的地下储层当中。通过导向钻井技术的应用，并结合欠平衡钻井技术，减小钻井液对地下储层的伤害，从而保护致密生油藏不会受到破坏。对井径扩大率进行有效的控制，保护好天然裂缝。对分段完井施工工艺进行改进优化，选用裸眼封隔器及滑套完井施工技术，使井筒和油气资源之间实现有效的联系。提高分段压裂施工的成功概率，减小水力压裂施工的风险，避免由于压裂施工造成的安全事故。应用人工方式对地层裂缝进行有效的控制，实现对水力压裂过程的优化设计，选用性能先进的压裂液，防止对地下储层造成伤害。

水平井压裂施工技术应用在致密性油藏中，不仅可以有效提升对该类型油藏的利用程度，还可以达到实现增产稳产的目的。对水平井网的布局进行科学合理的设计，水平井布局设计和垂直井较为相近，水平井的方向位置应该和垂直于主应力数据最大的方向，为以后的压裂施工作业创造有利条件。水平井网参数合理设计，可以有效提高水驱的效果。

3.致密性油藏开发技术的优化

分析致密性油藏的体积压裂技术措施，提高致密性储层的渗透能力，但是压裂施工的成本过高，对水力压裂过程进行控制，尽可能降低水力压裂施工的成本，达到致密性油藏开发的技术要求。同时，由于体积压裂后形成的裂缝网络系统，随着油井生产时间的延长，油井的产能下降，实施重复压裂施工时，增产的效果不明显。

对致密性油藏采取的体积压裂技术进行深入的分析，此技术不但可以有效提升该类型油藏渗流力，而且可以压裂施工作业成本较高，需要进行多次的压裂增产。应该对水力压裂具体实现有效的管控，减小水力压裂施工作业的资金投入，使其满足致密油藏开发的相关需求。与此同时，因为体积压裂施工作业生成的裂缝网络。

会跟随油井开采时间增长而不断延伸，油井的产液能力会随之下降，进行再次压裂增产并不能达到理想的效果。

水平井压裂技术可以采用分段完井工具，比如裸眼封隔器分段压裂管柱，不仅不会地层造成污染，还具有可以实现连续施工作业，分段级数比较多等优点。最多可以实现15段多级的压裂施工。但是该压裂技术要求必须采用水平井钻井技术实现裸眼完井，利用裸眼封隔器实现卡封、投球操作，从而有效滑套。还应该采用地层裂缝监测技术，对井网布局方式进行优化，设计科学合理的裂缝之间的距离以及压裂施工工艺。井间微地震技术可以实现对地层数据信息的准确获取，可是相套的解释软件还没有完善，同时采用纵、横波对震源还不能进行准确的定位。微破裂图像监测可以在同一时间内实现对压缩波及剪切波的数据的存储，减少由于压裂作业施工产生的噪声干涉，对于信噪比达到0.5的微弱信号实现有效的处理。当前，可以实现地层数据信息的采集、微震事件的监测及反演。

通过对致密油藏水平井开发技术措施的探讨，并结合致密性油藏的特点，采取水平井开发的方式，提高致密性油藏开发的效率。对比致密油藏的常规开发技术措施和水平井开发技术措施，尤其是体积压裂技术的效果尤为突出。提出适合致密油藏开发的技术措施，同时建议致密性油藏采取水平井加体积压裂的开发方式，使其达到最佳的开采效率。只有不断提高致密性油藏的采收率，才能达到致密性油藏开发的经济效益指标。

(五) 低渗透油藏

1. 构建水平井

新时期，科学技术水平不断提升，同时带动了水平井技术的进步。业内人士对该技术的处理效果有了较为深刻的认知。为此，油藏开采中，必须积极进行布局方面的妥善管理，方可保证开采效率满足一定数值。具体分析如下。

(1) 垂直方向的位置分析。油藏开采环节中，从提高水平井布局合理性出发，要及时进行水平井储层位置的分析。根据储层位置的实际情况，及时进行对应油藏深度的全面考虑。保证水平井设置过程中，其状态、垂直位置等满足产量最大化要求。考虑低渗透油藏的岩石种类多，水平井的设置环节中，一般当偏心距参数达到0时，单井产量可以达到最大化。当偏心距进一步增加，水平井产量会出现下滑。相关人员要及时进行处理，保证处理后垂直渗透比在合适范围内，一般是1~10之间，这是确保产油率的重要参考指标。水平井的垂直位置方面，建议考虑稳定层以上的区域，也可选择上层部位。

(2) 水平方向、长度方向的设定。水平井作业中，在对其进行水平方向调整时，必须考虑油藏网的效果，业内人员要进行全面合理地规划。特殊油藏区域内，还要考虑地面情况制订相应处理方案。在水平井长度方面，设定处理时秉承"与存储层发育面相一致"的原则。对于地理条件极为复杂的区域，相关人员必须综合考虑各项影响因素，合理分析其影响后，制订对应方案。考虑对象包括施工风险、施工技术等方面均会产生影响。综合上述各项影响因素具体分析后，方可确保产能效益的最大化。低渗透油田开采期间，必须充分考虑原油物性的影响，部分工程项目中如果仅采用直井施工，可能会出现后续问题多的弊端，如单产不理想问题。为此，相关人员在进行方向、水平井长度方面的分析中，要结合实际情况进行处理，提升井、油藏的接触面积，力求稳定提高单井产能。

（3）产能影响。首先低渗透油藏中，受诸多外在因素共同作用，单井产能波动幅度较大，且开采难度颇高。其次，水平段长度、油层有效厚度、渗透率的影响最为突出，如采油指数与水平井长度成正比。再次，油层厚度过小时，采油指数的比例会随着水平井段的增大而增加。即水平井设计中，长度越大、产能越高。

2. 影响因素分析

水平井技术是新时期常见处理技术。油气藏工程项目越来越多，业内人士逐步积累了足够的经验，且该理论体系逐步形成了系统化体系。同时考虑外在影响因素的作用，在油藏开采中，仍需针对其他影响要素进行权衡。包括油藏分布情况、地质条件。再者，对水平井位置进行设计过程中，相关人员必须合理规划，一般不可在底水周边进行设置。需结合实际情况进行位置选取，力求有效提升开采效率、开采能力。

3. 低渗透油藏水平井开发的策略

（1）增产技术。低渗透油藏开采中，其理论水平正不断提升，诸多技术为低渗透油藏的开采奠定了良好基础。本文针对三种方式进行对比分析，发现其各有利弊，无法简单评论哪种方式最优，相关人员要结合具体情况进行合适手段的选取，力求有效辅助低渗透油藏的开采能力。第一，水力压裂理论。该技术应用中，必须借助高压泵组为主要设备进行处理，同时要合理应用能量载体进行处理，保证及时将其引入，确保井底高压情况的合理控制。工程实践中发现，产生负面影响的因素较多，其中温度的作用最为明显。这一情况的主要原因是泥岩层内部的性能，主要是力学性能与注入的水具有较大关联，易出现套管变形问题。第二，高能气体压裂技术。该技术应用中，相关人员经由燃烧提高温度，进而井壁区域便会逐步出现裂痕，起到导流作用。第三，井内爆炸技术。这一技术的研究出发点是考虑固液气三种不同的物理状态下，其爆炸效果存在较大差异，进而进行有效利用。且爆炸技术不会对地表产生过于严重的危害，原因在于这种爆炸在井体内壁会形成诸多裂痕，从而降低了地表影响。

(2) 综合技术。仅采用一种单一技术，可能无法快速解决低渗透油藏开采问题，为此相关人员必须积极合理地进行相关技术的利弊分析，合理进行各项技术的综合应用。解决了低渗透套管开窗倒钻水平井技术方面的问题。开采环节中，离油层越近，开采工作越简便，为此，必须及时降低水平井的造斜点，结合油藏低压型作用进行处理。

(3) 层内爆炸技术。开采中，可借助层内爆炸技术完成处理。改善原理在于：液体药会在井内进行爆炸燃烧。炸药配方方面，必须考虑配方的合理性，工程中一般是多种炸药综合处理。炸药种类包括硝化甘油、硝化甘油基液体炸药等，力求稳定提升开采能力。其中，硝基甲苯的效果最为明显，是液体炸药中较为合适的种类。这一环节中，要考虑注水造成的套管变形，同时要及时对注水压力进行分析，避免该参数过高或过低引发的危害，如对岩层抗剪切强度的负面影响。上述影响过于严重时，极易导致岩石破裂问题，导致整个开采工作相对困难。最后，注水压力的高低还会对岩石的摩擦角产生巨大影响，注水压力把握不当，极易引发地层滑动，严重时还会导致储油罐出现变形。

(六) 非均质断块油藏水平井应用

1. 水平井井位部署原则

总结各区块过去开发经验，综合分析每个块的地质特征，优选出适应水平井部署的区块，再细分析至砂组、砂体。从区块选择上，主要遵循以下几个原则选井：

(1) 砂体单一、延伸长、连通性好、构造相对简单且落实的中低渗区块。

(2) 地震相位稳定连续、储层延展性较好、物性相对稳定。

(3) 目的油层上部发育有稳定标志层，有利于钻井过程中捕捉层位，且目的层有效厚度达到 0.8 米以上、单井剩余可采储量大于 8000 吨。

(4) 油层压力/原始压力 ≥ 0.6。并兼顾开发后期层间动用不均、早期水线情况等综合考虑。

2. 水平井微构造刻画、建模及各类图件研究

该项研究是提高中靶率和钻遇率的关键。钻前需要详细研究和准备的图表包括微构造井位图、沉积微相图、砂体等值线图、油藏剖面图、地震剖面图、砂体连通图、剩余油分布图、邻井海拔补心校正表、周边连通水井注水状况表、钻井剖面分层压力状况及周边钻井特殊工况表、周边压裂井人工裂缝监测统计表等。多方位全角度的技术论证才是找准储量、获得高产的关键。

(1) 精细的油藏描述。针对不同类型的区块，油藏的精细描述也有不同的侧重点。对于相对整装断块，侧重隔夹层精细描述及预测；对于底水活跃区块，侧重底水推进定量描述；对于厚层正韵律区块，侧重微构造和夹层精细描述；对于复杂断块，侧重低序级断层的精细刻画;对于低渗透断块,侧重对应力和裂缝分布规律研究。

(2)精细刻画低序级断层和微构造。通过地层对比,井震结合,落实小断层断点,绘制断面等值线,建立断层模型,精细刻画局部微构造,绘制目标层位油层顶面构造图。顶面构造图件使用1:2000大比例,2米间距等高线。结合断面深度等值线图精确定位断层位置及微构造形态。通过目的层微构造描述,尤其是深度描述,避免早进层和晚进层造成井控储量损失。

(3)目的层储层描述。详细描述目的层展布情况,结合地震剖面图、砂体连通图和临井钻遇物性情况,并掌握目的层物性分布、倾角走向、夹层发育等信息,以便提高入层后水平穿层效果。

(4)精细剩余油研究。通过微构造井位图、沉积微相图、水淹图等准确掌握目的区物源情况及剩余油分布,优选剩余油富集区,通过层系剩余储量计算详细掌握剩余油,从而提高单井产能,达到精准开发的目的。

3.设计参数优化

(1)平面、垂向位置。进行注采井网合理性论证,在平面上,一般原则是中高渗油藏水平段紧贴断层或平行断层,低渗油藏基本垂直与裂缝发育方向。垂向上,边底水油藏多考虑韵律性影响,已注水层位考虑层内水线展布。

(2)水平段长度优化研究。根据区块地质构造,尤其是断块油藏断块发育情况,目的层储层描述情况,并结合早期已有注水井水线推进方向及推进距离,合理优化水平段长度。一般对底水油藏,采取短水平井,水平段100～150米;层内挖潜油藏,水平段不超过夹层展布长度的0.7倍。

4.靶前滚动预测

利用随钻数据分析(随钻伽马、钻时、气测值、录井显示、岩性分析、实时井斜、闭合距、垂深、结合三维地震、邻井地层对比等)。

在远离目的层时,结合邻井录井岩性进行测井对比,使用标志层和多套砂组顶面构造图验证设计准确性;当靠近目的层时,在标志层精细对比的基础上,利用地层等厚原则迭代外推;此外将井场随钻数据如井斜、垂深更新至3Dpak地震软件,生成实时井轨迹,结合LWD数据验证层位追踪准确性,时刻进行井震匹配分析,滚动预测靶点深度。

三套步骤滚动预测目的层深度及地层倾角,及时与设计校对是否偏差,必要时结合工程人员经论证可实施后现场变更进层靶点垂深、闭合距及进层角度,以达到最优着陆点。

5.中靶后随钻跟踪,轨迹优化技术研究

(1)地层倾角与井斜的合理性。由于地下构造复杂,哪怕前期做足了准备,并且精准进层,在油层穿行中也不能马虎,对地层倾角的把握尤为重要。当实钻出层后,先综合进出层垂深、闭合距之差,井斜判断是层顶还是层底出层,再使用反三角函数计算实钻地层倾角,及时与定向人员沟通进而调整井斜。

(2)层内轨迹优化。根据储层描述,如目的层内夹层较发育,采取加倾角后减倾角反复,采用层内波形轨迹,减少内夹层影响。对正反韵律发育或复合韵律发育的储层,分别采取沿油层底界顶界或中部穿层延展,并结合层内物性描述及层厚,时时跟踪调整层内轨迹变化,确保轨迹良好。

6. 钻采工艺优化研究

完钻后,结合区块地质特点、岩性致密程度、造斜沟腿度随深度变化等,综合考虑较大斜度段采用高强度套管,以增加油井抗应力能力,提高抗套损能力。根据地层岩性胶结情况、邻井地层出砂情况、后期是否需要压裂引效等因素,综合考虑使用目前国内应用最广泛的射孔完井或筛管完井,但从多年开发积累经验看,套管射孔完井成功率高于筛管完成井,原因是套管射孔完成井后期针对性措施容易实施而筛管完成井后期措施实施难度大。需要特别关注的是固井质量问题,尤其是利用老井眼侧钻水平井,悬挂器位置漏失情况普遍存在,需加强施工质量检测。

(七)老区油田水平井

老区油田由于地下资源丰度变差,剩余油分布十分零散,油藏描述困难大,找到这部分剩余油难度大,所以将其开发出来,难度更大;过去一些行之有效的短平快增产措施,进入特高含水阶段,几乎毫无效果;主力油田普遍进入特高含水、原油产量递减阶段,稠油热采进入高轮次吞吐阶段,吞吐效果变差,高效措施减少,投入产出效果变差,高效产量所占比重有所降低。开发老区油田,不仅要核实油田的地质油藏特征,更重要的是分析油田当前开发现状,寻找油田增产潜力。开发老区油田,必须采用精细油藏描述和精细地层对比技术,搞清剩余油的空间分布,进一步明确不同油藏类型的开发调整方向,依靠水平井、三次采油等新技术提高老区原油采收率,强化老区剩余油的深度精细挖潜。具体说来,在进行这类油田开发项目时,主要在以下几个方面做工作。一是油田地质油藏特征的复核。对于中后期老油田开发,油田或主力开发区、主力开发层系的构造形态、储层结构、原始状态下油气水分布、储层和流体性质、油气储量等基本油藏地质问题,仍然要视油气田具体情况的复杂程度,选择几个有潜力、有代表性的区块进行典型解剖,评价油田有关的油藏地质问题。二是开发中后期老油田技术及经济方面,重点在于系统研究和分析开发过程和现状,努力寻找油田各类增产潜力。三是开发中后期老油田主体采油工艺比较系统和完善。但油田进入开发中后期高含水阶段,油水井的钻井、完井、油井举升、油田注水、各项增产措施、动态测试等许多工艺技术是否仍然适用和有效，需要在实践中继续探索有效的工艺技术。四是在上述工作基础上，编制一个高效可行的开发老油田增产挖潜，提高采收率的方案，包括油藏工程、钻采工程、油田地面建设工程及经济评价方案。

对于生产多年的老区油田，国外主要用水平井开采直井难开采的油层顶部，油/气或油/水界面的剩余油；或用老井侧钻，打超短半径水平井开采剩余油；还积极发展三维可视技术，以复杂轨迹钻分布不规则的多个挖潜目标；分支水平井也可以进行一口老井多层开采，挖掘多个目标层，可开发因水锥造成的死油区和最上部射孔段以上的油层中的"阁楼油"，如苏联哈得仁地区已侧钻了781个井眼，各分支井产量都比较高，成本仅是新井的1/4。

由于多数老区油田在一次采油中一般采用直井，而经济效益不允许重新大规模布置井网，因此老井侧钻水平井，或在剩余油富集区钻高效"智能井"是国外老区油田常见的水平井技术，美国油田的水平井侧钻实例都证实了这一点。水平井结合EOR开发油层顶部剩余油也是水平井在高含水油田后期开发的研究亮点，发展趋势包括小井眼水平井、结合侧钻测井系统等。

第三节　国内外水平井配套工艺技术的应用

一、水平井开采技术

（一）水平井注水

水平井注水前缘推进均匀，油水界面的距离大，可有效推迟水的突破时间，油层见水和含水上升速度缓慢。水平井注水压力将分散在较长的泄油井段上，致使水平井的波及效率较高；注入速度和生产速度较快，需求的压力较低。

水平井在水驱过程中的注水方法主要有直井注水—水平井采油、水平井注水—直井采油、水平井注水—水平井采油。

国外一些石油专家经过室内试验认为：水平井注水—水平井采油开发效果较好，直井注水—水平井采油次之，水平井注水—直井采油开发效果较差。

（二）水平井采油

由于水平井开采低渗透油藏，开采过程多借助于辅助采油技术。其中，热力采油是其首选办法之一。目前，热力采油技术主要用于开采稠油油藏，包括注蒸气、火烧油层、热水驱、电加热等。

水平井注蒸汽热采是水平井热采的主要方式，它可以在油藏中减轻蒸汽超覆，有效开采死油区的死油，缩短驱油期。还可以加速井筒到油藏的热传递，使原油黏度大幅降低，扩大井眼与油层的接触面积，提高波及系数和生产能力。

水平井注蒸汽热采一般适合开采黏度不太高的普通重油油藏。

二、国内外油田水平井增产技术

(一) 水平井压裂工艺技术

水平井压裂，即在水平段内同一油层的多个部位上形成与井筒垂直或斜交的多条裂缝，以提高油层的渗流能力，获得较好的出油效果。

水平井压裂适用的条件：水平井压裂应选择天然裂缝油藏，产层与其上、下层应力差极小的低渗透油藏；渗透率很低的储层且含有不渗透的页岩夹层。

大庆油田水平井目前应用的规模较小，水平井压裂采取的工艺技术主要包含以下两种方法。

1. 套管分流压裂技术

该方法是采用套管直接作为压裂管柱，通过严格限制炮眼的数量和直径，并以尽可能的大排量施工，利用最先压开部位的炮眼进行限流，从而大幅提高井底压力，迫使压裂液分流压开全部层段。

该工艺施工安全，周期短，有利于油层保护。但此项技术受射孔孔眼回压影响较大，只能保证多条裂缝都被压开，但单条裂缝的控制困难，改造强度易受影响。

2. 双封隔器分段压裂技术

该方法多与连续油管配合使用，压裂时利用导压喷砂封隔器的节流压差坐封压裂管柱，采取上提的方式，一次完成各层段的压裂。管柱结构由上到下依次为：油管、安全接头、水力锚、反洗井封隔器、导压喷射封隔器。

此项技术的优点是裂缝的可控制性强、改造有针对性，改造强度可以提高。缺点是施工风险大或施工周期长，成本高。

(二) 水平井酸化工艺技术

解堵酸化及酸化增产是许多直井常用的增产措施，而水平井应用酸化工艺技术，由于水平段较长与地层接触面积大，酸化时需要大量的酸液，往往会使地层出现气、水窜槽。

大庆油田的水平井根据水平段长度的不同和水平段穿越油层的非均质性的不同，

第八章 油田水平井采油技术

目前选用光油管笼统酸化、连续油管酸化、小直径封隔器胶筒密封分段酸化工艺。

1. 光油管笼统酸化

该方法酸化前将油管下至水平段中部，在施工过程中利用注入→暂堵→注入工艺来均匀酸化目的层。

该工艺适合水平段长度小于200m水平段的水平井和侧钻后水平井的酸化。

2. 连续油管酸化

该方法酸化施工前，将连续油管下至水平段末端，酸化施工时当酸液到达井底后，在注入酸液的同时连续油管以一定的速度均匀后移，直至酸液全部挤入目的层为止。

该工艺采用一种缠绕在大滚筒上，连续下入或起出的一整根无螺纹连接的长油管酸化，方法适合水平段长度大于200m且水平段油层渗透率相对较均匀，具有可连续向井下注入酸液，不需压井作业施工。

3. 小直径封隔器分段酸化

该方法在酸化前，先将管柱下到预定位置，挤注酸液进行注入→暂堵→注入工序，然后投球憋压打开滑套，封堵下部层段。打开上部层段，即可依次对上部其他层段分段酸化。当全部酸液挤注完成后，投球打开滑套开关器，即可进行排除酸液。

该工艺适合水平段长度大于200m且水平段油层渗透率非均质性严重的水平井酸化。工艺管柱为酸化排酸一体化管柱，一趟管柱可实现2级投球3段处理。

国外油田水平井实施酸化工艺，采取的方法主要是小型选择性酸化，就是在油层整个处理过程中不断使用诸如高分子胶体等临时堵塞剂，除减少了酸液的用量，又增强酸处理的效果。

如印度尼西亚Bima油田BatuRaja地层使用一种乳化酸，该酸液是由盐酸及二甲苯配制而成。该体系是由一定黏度的酸为内相乳化液，乳化液的黏度有助于酸的均匀分布和延缓反应，因此整个过程只用少量的酸就起到有效酸化目的层的作用。

另外，法国某油田的一口水平采油井酸化，此时环形空间与井口相通。酸化前，首先关闭环形空间，其次通过油管内的循环液把酸送到井底，注入一段塞，再次注一段晒胶，最后再注一段水，要求这三个段塞的体积等于酸塞的体积。这一阶段操作的目的，是强化酸渗透在井壁并清洗井底，使水平井段内的酸液被一定体积黏度的流体所取代，酸化以后的操作过程中不再运动，之后连续重复上述操作步骤，直至整个产层得到处理。每次都把新注入的胶体和泥浆界面看作是井底，整个酸化在一天内完成。

这口水平井酸化后，采油指数由$26.7m^3/(MPa)$，上升到$65.5m^3/(MPa)$，产量比酸前增加了25.0%。

(三) 水平井堵水工艺技术

非均质严重的水平井投产后受底水或边底水的影响，往往可能出现底水锥进引起水平井含水上升速度过快，影响开发效果的问题，因此需要采取必要的堵水措施。

目前大庆油田水平井堵水的办法，主要选用国内其他油田成功的选择性化学堵水技术，并在原技术的基础上加以完善和提高。

1. 单封隔器结合填砂（胶塞）封堵工艺

该工艺管柱的主体结构由安全接头、水力锚、两套扶正器（上下各一套）、密闭扩张式封隔器及节流嘴组成。

施工过程中填砂或打入胶塞后，首先下入封堵管柱，要求水力锚处于直井段，封隔器处于封堵层位之上。其次通过地面打液压，靠节流嘴产生的节流压差坐封密闭扩张式封隔器并锁紧，向封堵层段注入选择性化学堵剂，再次套管打液压，解封封隔器，活动上提封堵管柱到直井段。最后地面继续打液压，靠节流器产生的节流压差坐封密闭扩张式封隔器并锁紧，候凝12h活动上提封堵管柱解封封隔器，整个施工结束。

该工艺具有结构简单、密封可靠，适于封堵底部水层等特点。

2. 双级封隔器封堵工艺

该管柱由安全接头、水力锚、扶正器、密闭扩张式封隔器及节流嘴组成。

首先通过地面施工下入封堵管柱，要求水力锚处于直井段，上下封隔器卡封堵目的层。其次由地面打液压靠节流嘴产生的节流压差坐封密闭扩张式封隔器并锁紧，再次封堵层注入化学堵剂后候凝，套管打液压解封封隔器，活动上提封堵管柱到直井段，最后地面继续打液压，靠节流器产生的节流压差坐封密闭扩张式封隔器并锁紧，候凝12h活动上提封堵管柱解封封隔器，起出化学封堵管柱，整个施工结束。

该工艺具有封堵针对性强、可任意单卡堵单层等特点。

三、水平井举升工艺、生产测井技术

(一) 水平井举升工艺

1. 水平井常规举升工艺

直到目前，应用最广泛的机械采油方法还是有杆泵采油。小排量深井采油是有杆泵显著优点，由于抽油管杆有弹性伸缩，冲程损失也较大，井深、原油物性等因素还会造成杆管断脱、偏磨严重等；特别是深层稠油井有杆泵采油时，下冲程时抽油杆阻力大，上冲程时载荷高，系统效率很低；大斜度井有杆泵采油时，必须采取较好的扶正措施防止严重偏磨。

潜油电潜泵原来都是较大产量井应用，现在有小排量电潜泵，应用范围很广。排量大是潜油电潜泵的主要特点，中、高含水期采油非常适用，不但现场地面设备简单，而且维护管理方便。电机变频技术广泛应用，电潜泵排量范围也进一步扩大，拓宽应用范围，并且有一套成熟的压力监测技术，维修时需要较高的技术。螺杆泵是一种高效容积泵，具有结构简单、体积小、重量轻、耗电少、效率高等诸多优点，在稠油、含砂、含气井举升工艺中显露出自身的优势。在特殊工况的油井中，水力喷射泵很好地发挥了无杆泵的工艺优势。工艺结构简单、没有运动件、现场管理方便、较强适应性是水力喷射泵的四大优势。它的缺点是水力喷射泵的泵效较低，要求油井必须有较高的沉没度（不少于举升高度的20%），并且回压的任意变化都会影响泵的效率。

2. 水平井组合举升工艺

(1) 喷射泵—电潜泵组合的复合举升。电动潜油离心泵下到口袋井里，为系统动力液提供升压升温，油井附近安装三相分离器，实现现场分离，原油直接外输，动力液循环应用。工艺流程中没有机械运动部件，喷射泵随油管可下到较深的地方，将原油携带到地面，地面电潜泵提供高达 12~20MPa 的高压动力液，大排量动力液将油井产出液带出，这就克服了有杆泵深抽小液量的弱点。由于没有机械运动部件，整个系统机械故障很少，所以特别适合较深产量较低井的举升。这种复合举升工艺的不足是：首先喷射泵效率低，下泵深度受到限制；其次是与单一电潜泵比，系统效率等并无优势。

(2) 喷射泵—电潜泵接替复合举升。这种复合举升工艺管柱结构是上部是油管连接电潜泵，电潜泵下面连接反循环喷射泵，喷射泵下面下入封隔器封隔油层和油套环形空间，工作时，将环空充满液体，环形空间液柱压力作为喷射泵的动力，吸入油层产出液，举升到电潜泵可以举升的高度，电潜泵接替将液体举升到地面。反循环喷射泵上下两端加工成油管扣，作业时直接与油管相连一起下入井中，反循环喷射泵下在电泵下面，固定式结构，方便作业起下。

(3) 喷射泵—有杆泵接替复合举升。喷射泵—有杆泵接替复合举升工艺管柱上部有杆泵，然后连接反循环喷射泵，喷射泵以下用封隔器密封油套管环形空间。喷射泵系统举升到一定高度然后用有杆泵系统举升到地面两级举升接替实现生产。复合工艺管柱工作时，由井口油套管环形空间打入动力液（水或油水混合液），动力液经喷射泵与油层产出液混合。喷射泵将混合液举升设定范围内，一级举升完成。有杆泵系统接替将混合液举升到地面，二级举升完成。喷射泵—有杆泵接替复合举升工艺设计对象是油层—井筒—喷射—抽油泵、杆、机所组成的生产系统，前提是在油层工作时喷射泵及有杆泵相互协调，应用有杆泵和喷射泵不同的机、杆、泵工作参数，从喷射泵开始求解，系统分析、节点分析，从而确定最大的可能产量及其相关的抽汲参数。

(二) 生产测井技术

1. 测井前的准备工作

在进行水平井的生产测井技术应用时要做好充分的前提保障工作，为技术应用能够到达预期的工作效果而做好准备。准备工作包括施工方案的制定和论证，以及施工开展之前的技术安全会议召开。

（1）施工方案。在开始进行详细的施工方案制订之前，相关技术工作人员应该首先对施工现场的各种资源做充分的阅读和理解，其次对施工现场进行实勘，根据技术工作者自身的工作经验，及时发现实勘结果与测井通知单方案相悖或者错误的情况，应该根据实勘结果，及时修改方案中存在的相关问题。

（2）安全会议。安全会议的召开就是先要将施工中可能存在的工作难点、重点及危险点再次地进行确认和总结，再次将工作施工中的技术方案和技术手段论证好，做好相关书面技术交底工作，使施工人员能够彻底地理解和掌握相关工作技巧，重点保障好工作人员的自身安全，在施工作业中要听从作业指挥领导，发现相关突发情况和特殊问题时，要听从测井方的指挥，按照明确的指挥方案开展相关工作。

2. 简述生产测井技术中的水平井的射孔技术

随着我国的石油勘探发展到盆地勘探，在油气生产的过程中，为了有效地保护大气层的污染，同时为了提升我国油气开采中的射孔解堵能力，更加有效地改善我国的低压渗透油层的生产产出特性，我国又探索出了一天油气开发的新技术——射孔技术。射孔技术能够全面地掌握油气田的压力情况及温度情况，有效地保护低孔和低渗的油田，形成了一套非常先进的生产工艺技术。现阶段射孔技术在水平井的开采过程中应用也较为广泛，从实际的应用反馈来看，我国现阶段的石油钻孔成功率达到了百分之百。

3. 相持率测井仪器的选择

油、气和水的相持率，以及流体的运动快慢，是传统的测井测量设备所必需测量的数据。但在实际测量当中，大多数使用的是电容法持水率与流体密度等测量设备，这些测量设备所采用的测量方法都是居中测量，所测量出的数据，只能具体反映出流道中心部分的流体。但在水平井中，这些测量设备并不能很好地居中，从而导致其测量的大多数数据，是处于井底低端侧的流体数据。并且由于水平井中存在油、气和水密度差、各自分层、不同流态等问题。为此，将采用一种全新的测量设备：电容阵列多相持率测井设备。该测量设备是在套管内壁安装了大量的传感器，其传感器是采用微型电容传感器探测周围流体的电导率(介电常数),对不同流体,将会依照其特征,输出不同的频率来测量其相持率。其传感器是分布在不同位置,先在同一井下深度测量不同位置的相持率,再进行数据整合,最终所测量出的数据,将具有很高的真实性。

4. 超声电视测井技术

顾名思义,超声电视测井技术主要是利用声波反射的原理以达到测井的目的,并通过换能器接收反射回来的声信号,并转换成电信号,从而方便工作人员了解井下的情况,由于超声电视测井技术对油田的开采效果较好,所以其应用相对广泛。利用超声电视测井技术不仅可以通过检测声信号检查射孔的质量以及检查套管的破损情况,也以便于及时地更换套管,避免较大的损失。在利用超声电视测井技术时同样应该严格地按照水平井生产测井技术的施工要求进行测井。

5. 产液剖面测试中三相分离问题

在重力作用下,水平井相对于垂直井在重质和轻质两相分离上有所不同,流动分布为层状,对于较大倾斜差异的井眼,会出现下部水塞上部气塞的情况。水平井的井段有着不同的倾斜角度,超过90°,井筒会朝上倾斜,反之则向下倾斜。在水平井段,高处会出现气堵而底部为水,这就出现了压力台阶。在分离作用下,重矿物或钻屑会在胶结期间形成沉淀,在套管外产生水泥胶结渗透水而不能形成胶结,形成窜槽通道。完井过程中形成的环形空间会导致窜流。水平井内的持水率计和流量计、受层状分离影响使其响应结果为纵向片面性。非集流式仪器在水位较低时,持水率计和涡轮在水中就会导致获得的信号为油的响应和流量,从而无法测量水相。相反,在高含水情况下,测量获取的主要是水流情况。针对这一情况,在选择流量测井仪器方面可从以下两个方面做起:① 如果水平井的完井方式是经裸眼、水泥固井后射孔加衬管加管外封隔器的方式,可通过全井眼涡轮流量计或线式涡轮流量计集流式涡轮流量计并测;② 完井采取割缝衬管的方式时,为防止形成环空旁通尽量避免使用集流式流量计,且还可能在大斜度井段出现倒流现象。

第九章 特低渗透油田试井技术

第一节 主要试井技术

一、储层的渗流特性分析

通过详细概括储层的渗流特质，可以将油层的渗流特质归纳为"弹性"特征：即具有较强的变形能力，且能随外界因素变化而迅速改变自身形状和体积大小。第一，关于储层的渗流特点，国内外学者做了许多理论分析与数值模拟研究，发现多孔介质中流体流动时，由于孔喉半径减小，压力降低，引起液体表面阻力增加，从而使气体从一个孔流向另一个孔内。当压力较小时，固体颗粒不易被压入孔洞；当压力过大时，容易发生膨胀现象，堵塞孔道，造成气阻增大甚至出现破裂，严重时会危及整个装置的安全运行。第二，根据实验结果可知，无论是单井还是联合井均可采用低渗透油藏作为开发目标。第三，对于地层复杂或有裂缝、溶洞等特殊情况的油田来说，为了达到更好的注采比效果，往往需要进行二次注排水措施来改善地下水动力场分布状态，以此提高注水效率。因此，对于低渗油气藏而言，要想实现高效注采设计，必须对井下注入水水质及水驱油机理作出合理评估。注水程序要分三步走，即超前注水、中间放水及回灌阶段，最后才是最终出水阶段。储层渗流特征的第二个特点是因其低渗储能的特质，通常认为它只占全部产油量的10%左右，但实际生产过程中该指标可能高达20%。因此，针对高渗区，应考虑利用非饱和蒸汽驱技术。最后，对于油田工艺来说，为了避免在开采过程中发生油气分离的现象，要选择密封套管进行油田开采。

二、超低渗透油藏特征

超低渗透油藏具有以下几个明显特征。第一，超低渗透储层的颗粒细小，主要岩性为细砂岩，细砂组分比特低渗透储层高约13%，粉砂粒度却只有特低渗透层的31%。第二，超低渗透储层胶结物的含量高，特低渗透储层胶结物含量为超低渗透储层胶结物的84%，且超低渗透储层的主要成分以酸敏矿物为主，水敏矿物的含量较小，适合注水开发。第三，超低渗透储层面孔率较低，仅为特低渗透储层的57%，但特低渗透储层的中值压力却只有超低渗透压的28%。第四，超低渗透储层渗透率极低，通常情况下，超低渗透油藏的渗透率不超过 0.5mD。第五，超低渗透油藏会出现非达西渗流的现象，导致压敏性能较强，并且伴随渗透率的下降，整体油藏的压力梯度与敏感系数也会随之上升。第六，超低渗透油藏的埋藏适中，且流动性较强，因此对于超低渗透油藏的开采深度能达到1300～2500米。

三、低渗透油藏主要试井技术及应用

(一) 液面恢复测试

液面恢复测试使闭井后采用的测试技术，利用气声弹来测定液体表面与油套空隙高程，进一步测算出油层压力变化值，从而达到确定原油流动方向的目的，这将有助于指导油井优化设计，减少采油成本。液面恢复测试的优点是测量工序简单，可以一次性完成所有操作。缺点是其准确性较低，且不能同时反映出油水井内部流体状况；当油面液体回升到井口标准高度时，油井的密封度会产生偏差；液面恢复测试方法与延长组实验不适配。

(二) 面积注水井网合理布置的方法

国内油田开发开始阶段大部分都采用1∶3的反九点面积注水井网，这也是目前使用最多的油水井数开发比例，主要是由于该项布网方式有诸多优点：第一，便于后期油藏方案调整，能够随着油田开发的深入，根据开发特征调整油水井对应关系；第二，比较适合初期产能高的开发特点，在中高渗透油藏和低渗油藏中开发初期都是产能高，含水低，这时候1∶3的水井油井比例更适用于现场开发需要。随着开发深入，油田产液量开始下降，产油量慢慢递减，为了保持油藏能量和产液量需要增加原来注水井数量，保证注水供给，可以随时对产油量变化大的井进行转注，调整油水井数量的比例。

(三) 尾管测试技术

这个技术应用范围广泛，能对生产全过程予以压力跟踪，在油井开采初期，将压力设置于油管底部。压力计会流动到油体内，并进行置换。除对压力计本身要求很高以外，涉及外部的技术工艺都很简单。油井进行正常作业以后，可以随时取出压力计，读取数据，进行解析和统计，该压力计能够测试各个阶段的相关数据，通过相关数据的解析和统计，来测试相关数据，发现油井的状态安全度，包括地层压力和参数等，通过相关数据的分析和安排，能发现油井的运行状态是否安全，最终对未来油井的开采产生深远的影响。

(四)高产高效井智能设计技术

井位智能搜索技术:①充分考虑储层物性及剩余油非均质性,形成基于最优化理论的智能调控方法;②筛选出油藏开发效益总和最大化的方案作为最优方案,选择流场强度弱的区域进行优化,建立优化目标函数和约束条件;③确定提高采收率最优化的合理井位,实现高产高效新井的自动搜索与智能推荐。复杂结构井精准中靶技术:①建成支持虚拟现实专业软件云环境,开发了远程随钻实时决策系统,创新地学模型与井场实时信息集成,地质模型实时修正;②实现智能防碰调整、井眼轨迹精准控制、设计与随钻协同优化,陆相复杂断块油藏复杂结构井米级薄储层精准钻进;③在特高含水阶段获得单井20吨/天以上高产井125口,五年来累计增产原油160万吨。

(五)多源信息融合多专业协同研究技术

解编多专业解释系统,厘定多源信息的相关性,创新同源异构信息深度挖掘技术,有机结合地质认识、地震解释成果和动态信息,实现了多源数据关联性与依赖性的深度挖掘和有效表征,从而提高研究精度。研发地震地质协同研究系统,快速获取地震信息、地质信息、动态信息,实现多专业交互联动、辅助分析。创新断层信息自动处理算法,通过识别闭合线内部角度、参考网格数据点高程值,自动识别、自动判别断层信息,实现三维构造解释成果的快速更新、精准标记,地震解释成果更新效率提高 5~10 倍。油藏多源多学科协同研究技术,建立了多种要素、多种信息资源快速匹配的油藏协同研究环境,并通过地震地质协同研究系统、油气藏模型快速更新系统,实现了人—机—信多要素资源联动协同工作、井—震—藏多学科数据融合协同研究。

(六)环空测试技术应用

环空测试技术属于重要的现代试井技术方式,在低渗透油藏开发中获得了一定的应用。环空测试技术在实践应用过程中,需要使用钢丝在偏心孔中穿过油套环空间,同时应深入油藏的中部位置开展测试的试井技术方式。环空测试技术的应用存在一定的应用优势,同时具有一定的弊端。应用优势主要体现在通过的数据信息可以对地层和压力等具体的参数进行读取。弊端主要体现在井筒斜度需要控制在20℃之内,但是现实工作中却无法实现这一目标,这也导致环空测试井技术的应用范围相对较窄。

(七) 起泵测试技术应用

起泵测试技术是重要的试井技术方式,在低渗透油藏开发中进行应用,通常需要合理地使用起泵对油藏资源内部的压力情况进行测试,相比水井测压来说,虽然能够得到更加精准的生产井的地层压力数据信息,但是在实际应用过程中由于需要在起泵作业结束后,还需要下入压力计,不能有效地获得稳产压力和关井早期阶段的压力恢复信息。此种试井技术方式需要在油井运行一个季度后才能进行测试应用,测试的应用成本较高。

四、试井资料在低渗透油藏高效开发中的应用

根据不同地区的油藏特点,合理地选择试井技术方式后,还需要对获得的试井资料进行科学地分析和应用,这样才能为低渗透油藏资源的高效开发提供可靠的数据参考。试井资料在实践应用过程中,需要利用合理的应用措施,通常采用间歇性的优化对策,在对油井测压解释成果进行详细掌握的基础上采取优化措施,在保证试井资料应用具有针对性的同时,能够有效地提升低渗透油藏资源开发的效率。试井资料的应用还需要将对试井曲线的具体形体特征展开分析,并对渗透率和表皮系数开展科学的比对分析,从而对应用对策所得到的效果进行科学的评析。

第二节 试井成果的应用

一、评价地层能量状况,指导注水调整

根据测压资料,进行精细注采调整,调整的基本原则为:对压力保持水平高并且采出程度相对较高的井区,采取温和注水或降低注水强度政策,使油井生产状态保持平稳,对边部及低压井区实施加强注水,提高区块油井的见效程度。

二、结合油水井试井资料判断井间连通性

随着油田注水开发时间的延长,水驱规律日益复杂,油井来水方向难以判断。目前,判断连通性大多依靠示踪剂试验或干扰试井等井间测试,通常这些方法不但成本比较高,并且难于大面积实施。结合压力曲线判断,可在不增加任何工作量的情况下,伴随常规试井即可完成,可以大面积实施。

通常仅一个井组的资料并不易判定所有井的连通性,这时就需要对相应的邻近井组进行同样的分析研究。

低渗透油藏属内陆淡水湖泊三角洲沉积，储层结构具有反韵律和复合韵律特点，成岩后生作用强烈，以次生孔隙为主，属小孔喉高密度分布的低渗致密酸敏性砂岩，同时有少量的微细裂缝。如果这一区块的井在半年之间生产情况变化不大，可以将半年内的测试井近似看成是同一时期测试的。

三、认识储层特征

油田试井双对数曲线按形态特征可分为三类——均质型、平行轨道型、弯转重合型，其中以平行轨道型、均质型为主，结合曲线开口大小及具体形态将其细化为七小类。

试井解释双对数曲线形态，可以反映储层的渗透性等特征，对安塞油田试井解释双对数曲线进行分类，进而认识不同曲线类型所代表的储层特征，同时把试井曲线类型与其生产特征相结合，为具有类似试井曲线的油井选择合理调整措施提供参考依据。

对各类型双对数曲线形态下油井的生产情况进行统计研究，结果显示，大平行型、大λ型双对数曲线生产状况较好，小λ型、小平行型、上翘型、重合型渗透性以此变差，下掉型表现为高含水。

大λ型曲线采取温和注水；平行轨道型应采取均衡平面水驱，主向油井控液，侧向油井提液，并实施化学堵水深部调驱；小λ型曲线且渗透率较低可进行重复压裂或加强注水政策，对于物性差长期注水无效的井，不应长期强注，易由于高压而造成单向驱替。上翘型应强化注水，加强地层能量补充，对注水井应实施调剖；下掉型应控制注水，防止油井过早水淹；重合型应采取解堵、重复压裂措施。

（一）均质型

1. 曲线特征

早期段压力及导数曲线重合且呈45°直线，开口后导数曲线呈弧状，根据曲线开口大小可分为大λ型和小λ型，大λ型曲线开口较大，且地层可出现径向流，小λ型曲线开口小且开口后持续时间较短，不出现径向流。

2. 储层特征

反映均质渗流特征储层，测试井所处区域油层物性均质性好，以孔隙型渗流特征为主，大λ型双对数曲线比小λ型曲线反映的地层的渗流能力强。

3. 动态特征

大λ型曲线油井均匀受效，小λ型较大λ型液量低，含水高。

4. 治理对策

油井的试井双对数曲线呈小λ型且渗透率较低可进行重复压裂或加强注水政策，

对于物性差长期注水无效的井，不应长期强注，易由于高压而造成单向驱替。油井的试井双对数曲线呈大λ型可采取温和注水。

(二) 平行轨道型

1. 曲线特征

压力导数曲线分叉后呈平行直线，根据曲线开口大小可分为大平行型和小平行型，将在纵向上对数周期不小于0.2的曲线定义为大平行型，对数周期小于0.2的曲线定义为小平行型曲线。

2. 储层特征

裂缝导流产液为主，渗流状况良好，部分导致高含水。

3. 动态特征

主向油井见水速度快，侧向油井见效慢，主侧向压力差异大。

4. 治理对策

均衡平面水驱，主向油井控液，侧向油井提液，并实施化学堵水深部调驱。

(三) 弯转曲折型

1. 曲线特征

曲线早期均呈单位斜率直线，分叉后出现径向流特征，根据曲线末端的特征可分为上翘型和下掉型，上翘型末端压力导数呈≥1/2斜率上翘；下掉型末端下掉。

2. 储层特征

上翘型受低速非达西流，及地层非均质性影响导致曲线上翘；下掉型发生在边水供给充足或注采平衡的储层系统中。

3. 动态特征

上翘型油井表现为低产，注水不见效，下掉型含水较高。

4. 治理对策

上翘型应强化注水，加强地层能量补充，对注水井应实施调剖；下掉型应控制注水，防止油井过早水淹。

四、指导油藏措施调整

影响油气井提高产量的因素是多方面的。单从地层来分析，主要受地层渗透率及井筒附近地层受伤害程度。压裂主要目的是消除这两方面的不利影响，在地层中压开裂缝，解除近井地带的伤害，改善渗流条件，提高地层渗透率，从而提高油气井产量。

第十章　井下作业井控安全

第一节　井控安全基本知识

一、井控安全基本概念

井控就是指采取一定的方法，控制地层压力，基本上保持井内压力平衡，以保证井下作业的顺利进行。总而言之，井控就是实施油、气井压力的控制。

井下作业井控内容主要包括井控设计、井控装备、作业过程的井控、防火防爆防污染防硫化氢措施和井喷失控的处理，井控技术培训和井控管理制度等。

井下作业井控技术是保证井下作业安全的关键技术，主要工作是执行设计，利用井控装备、工具，采取相应的措施，快速安装控制井口，防止发生井涌、井喷失控和火灾事故。根据井涌的规模和采取的控制方法不同，把井控作业分为三级，即初级井控、二级井控、三级井控。

初级井控：依靠井内液柱压力来控制平衡地层压力，使没有地层液流体浸入井筒内，无溢流产生。

二级井控：依靠井内正在使用的压井液不足以控制地层压力，井内压力失衡，地层流体侵入井筒内，出现溢流和井涌，需要及时关闭井口防喷设备，并用合理的压井液恢复井内压力平衡，使之重新达到初级井控状态。

三级井控：发生井喷，失去控制，使用一定的技术和设备恢复对井喷的控制，也就是平常所说的井喷抢险。

一般来说，在井下作业时，要力求使一口井经常处于初级井控状态，同时做好一切应急准备，一旦发生溢流、井涌、井喷、能迅速做出反应，加以解决，恢复正常修井作业。

二、井喷失控的原因及危害

（一）井喷失控的原因

1. 井控意识不强，违章操作

（1）井口不安装防喷器。井口不安装防喷器主要是认识上的片面性：其一，片面追求节省修井作业成本,想尽量少地投入修井作业设备,少占用折旧;其二,认为是老油田(或者地层压力低),不会发生井喷,用不着安装防喷器;其三,井控设备不足,只能保证重点井和特殊工艺井;其四,认为修井作业工艺简单,用不着安装防喷器。

(2)井控设备的安装及试压不符合要求。

(3)空井时间过长,无人观察井口。空井时间过长,一般来说是由于起完管修理设备或是等技术措施。由于长时间空井不能循环修井液,造成气体有足够的时间向上滑脱运移。当运移到井口时已来不及下油管,这时候闸板防喷器不起作用,环形防喷器又没有安装或虽安装但胶芯失效,往往造成井喷。

(4)洗井不彻底。

(5)不能及时发现溢流,或发现溢流后不能及时正确地关井。

2. 起管柱产生过大的抽汲力

起管柱速度过高产生的抽汲力过大,尤其是带大直径的工具(如封隔器等)时必须控制上提速度。

3. 施工设计方案不完善

施工设计方案中片面强调保护油气层而使用的修井液密度偏小,导致井筒液柱压力不能平衡地层压力。

4. 井身结构设计不合理,完好程度差

有些部位套管腐蚀严重,或其他原因导致抗压强度大大下降等。如浅气层部位的套管腐蚀致使浅层气由腐蚀产生的裂缝处侵入井内,因气侵部位距井口近,液柱压力小,浅层的油气上蹿速度很快,时间很短就能到达井口,很容易让人措手不及。所以,对于生产时间长的井或腐蚀严重的并且有浅气层的井要特殊对待。

5. 地质设计方案不准确

地质设计方案未能提供准确的地层压力资料,造成使用的修井液密度低,致使井筒液柱压力不能平衡地层压力,从而导致地层流体侵入井内。

6. 注水井不停注或未减压

由于油田经过多年的开发注水,地层压力已不是原始地层压力,尤其是遇到高压封闭区块,其压力通常大大高于原始的地层压力。如果采油厂考虑原油产量,不愿意停掉相邻的注水井,或是停注但不泄压,通常造成井喷等修井作业的复杂事故。

(二)井喷失控的危害

由于客观或主观原因,井喷事故屡有发生。大量的事实告诉我们,井喷失控是井下作业中性质严重、损失巨大的灾难性事故,其造成的危害可概括为以下几方面:

(1)损坏设备,极易造成整套设备陷入地层中或被大火烧毁。

(2) 造成人员伤亡，会因井喷失控着火或喷出有毒气体而造成伤亡人员。

(3) 浪费油、气资源，无控制的井喷不仅喷出大量的油、气，而且对油、气藏的能量损失是难以计算的，可以说是对油、气藏的灾难性破坏。

(4) 污染环境，喷出的油、气对周围的环境造成严重的污染，特别是喷出物含有硫化氢的时候，搅得四邻不安，人心惶惶。

(5) 油、气井报废，井喷失控到了无法处理的时候，最后不得不把井眼报废。

(6) 处理井喷事故将造成重大经济损失，不仅将投入大量的人力、物力、财力来灭火、压井等，还要赔偿因井喷而造成的其他一切损失。

三、井喷的预防

井下作业的井控工作不同于钻井井控工作，在井下作业施工过程中既要保证作业施工人员的安全和施工顺利，又要避免采用大密度压井液压井造成油气层伤害，这就需要从人们的意识上和井控工作具体实施上进行落实。采取重点是以预防井喷为主、制喷为辅的工作思路来搞好井控工作。要搞好井下作业方面的井控工作，必须做好以下五个方面工作。

(一) 高度重视井控工作

各级管理者必须高度重视井控工作，要充分认识井下作业中发生井喷是一个严重的安全生产事故，其损失是巨大而无法挽回的。

目前钻井的井控工作虽然已得到了充分的重视，但对井下作业中的井控工作重视还不够。实际上井下作业中的井控工作也是非常重要的，在井下作业技术中占有非常重要的位置。在井下作业过程中采取积极措施搞好井控工作，既能做到不伤害油气层又防止井喷和井喷失控，还能保证安全顺利施工。在井下作业施工中一旦发生井喷或井喷失控，将会造成机毁人亡的惨剧，自然资源严重受到破坏。对此，各级管理者必须在思想上统一认识，高度重视井控工作。只有这样，才能保证井控工作有计划、有组织地沿着正确的轨道健康发展。

(二) 紧抓五个环节

紧紧抓住思想重视、措施正确、严格管理、技术培训和装备配套五个环节。

(1) 思想重视是指各级管理者要高度重视井控工作，不要把井控工作和油气层保护工作对立起来，井控技术是安全顺利生产的保证。

(2) 措施正确主要是指及时发现溢流显示后按正确的关井程序有效控制井并及时组织压井，尽快恢复正常井下作业。

(3) 严格管理指在整个过程中，必须认真贯彻《石油与天然气井控技术规定》，建立和健全井控管理系统，要认真执行岗位责任制度。

(4) 井控技术培训是指凡直接指挥作业生产的现场领导干部和技术人员、井队基层干部和正、副司钻必须经过井控技术培训考核，取得井控操作证。对具体操作工人要进行井控知识的专业培训，使其掌握基本的井控技术本领，一旦出现井喷预兆，都能按岗位要求正确地实施井控操作，以确保安全生产。

(5) 装备配套指按照有关配套标准，加大井控方面的资金投入，逐步配齐相应压力等级防喷器及控制系统。

(三) 井控工作要各部门密切配合，常抓不懈

井控工作是由多方面组成的系统工程，需要各部门鼎力合作，密切配合，互相协调，才能发挥整体作用。同时井控工作是一项十分细致的工作，需要坚持不懈、毫不放松的严格管理来保证。

(四) 严格执行相关规定

在严格执行规定的同时，各油田要根据各自区域油气压力的特点，制定具体的实施细则和各项行之有效的制度，一丝不苟地执行，并不断地注意收集新情况，总结经验。

(五) 编制科学合理的施工设计，着重做好井喷的具体防范工作

在施工前认真了解施工区域的压力情况、含气量、井身质量等必要的参数，在编制科学合理的施工设计的同时，要依据该井的地层压力、井口压力和含气量多少等资料，结合油层的地质情况，选择确定与地层配伍性能好又能控制住井喷的压井液。根据井下作业施工的不同内容和不同阶段对可能出现井喷时所需的方案及工具超前准备。需要在施工前连接的必须做好，以便在出现井喷显示时快速安装控制。在压力较高的井施工过程中要避免快速起下操作，一定要平稳起下；在起管过程中要不间断地向井内注入液体，保持液面在井口，以保证井筒内液柱产生的压力与地层压力平衡。

第二节　井控安全的技术要求

一、井下作业施工前井控安全准备

(1) 施工设计应在48h前送到施工单位，施工设计部门负责向施工单位进行技

术交底，施工单位必须向施工人员交底。没有施工设计不允许施工。

（2）施工单位按施工设计要求备齐防喷装置、制喷材料及工具。

（3）施工单位应按施工设计要求，选择相适应的防喷器，并检查并安装井口防喷装置组合，确保防喷装置开关灵活好用，经试压合格后方可应用。防喷装置组合承压能力要大于观测井口的1.5倍，若不符合压力要求则不能进行施工。

作业施工过程中井口防喷装置（井控装置）的准备由以下几部分组成：

① 以半封和全封防喷器为主体的作业井口（又称防喷井口）包括高压闸门、自封、四通、套管头、过渡法兰等。

② 以节流管汇为主体的井控管汇，包括放喷管线、压井管线等。

③ 井下管柱防喷工具，包括钻具、放喷单流阀等。

④ 压井液储备系统要具有净化、加大密度、原料储存及自动调配、自动灌装等功能。

⑤ 能适用于特殊作业和失控后处理事故的专用设备、工具，包括高压自封、不压井起下管柱装置、消防灭火设施等。

⑥ 施工现场必须配有通信联系工具。当发生井喷事故时，能迅速报警和及时向有关部门联系汇报，不失时机地采取措施，控制井喷事故的继续发展。

⑦ 大队级施工单位应配备抢险工程车，配齐各种井控设备、工具，有专人负责，按时检查保养，保证灵活好用。

（4）施工作业前，应在套管闸门一侧接放喷管线至储油池或储油罐，管线用地锚固定。

（5）放喷管线、压井管线及其所有的管线、闸门、法兰等配件的额定工作压力必须与防喷装置的额定工作压力相匹配。所有管线要使用合格管材或专用管线，不允许使用焊接管线或软管线。

（6）作业井施工现场的井场电路布置、设备安装、井场周围的预防设施的摆放，都要确保作业正常施工，特种车辆有回转余地。具体要求如下：

① 放喷管线布局要考虑当地风向、居民区、道路、各种设施等情况，并接出距井口30m。管线尽量是直管线，如遇特殊情况管线需要转弯时，要采用耐压高的铸钢弯头，其角度应大于120°，转弯处用地锚固定。放喷管线通径不得小于井口或闸门的最小通径。

② 井场平整无积水，锅炉房、发电房、工具房、值班房、爬犁等摆放整齐，间隔合理，距井口和易燃物的距离不得小于25m。

③ 井场电线架设应采用正规绝缘胶皮软线，禁止用裸线，保证绝缘胶皮完好无损，无老化裂纹。线杆高度一致（不低于1.8m），杆距4~5m匀布，走向与值班房

垂直或平行，线路布置整齐，不能横穿井场，妨碍交通及施工；电线禁止拖地回系在绷绳、井架、抽油机等导体上。照明灯具采用防爆低压安全探照灯或防爆探照灯，距井口不少于5m；电源通过总闸门经防触电保护器后，方可连接其他用电设施；电器总闸门应安装在值班房内专用配电盘上，分闸应距井口15m以外。

④井场周围要有明显的防火、防爆标识。按规定配置齐全消防器材，并安放在季节风的上风口方向。所有上岗人员要会使用、会保养消防器材。

(7) 含硫化氢油气井的放喷管线要采用抗硫专用管材，不得焊接。

(8) 对含有硫化氢的油气井施工要给施工人员配备专用的防毒面具。

(9) 施工井场周围要设置安全警示牌，划定安全区域，非施工人员不得入内。

(10) 施工井场设备的布局要考虑安全防火要求，值班房、工具房等设备要摆放在上风头并且距井口30m以外。

(11) 井场电器设备、照明器具及输电线路的安装应符合安全规定和防火防爆要求，井场必须按消防规定配齐消防器材。

二、施工作业的井控安全

(一) 射孔施工注意事项

射（补）孔是油井完成和改善地层供液状况的重要工序。通过射孔，使油层和井筒通过孔眼连通起来，达到投产和增产的目的。但是，射孔时也最易发生井喷。具体注意事项有以下几个。

(1) 射（补）孔前要做好以下防喷准备工作。

①井筒内必须灌满压井液，并保持合理的液面高度。有漏失层的井要不断灌入压井液，否则不能射孔。

②井口装好防喷装置，试压合格后再射孔。

③放喷管线应接出距井口20m以外，禁止用软管线和接弯头，固定好后将放喷闸门打开。

④做好抢下油管和抢装井口的准备工作，并保证机具配件清洁，灵活好用。现场施工人员做好组织分工，保证各项防喷措施落实到每个环节。

(2) 高压油气层在射孔前应接好压井管线，并准备井筒容积1.5倍以上密度适宜的压井液。

(3) 动力设备应运转正常，中途不得熄火。排气管装好防火帽。井场50m范围内严禁烟火。配齐配全消防器材和设施，保证灵活好用。

(4) 射孔时施工单位地质技术员、安全员必须到现场配合工作，核对好射（补）

孔层位和井段数据，以便发现问题能够及时处理。

(5) 射孔时各个岗位要落实专人负责，并做好防喷、抢关、抢装操作的准备工作。要选派责任心强、经验丰富的工程技术人员观察井口显示情况，发现有井喷预兆，应根据实际情况采取果断措施，防止井喷。

射孔应连续进行，但发现外溢或有井喷先兆时，应停止射孔，起出射孔枪，抢下油管和抢装井口，同时关闭防喷装置，重建压力平衡后再进行射孔。

如果在电缆射孔过程中发生井喷，根据井喷情况采取相应措施。若电缆上提速度大于井筒液柱上顶速度，则起出电缆，关防喷装置，若电缆上提速度小于井筒液柱上顶速度，则剪断电缆，关防喷装置，并在防喷装置上装好采油井口装置。

(6) 射孔结束后，应迅速下入生产管柱，替喷生产，不能无故终止施工。

(二) 起下作业注意事项

起下管柱操作是作业施工中的重要工序。如果操作不当，也是诱发井喷的原因之一。因此该工序的防喷工作极为重要，具体防范措施是：

(1) 作业施工时，井口必须装好防喷装置(高压自封、全封、防喷闸门等)，上齐上紧螺栓，提前做好井喷准备，如中途停工必须装好井口或关闭防喷装置，严防井下落物。

(2) 起下作业时应备有封堵油管的防喷装置(如油管控制阀、油管旋塞阀、井口密封装置等)。起下抽油杆时就将密封盒、胶皮闸门等井口密封装置连接好放置适当位置，一旦发生井喷则迅速与抽油杆连接坐上井口。

(3) 起下抽油泵前应按要求压井后再进行施工。

(4) 起下抽油泵若采取不压井作业，应按要求执行。

(5) 起下作业过程中要进行压井则按要求进行。应仔细观察进出口平衡，无溢流显示时方可进行下步施工。

(6) 起下作业时，井筒内液体就保持常满状态，起管时每起10～15根向井筒内补一次密度适宜的压井液，不允许边喷边作业，起完管后应立即关闭防喷装置。

(7) 起下钻具时，如果发生井筒液体上顶管柱，在保证管柱畅通的情况下，关闭井口防喷装置组合，再采取下步措施。

(8) 起下带有大直径工具的管柱时，不得猛提猛放，避免造成抽汲现象诱喷。在防喷装置上加装防顶卡瓦，作业过程中应保持油套连通并及时向井内灌注压井液。起带封隔器的管柱前，应先解封，如解封不好，应在射孔井段位置进行多次活动试提，严禁强行上起。

(9) 高压油气层替喷应采用二次替喷的方法，即先用低密度的压井液替出油层顶部100m至人工井底的压井液,将管柱完成至完井深度,再用低密度的压井液替出井筒全部压井液。

(10)起下作业过程中发生冲砂施工作业时,要先用适宜的压井液,冲开被砂埋的地层时应保持循环正常,当出口液量大于进口液量时采取压井措施。

(11)当进行钻水泥塞、桥塞、封隔器等时,完钻后要充分循环,并停泵观察井口返液情况,当无溢流时方可进行下步施工。

(12)施工时各道工序应衔接紧凑,尽量缩短施工时间,防止因、等造成井喷和对油层的伤害。

(三)不压井、不放喷作业过程中的防喷措施

为最大限度地减少由于压井对地层的伤害,通常采用不压井工艺技术。常用的不压井工艺包括高压不压井和低压不压井两种。因此,该环节的防喷应视具体情况来实施。

高压井施工时,井口必须装好井控装置(高压旋转自封、全封、半封及高压伸缩补偿装置等)及加压装置。全套装置的安全系数应不小于2。同时井内管柱须连接相应的井底开关,并确保其灵活好用、开关自如。

低压井施工时,井口应安装中、低压自封,下井管柱底部须连接相应的泄油器,井口应接好平衡液回灌管线,防止因起、下造成井底压力失衡所导致的井喷。

同时必须做到:

(1)作业井的井口装置、井下管柱结构及地面设施必须具备不压井、不放喷、不停产及应变抢救的各种条件。

(2)作业施工前应接好放喷平衡管线。

(3)不压井井口控制装置要求动作灵活、密封性能好、连接牢固、试压合格,并有性能可靠的安全卡瓦。

(4)起下油管过程中,随时观察井口压力及管柱变化。当超过安全工作压力或发现管柱自动上顶时,应及时采取加压及其他有效措施。

(5)低压井不压井作业过程中,要谨防落物及井口无控制操作。

(四)替喷、抽汲时的注意事项

替喷就是把地层内的流体诱导出来,以达到试采生产的目的。其途径是降低井筒的液面高度,或减少井内压井液的密度。具体方法包括气举和液氮替喷、抽汲替喷等。

1. 液体替喷注意事项

(1) 替喷前应按设计要求,选用规定密度的替喷液体。

(2) 井口管线及井口装置应试压合格,出口管线必须接钢质直管线,并有固定措施。

(3) 选用可燃性液体做替喷剂时,在 50m 范围内严禁烟火。

(4) 高压油、气井及井下带封隔器工具的井应采用二次替喷。

(5) 替喷过程中,要注意观察、记录返出流体的性质和数量。当油、气被诱流至井内后,如果井口压力逐渐升高,出口排量逐渐增大,并有油、气显示,停泵后井口有溢流,喷势逐渐增大,说明替喷成功。

(6) 应采用正循环替喷方法,以降低井底回压,减少对油层的伤害。替喷过程中,要采用连续大排量,中途不得停泵,在套管出口放喷正常后,再改用油管装油嘴控制生产。

2. 抽汲诱喷注意事项

(1) 抽汲诱喷前要认真检查抽汲工具,防止松扣脱落,并装好防喷盒、放喷管。放喷管长度必须大于抽子、加重杆、绳帽总长度在 0.5m 以上,其内径不小于油管内径。

(2) 地滑车必须有牢固固定措施,禁止将地滑车拴在井口采油树或井架大腿座上。

(3) 下入井内的钢丝绳,必须丈量清楚,并有明显的标记。要确保其下至最大深度后,滚筒上余绳不小于 30 圈。

(4) 抽子沉没深度,一般不得超过 150m,对高压或高气油比的井不能连续抽汲,每抽 2 或 3 次,及时观察动液面上升情况。

(5) 抽汲过程中,操作人员要集中精力,井口有专人负责看好标记。停抽时,抽子应起至防喷管内,不准在井内停留。

(6) 抽汲中若发现井喷,则应迅速将抽子起入防喷管内。

3. 高压气举及注氮替喷注意事项

如采用液体替喷和抽汲诱喷无效时可采用气举和注液氮诱喷。其注意事项是:

(1) 进口管线应全部用高压钢管线,试泵压力为最高工作压力的 1.5 倍,不刺不漏。出口管线禁用软管线和弯头,并有固定措施。

(2) 压风机及施工车辆距井口不得小于 20m,排气管上要装消声器和防火帽。

(3) 气举时,操作人员要离开高压管线区。气举中途因故障停举维修时,要放压后再进行。

(4) 气举后,应根据油层结构及设计要求确定放空油嘴的大小,禁用闸门控制放气。必要时装双翼采油树控制放气量,严防出砂。

(5) 气举施工必须有严密可靠的防爆措施,否则不得采用气举诱喷。尤其对天然气较大的井,应先排放净井内天然气后再气举,以防爆炸。

(6) 利用注液氮诱喷时,要谨慎泄漏。施工人员应穿戴好劳保用品,以防灼伤。

(五) 特殊工艺施工过程中的防喷措施

特殊工艺施工作业主要包括压裂、酸化、化学堵水、防砂、试油、试气及油水井大修等工艺。这些特殊工艺大部分工序复杂,施工难度大,技术要求高,所以更应该切实加强和落实好防喷措施。

1. 压裂、酸化、化学堵水、防砂施工中的防喷

(1) 施工现场应按设计和有关规定,配备好防火、防爆及防喷的专用工具及器材,并保证灵活好用。

(2) 地面与井口连接管线和高压管汇,必须试压合格,并有可靠的加固措施。

(3) 超高压(25MPa)施工时,要对井身、油层套管等采取保护措施,并设有高压平衡管汇,各分支都要用高压闸门控制。同时应适当加密固定管汇的地锚。

(4) 所有高压泵安全销子的切断压力不准超过泵的额定最高压力,同时不低于设计施工压力的1.5倍。处理设备故障和管线泄漏时,必须停泵,放空后方可进行。高压泵车所配的高压管线、弯头、闸门等,要按规定按时进行探伤、测厚检查。

2. 试油、试气施工中的防喷

由于试油、试气作业工艺施工一般是在新探区进行,由于对地层认识还不够,具有一定程度的风险,防喷措施要求高于一般作业施工井。

(1) 井口采油树、防喷装置、管线流程均要选用适合特殊情况的高压装置,并经试压合格后再使用。

(2) 井场备足合格的压井液,压井液密度应参考钻井钻穿油层的资料,储备数量为井筒容积的1.5~2.0倍。

(3) 高压流程、分离器及其他高压设施应有牢靠的固定措施。

(4) 取样操作人员应熟悉流程,平稳操作。严禁违章操作。

3. 油、水井大修施工中的防喷

由于油、水井大修工艺是处理井下复杂事故的大型作业施工,一般施工周期较长,且压井液易被气侵后密度下降;或因井内事故憋住地层压力,解除事故后压力易突然释放,以及上提管柱时的活塞效应等,都易发生井喷,为此必须注意:

(1) 严格按设计要求选配压井液,备足用量。安全系数应为1.2~1.3。

(2) 按标准装好井控装置,并试压合格。

(3) 有漏失层的井要连续灌注压井液，保持井筒液柱压力与地层平衡。

(4) 对封隔器胶皮卡的井和大直径落物打捞的井，捞获后的上提速度应慢，切勿使用高速挡。同时要加强保护套管措施。

三、井下作业过程中发生井喷的安全处理

当作业过程中发生井喷时，为减少地下资源的损失和环境污染，保护国家财产和人民群众的生命安全，迅速控制住井喷是一切工作的重中之重。现场各级指挥人员和施工抢救人员要沉着冷静，采取各种手段和有效措施。首先是利用现场所具备的井控和防喷设施关闭井口，及时加强安全防范措施，确保抢救工作的顺利进行。

(一) 对各种异常情况的处理办法

施工中当出现各种井喷异常情况时（如地层严重漏失、井口外溢量增大、气体增强或油管自动上顶等），当班人员的主要处理方法是：

(1) 坚守工作岗位，服从现场指挥，沉着果断地采取各种有效措施，防止井喷的继续发展和扩大。

(2) 迅速查明井喷的原因，及时准确地向有关部门汇报，并做好记录。

(3) 当井下钻具出现自动上顶时，要尽快坐上悬挂器，对角上紧全部顶丝，快速装上井口或防喷装置，做好下步措施的准备工作，泵入适当密度的压井液，提高井筒内液柱压力，待压力平衡稳定后再继续施工。

(4) 当发现井筒内压井液被气侵、密度降低时，要及时潜入适当密度的压井液，并用清水循环脱气。

(二) 发生井喷后的安全措施

(1) 在发生井喷初始，应停止一切施工，抢装井口或关闭防喷井控装置。抢装过程中应不断向井内注水，并且向井口油气柱喷水。

(2) 一旦井喷失控，应立即切断危险区电源、火源，动力熄火。不准用铁器敲击，以防引起火花。同时布置警戒，严禁将一切火种带入危险区。

(3) 立即向有关部门报警，消防部门要迅速到井喷现场值班，准备好各种消防器材，严阵以待。

(4) 在人烟稠密区或生活区要迅速熄灭火种。必要时一切非抢救人员尽快疏散，撤离危险区域。由公安保卫部门组织好警卫、警戒，交通安全部门组织好一切抢险车辆，保证抢险道路车辆畅通，维护好治安和交通秩序。

(5) 当井喷失控，短时间内又无有效、抢救措施时，要迅速关闭附近同层位的

注水、注蒸气井。在注入井有控制地放压，降低地层压力，或采取钻救援井的方法控制事故井，以达到尽快制服井喷的目的。迅速做好储水和供水工作，并将油罐、氧气瓶等易燃易爆物品拖离危险区。

(6) 井喷后未着火井可用水力切割严防着火；着火井要带火清障，同时准备好新的井口装置、专用设备及器材。

(7) 不得在夜间进行井喷失控处理施工。在处理井喷失控工作时，不要在施工现场同时进行可能干扰施工的其他作业。

(三) 井喷后抢险过程中人身安全防护措施

由于抢险工作是在高含油、气危险区进行，所以随时会发生爆炸、火灾及人员中毒事故。地层大量油、水、砂的喷出会造成地面下塌等多种危险因素，抢险人员的安全防护措施至关重要。

(1) 全体抢险人员要穿戴好各种劳保用品，必要时戴上防毒面具、口罩、防震安全帽，系好安全带、安全绳。

(2) 消防车及消防设施要严阵以待，随时应对突发事故的发生。

(3) 医务抢险人员要到现场守候，做好救护工作的一切准备。

(4) 全体抢险人员要服从现场的统一指挥，随时准备好。一旦发生爆炸、火灾、坍塌等意外事故时，人员、设备能迅速撤离现场。

(5) 在高含油、气区区域抢救时间不宜太长，组织救护队随时观察因中毒等受伤人员，并及时转移到安全区域进行救护。

第三节　防喷器

防喷器是井下作业井控必须配备的防喷装置，对预防和处理井喷有非常重要的作用。此节重点介绍防喷器的分类、技术参数、结构、工作原理及维护保养等。

一、防喷器的分类与命名

防喷器分环形防喷器、闸板防喷器、旋转防喷器和电缆井口防喷器。环形防喷器可分为单环形防喷器和双环形防喷器，其中分别装有一个环形胶芯和两个环形胶芯，而按胶芯类型，环形防喷器又可分为锥形胶芯、球型胶芯和筒型胶芯防喷器。闸板防喷器按闸板数量分为单闸板防喷器、双闸板防喷器、三闸板防喷器，其中分别装有一副、两副、三副闸板，以密封不同管柱和空井；按控制方式分为液压闸板防喷器和手动防喷器。

防喷器代号由防喷器名称主要汉字汉语拼音的第一个字母组成。

二、环形防喷器

环形防喷器又称为多效能防喷器。封井时,环形胶芯被均匀挤向井眼中心,具有承压高、密封可靠、操作方便、开关迅速等优点。特别适用于密封各种形式和不同尺寸的管柱,也可全封闭井口。

(一)锥形胶芯环形防喷器

1. 结构

锥形胶芯环形防喷器主要由壳体、承托胶芯的支持筒、活塞、胶芯、顶盖、防尘圈、螺栓、盖板、吊环、挡圈、上接头、下接头组成。

2. 工作原理

在使用时是靠液压操作的,液压系统的压力油通过壳体上的下接头进入液缸,推动活塞向上移动,由于活塞锥面的推动而挤压胶芯,胶芯顶面有顶盖限制,使胶芯径向收缩紧抱钻具,或当井内无管柱时完全将空间封死。当需要打开时,操纵液压系统,使压力油从上面的接头进入上液缸,同时下液缸回油,活塞下行,胶芯在弹性作用下逐渐恢复原形,井口打开。此防喷器一般完成关井动作的时间不大于30s,打开时间稍长。

(二)球形胶芯环形防喷器

1. 结构

球型胶芯环形防喷器主要由顶盖、胶芯、活塞、壳体、接合环及密封圈组成。

2. 工作原理

球型胶芯环形防喷器关井动作时,下油腔(关井油腔)里的压力液推动活塞迅速向上移动,胶芯被迫沿顶盖球面内腔,自下而上,自外缘向中心挤压、收拢、变形,从而实现封井。开井动作时,上油腔(开井油腔)里的压力油推动活塞向下移动,胶芯所受挤压力消失,在橡胶弹力作用下迅速恢复原状,井口打开。

井口高压流体作用在活塞上部的环槽里,形成上举力,有助于活塞推举胶芯封井。因此井压对球形胶芯环形防喷器亦有助封作用。

球型胶芯直径大,高度相对较低;支承筋12~20块,橡胶储备量多;使用寿命较锥型胶芯长。支承筋底部制成圆弧曲面,保证胶芯底部与活塞顶部良好接触。

与锥型胶芯一样,球型胶芯在井场也可以更换,当井内有管柱时也可以采取切割法拆旧换新。与锥形胶芯不同，球型胶芯的寿命不能在现场进行检测。

球形胶芯环形防喷器的整体结构为高度略低，直径稍大的"矮胖"形。活塞的上下密封支承部位间距小，导向扶正作用差，尤其是关井动作接近终了时，活塞的支承间距更小，因此活塞易偏磨。如果液压油不洁净，固体颗粒进入活塞与壳体间隙极易引起活塞卡死或拉缸。球形胶芯环形防喷器对液控压力油的净化质量要求较高，液压油应按期滤清与更换。

(三) 筒形胶芯环形防喷器

筒形胶芯环形防喷器主要由上壳体、胶芯、密封圈、护圈、下壳体等组成。壳体与胶筒之间为高压油，用胶筒封油管柱等，只有一个油口，采用三位四通换向阀进出油。

筒形胶芯环形防喷器结构简单、体积小、重量轻、油压要求高。适用于刮蜡、冲砂、封小油管、封电缆等低压带压作业。

日常维护与保养：主要易损件为胶筒及胶筒密封圈，每次作业完一井口后，应及时检查胶筒磨损情况，当胶筒已磨损厚的度量在2/3以上时，应及时更换。

三、闸板防喷器

闸板防喷器是井控装置的关键部分，主要用途是在修井、试油、维护作业等过程中控制井口压力，有效地防止井喷事故发生，实现安全施工。具体可完成以下作业。

当井内有管柱时，配上相应规格闸板能封闭套管与油管柱间的环形空间；当井内无管柱时，配上全封闸板可全封闭井筒，在封井情况下，通过与四通旁侧出口相连的压井、节流管汇进行井筒内液体循环、节流放喷、压井、洗井等，与节流、压井管汇配合使用，可控制井底压力，实现近平衡修井。

(一) 液压闸板防喷器

液压闸板防喷器不论是单闸板防喷器、双闸板防喷器还是三闸板防喷器，均能解决相同的技术问题，因此，在结构上具有共同的特点，工作原理具有一致性。为保证液压闸板防喷器各项功能的实现，在技术上必须合理解决关、开井液压传动控制问题，与闸板相关的四处密封问题，井压助封问题；自动清砂与管柱自动对中问题；关井后闸板的手动或液动锁紧问题；与井口、环形防喷器或溢流管的安装连接问题等。

1. 液压闸板防喷器的基本结构组成

液压闸板防喷器在结构上都由壳体、闸板总成、油缸与活塞总成、侧门总成、锁紧装置等组成。

(1) 壳体。壳体由合金钢铸成，有上下垂直通孔与侧孔。壳体内有闸板腔。壳体闸板腔采用长圆形，减少应力集中。闸板腔的上表面为密封面，因此要注意保护此面不要损坏。壳体闸板腔底部有朝井眼倾斜的沉砂槽，能在闸板开关时自动清除泥沙，减小闸板运动摩擦阻力，还有利于井压对闸板的助封作用。壳体内埋藏有液压油路，既简化了闸板式防喷器的外部结构，又避免在安装、运输及使用过程中碰坏油道。大压力等级防喷器在壳体上装有铰链座，用于固定侧门。

闸板防喷器壳体上方是用双头螺栓连接环形防喷器或直接连接防溢管的法兰盘（或栽丝孔），壳体下方是用双头螺栓与四通连接的法兰盘。

(2) 闸板总成。闸板总成主要由顶密封、前密封和闸板体组成。

闸板采用长圆形整体式，其密封胶芯采用前密封和顶密封组装结构，前密封和顶密封可根据各自损坏情况不同单独更换，拆装简单省力。

闸板胶芯磨损后可以更换。当井下管柱尺寸改变时半封闸板亦应更换。更换半封闸板尺寸时，双面闸板可以只换压块与胶芯，闸板体继续留用；单面闸板则需更换全套闸板总成。双面闸板的胶芯其上下面是对称的，在使用中当上平面磨损后，其下平面也必将擦伤，因此双面闸板的胶芯并不能上下翻面，重复安装使用。

闸板采用浮动式密封。闸板总成与壳体放置闸板的体腔有一定的间隙，允许闸板在壳体腔内有上下浮动。闸板上部胶芯不接触室顶部密封面。在闸板关闭时，闸板室底部高的支承筋和顶部密封面均有一间缓的斜坡，能保证在达到密封位置之前，闸板与壳体之间有充分间隙。实现密封时闸板前端橡胶首先接触井内管柱，在活塞推力下，封紧管柱。其次当闸板开启时，顶部密封橡胶脱离壳体凸台面，缩回闸板平面内，闸板沿支承筋斜面退至全开位置。闸板这种浮动特点，既保证了密封可靠，减小了闸板开关阻力和胶芯磨损，延长了闸板使用寿命，还防止了壳体与闸板锈死在一起，易于拆卸。

在井筒内有管柱的情况下，使用闸板防喷器关井时，由于管柱通常并不处于井眼正中心，常偏于一方，因此管柱有可能被闸板卡住而无法实现封井。为解决井内管子的对中问题，在闸板压块的前方制有突出的导向块与相应的凹槽。当闸板向井眼中心运动时，导向块可迫使偏心管子移向井眼中心，顺利实现封井。关井后，导向块进入另一压块的凹槽内。

(3) 油缸与活塞总成。由油缸、活塞、活塞杆、缸盖等组成。

(4) 侧门总成。闸板防喷器有可拆卸或可转动的侧门，平时侧门靠螺栓紧固在壳体上。侧门上装有活塞杆密封圈和侧门与壳体间密封圈。当拆换闸板、拆换活塞杆密封、检查闸板，以及清洗闸板室时，需要打开侧门进行操作。

(5) 锁紧装置。锁紧装置的作用有两个：其一，当液控失灵时，可通过手动关闭闸板；其二，防喷器液压关井后，采用机械方法将闸板固定住，然后将液控压力油的高压卸掉，以免长期关井憋漏液压油管并防止误操作事故。

闸板锁紧装置分为闸板手动锁紧装置和液压锁紧装置（也叫自动锁紧装置）两种。

① 手动锁紧装置。当液控系统发生故障，可以手动操作实现闸板关井动作。

闸板手动锁紧装置由锁紧轴、活塞轴、手控总成组成。

手动锁紧装置是靠人力旋转手轮，带动锁紧轴旋转，锁紧闸板。其作用是需要长时间封井时，在液压关闭闸板后将闸板锁定在关闭位置，此时液压可泄掉。液压关闭闸板后进行手动锁紧时，向右旋转手轮，通过操纵杆带动锁紧轴旋转，由于闸板轴不能转动，也不能前进，所以锁紧轴后退直至锁紧轴台阶顶在缸盖上，锁紧闸板。

手动锁紧装置只能关闭闸板而不能打开闸板，若要打开已被手动锁紧的闸板，必须先使手动锁紧装置复位解锁，再用液压打开闸板，这是唯一方法。具体操作方法是：首先向左旋转手轮直至终点，其次向回转 1/8~1/4 圈，以防温度变化时锁紧轴在解锁位置被卡住，最后用液压打开闸板。

② 自动锁紧装置。闸板防喷器的自动锁紧装置仍然是一种机械锁紧机构，只不过闸板锁紧与解锁动作都是利用液压完成，因此这种机构常称为液压锁紧装置。

液压锁紧装置的操作特点是：当闸板防喷器利用液压实现关井后，随即在液控油压的作用下自动完成闸板锁紧动作；反之当闸板防喷器利用液压开井时，在液控油压作用下首先自动完成闸板解锁动作，然后再实现液压开井。

液压锁紧装置不能手动关井，在液控失效情况下闸板防喷器是不能进行关井动作的。带有液压锁紧装置的闸板防喷器常用于海洋作业中。在海洋作业中，防喷器通常安置在海底，闸板锁紧与解锁无法使用人工操作，只能采取液压遥控的办法。

2. 液压闸板防喷器的密封

闸板防喷器密封的实质就是利用橡胶制品受力后变形大，能均匀贴在被密封的表面，阻止漏失，外力去掉后可复原的特点，根据密封位置、密封主体的形状，制成不同形状的橡胶密封件，安装其上，实现密封。

为了使闸板防喷器实现可靠的封井效果，必须保证其四处有良好的密封。这四处密封是：

(1) 闸板前密封与油管（或小钻杆）的密封。闸板前部装有前部橡胶胶芯，依靠活塞推力，前部橡胶抱紧管子实现密封。当前部橡胶严重磨损或撕裂时，高压井液会于此处刺漏而导致封井失效。全封闸板则为闸板前部橡胶的相互密封。

(2) 闸板顶部与壳体的密封。闸板上平面装有顶部橡胶胶芯，在井口高压井液作用下，顶部橡胶紧压壳体凸缘，压井液不致从顶部通孔溢出。闸板密封的完成，一是在液压油作用下闸板轴推动闸板前密封胶芯挤压变形密封前部，顶密封胶芯与壳体间过盈压缩密封顶部，从而形成初始密封，二是在井内有压力时，井筒内的液体从闸板后部推动闸板前密封进一步挤压变形，同时从下部推动闸板上浮贴紧壳体上密封面，从而形成可靠的密封，此密封作用称为井压助封（包括井筒液体对闸板前部的助封和对闸板顶部的助封两部分）。

显然，井液压力越高闸板顶部与壳体的密封效果越好。当井液压力很低时，闸板顶部的密封效果并不十分可靠，可能有井液溢漏。为此，在现场对闸板防喷器进行试压检查时，常需进行低压试验，检查闸板顶部与壳体凸缘的接触情况，在井压力为2MPa条件下，闸板顶部应基本不漏。

压井液压力也作用在闸板后部，向井眼中心推挤闸板，使前部橡胶紧抱井内管子，当闸板关井后，井口井压越高，井压对闸板前部的助封作用越强，闸板前部橡胶对管子封得越紧。由于井压对闸板前部的助封作用，关井油腔里液压油的油压值并不需要太高。

(3) 侧门与壳体的密封。侧门与壳体的接合面上装有密封圈。侧门紧固螺栓将密封圈压紧，使压井液不致从此处泄漏。该密封圈并不磨损，但在长期使用中将老化变质，故应按规定使用期限，定期更换。

(4) 侧门腔与活塞杆间的密封。

侧门腔与活塞杆之间的环形空间装有密封圈，防止井筒内高压油气水或压井液与液压油窜漏。一旦井筒内高压油气水或压井液冲破橡胶密封圈，它们将进入油缸与液控管路，使液压油遭到污染并损伤液控阀件。闸板防喷器工作时，活塞杆做往复运动，密封圈不可避免地会受到磨损，久而久之易导致密封失效，所以要经常更换受损的密封件，而对于35MPa以上的防喷器一般在此处设有二次密封装置。

3. 闸板开关动作原理

当液控系统高压油进入左右液缸闸板关闭腔时，推动活塞带动闸板轴及左右闸板总成沿壳体闸板腔分别向井口中心移动，实现封井。当高压油进入左右液缸闸板开启腔时，推动活塞带动闸板轴及左右闸板总成向离开井口中心方向运动，打开井口。闸板开关由液控系统换向阀控制。一般在3～5s内即可完成开、关动作。

4. 闸板防喷器的关、开井操作步骤

用闸板防喷器封井时，其关井操作步骤应按下述顺序进行：

(1) 液压关井。在液控台上操作换向阀进行关井动作。

(2) 手动锁紧。顺时针旋转两操纵杆手轮,使锁紧轴伸出到位将闸板锁住,手轮被迫停转后再逆时针旋转两手轮各 1/8～1/4 圈。手动锁紧操作的要领是顺旋、到位、回旋。

(3) 液控压力油卸压。在蓄能器装置上操作换向阀使之处于中位(这时液控油源被切断,管路压力油的高压被卸掉)。

5. 闸板防喷器的开井操作步骤应按下述顺序进行

(1) 手动解锁:逆时针旋转两操纵杆手轮,使锁紧轴缩回到位,当手轮被迫停转后再顺时针旋转两手轮。手动解锁的操作要领是逆旋、到位、回旋。

(2) 液压开井:在液控台上操作换向阀进行开井动作。

(3) 液控压力油卸压:在蓄电器装置上操作换向阀使之处于中位。手动关井的操作步骤应按下述顺序进行:

① 操作控制闸板防喷器的换向阀使之处于关位。

② 手动关井:顺时针旋转两操纵杆手轮,将闸板推向井眼中心,当手轮被迫停转后再逆时针旋转两手轮。

③ 操作控制闸板防喷器的换向阀使之处于中位。手动关井的操作要领是顺旋、到位、回旋。

手动关井操作的实质即手动锁紧操作。然而应特别注意的是,在手动关井前应首先使液控台上控制闸板防喷器的换向阀处于关位。这样做的目的是使开井油腔里的液压油直通油箱。只有在换向阀处于关位工况下才能实现手动关井。手动关井后应将换向阀手柄扳至中位,抢修液控装置。

液控失效实施手动关井,当需要打开防喷器时,必须利用液控装置,液压开井,否则闸板防喷器是无法打开的。手动机械锁紧装置的结构只能允许手动关井,却不能实现手动开井。

6. 闸板防喷器的使用方法及维护

(1) 动作前的准备工作。闸板防喷器安装于井口之后,在未动之前,注意检查以下各项工作,认为无问题时方可动作。

① 检查油路连接管线是否与防喷器所标示的开关一致。

可由控制台以 2～3MPa 的控制压力动作一次,如闸板开关动作与控制台手柄指示位置不一致时,应倒换一下连接管线,直到一致时为止。

② 检查手动机构是否处于解锁位置,各放喷管线是否已装好。

③ 检查各部位连接螺栓是否拧紧。

④ 进行全面的试压,检查安装质量,试压标准应达到防喷器工作压力。试压后对各处连接螺钉再一次紧固,克服松紧不均现象。

⑤ 检查手动杆操纵闸板关闭是否灵活好用，并记下关井时手轮旋转圈数。试完后手轮应左旋退回，用液压打开闸板。

⑥ 检查所装闸板芯子尺寸是否与井下钻具尺寸相一致。

(2) 使用方法及注意事项。

① 防喷器的使用要指定专人负责，落实岗位专职，操作者要做到三懂四会（懂工作原理、懂设备性能、懂工艺流程；会操作、会维护、会保养、会排除故障）。

② 当井内无管柱，试验关闭闸板时，最大液控压力不得超过3MPa，当井内有管柱时，不得关闭全封闸板。

③ 闸板开或关都应到位，不得停在中间位置。

④ 闸板在井场应至少有一套备用，一旦所装闸板损坏可及时更换。

⑤ 用手轮关闭闸板时应注意：右旋手轮是关闭，手动机构只能关闭闸板不能打开闸板，用液压打开闸板是打开闸板的唯一方法。若想打开已被手动机构锁紧的防喷器闸板，则必须遵循以下规程。

a. 向左旋转手轮直至终点，再转回1/8~1/4圈，以防温度变化时锁紧轴在解锁位置被卡住。

b. 用液压打开闸板。用手动机构关闭闸板时，控制台上的控制手柄必须放在关的位置，并将锁紧情况在控制台上挂牌说明。

⑥ 每天应开关闸板一次，同时检查开关是否灵活。

⑦ 不允许用开关防喷器的方法来卸压，以免损坏胶芯。

⑧ 注意保持液压油的清洁。

⑨ 防喷器使用完毕后，闸板应处于打开位置。

(3) 拆卸安装方法。

① 井口安装注意不要将防喷器上下面装反。

② 钢圈及槽清洁无损伤、无脏物、锈蚀等，钢圈槽内涂轻质油。

③ 上紧连接螺栓要用力均匀，对角依次上紧。

④ 安装好后进行水压试验。

试压标准应达到工作压力值，稳压5min，防喷器的放置方位，一般是防喷器两翼于井架正面平行。

(4) 维护与保养。

防喷器在使用中，应每班动作一次闸板，检查液控部分，有条件每周试压一次，每完一口井，进行全面的清洗、检查，有损坏零件要及时更换，涂油部分应涂满。

(二) 手动闸板防喷器

手动闸板防喷器是常规井下作业专用防喷器，它的压力等级一般为14MPa、21MPa，也有一些35MPa的手动闸板防喷器。按闸板数量，手动闸板防喷器可分为手动单闸板防喷和手动双闸板防喷器两种。

1. 单闸板手动防喷器

(1) 结构组成及分类。单闸板手动防喷器的基本形式是由壳体、闸板总成、侧门、手控总成及密封装置等组成。

手动单闸板防喷器的承压零件如壳体、侧门、闸板等均为合金钢锻件。闸板室采用椭圆形结构，不仅改善了壳体受力分布，还提高了壳体安全性能。侧门采用平板式，方便更换闸板，侧门和闸板轴之间采用YX形圈和O形圈相结合的密封形式，密封可靠，更换方便。闸板密封采用分体式，由顶密封和前密封组成，装拆更换方便。

单闸板手动防喷器按闸板形式可分为全封单闸板手动防喷器和半封单闸板手动防喷器两种；按连接形式分为双法兰式单闸板手动防喷器和单法兰式单闸板手动防喷器；按性能分为功能多功能单闸板手动防喷器和常规单闸板手动防喷器。

(2) 工作原理。手动单闸板防喷器的工作原理是通过手控总成中的丝杠带动闸板环抱住管柱以达到密封。手动控制装置既是闸板开关的传动机构，也是达到封闭管柱外径的自锁机构。闸板总成采用单向密封式闸板。

多功能手动闸板防喷器是由自封封井器和手动单闸板防喷器组合而成，在上法兰安装了自封头(自封胶芯)，并由四个顶丝固定。当进行起下作业时，自封头在胶芯恢复力和井筒压力的作用下，紧抱于油管，密封油套管环行空间，防止了溢流和井涌的发生，同时将油管外壁的油污刮落在井筒内。如果井内压力大，自封头不能正常密封或发现井喷征兆时，先快速关闭手动闸板，使半封闸板抱住井内管柱，实现油套管环行空间的密封，然后再进行其他作业。空井时，为防止井涌的发生，在防喷器内投入全封棒，并关闭半封闸板，使半封闸板抱住全封棒，封闭整个井筒。如果井内压力过大，直接投全封棒困难时，可将全封棒接于油管下端，用大钩将其送入防喷器。

(3) 基本技术参数。

手动闸板防喷器的基本技术参数包括以下内容，具体参数值参阅其说明书。

① 公称直径。

② 最大工作压力。

③ 闸板最大行程。

④ 手轮最大扭矩。

⑤ 闸板规格。

⑥ 适用管柱。

⑦ 适用介质。

(4) 单闸板的安装调试。

① 手动单闸板防喷器上井安装前要进行密封试压至最大工作压力，合格后方能使用。与井口连接时，各连接件和连接部位应保持干净并涂上润滑脂，螺栓对角应上紧。

② 闸板尺寸一定要与所用的钻具尺寸一致。如要使用全封式或半封式两套单闸板防喷器，应挂牌标明，不能错关全封式或半封式防喷器。

③ 保证修井机游动系统、转盘和井口三点呈一垂线，并将防喷器固定好，与井口保持同心。防喷器在单独使用时上部应加装保护法兰保证不碰剐防喷器。

④ 防喷器和进口连接后，进行压力试验检查各连接部位的密封性。

⑤ 操作手动控制装置，进行关闭和打开闸板的作业，检查灵活程度，开关无卡阻，轻便灵活方可使用。

⑥ 如用手控总成进行远距离控制，手控总成在适当位置装支架支撑。

(5) 使用注意事项。

① 溢流或井喷时可用手动单闸板来封闭与闸板尺寸相同的管柱（井内有管柱时不得关闭全封闸板）。

② 起下管柱之前要检查闸板总成是否呈全开状态，起下管柱过程中要保持平稳，保证不碰剐防喷器。

③ 严禁用打开闸板的方式来泄井口压力。每次打开闸板后，要检查闸板是否全开，不得停留在中间位置，以防管柱或井下工具碰坏闸板。如果开关中有遇阻现象，应将小边盖打开，清洗内部泥沙后再使用。

④ 更换闸板总成或闸板密封胶芯时，一定要在防喷器腔内无压力的情况下进行，闸板总成应开到位后再打开侧门。

⑤ 防喷器使用时，应定期检查开关是否灵活，若遇卡阻，应查明原因，并予以处理，不要强开强关，以免损坏机件。

⑥ 防喷器使用过程中要保持其清洁，特别是丝杠外露部分，应随时清洗，以免泥沙卡死丝杠，造成操作不灵活。

⑦ 每口井用完后，应对防喷器进行一次清洗检查，运动件和密封件作重点检查，对已损坏和失效零件应更换，对防喷器外部、壳体腔、闸板室、闸板总成、丝杠应作重点清洗。清洗擦干后，在螺栓孔、钢圈槽、闸板室顶部密封凸台、底部支承筋、侧门铰链处均涂上润滑脂。

⑧拆开的小零件及专用工具应点齐清洗装箱。

⑨保养后,应按工作位置摆平,下用木枕垫起,避免日晒雨淋。环境温度 −30℃~40℃。

⑩每次起下管柱前,都要检查闸板是否打开,严禁在闸板未全开的情况下强行起下。

⑪在进行试压、挤注等施工前一定要将闸板关闭并检验,严禁在闸板未全部关闭的情况下进行挤注等施工,以防刺坏闸板胶芯,造成人身伤亡。

2. 双闸板手动防喷器

双闸板手动防喷器是单闸板手动防喷器的组合,在壳体内分上下两层闸板腔,根据需要可进行不同的闸板组合,满足施工需要,同时降低防喷器组合的高度,利于井下作业施工。在闸板组合形式上分两种形式:一是半、全封闸板组合,即一组半封闸板在上,一组全封闸板在下,适用于常规井下作业;二是半、半封闸板组合,即上下两组均为半封闸板,但半封闸板的规格不同,适用于一次施工中使用两种不同规格井下管柱的作业施工。

在使用及日常维护方面,双闸板手动防喷器和单闸板手动防喷器的要求基本一致。

四、旋转防喷器

旋转防喷器安装在井口防喷器组的上端,即拆掉防溢管换装以旋转防喷器。旋转防喷器可以封闭套管柱与油管管柱、小钻杆等形成的环行空间,并在限定的井口压力条件下允许作业管柱旋转,实施带压作业。

下面以 FS12-5 型旋转防喷器为例,说明旋转防喷器的技术规范、结构组成、工作原理和使用方法等。

(一) FS12-5 型旋转防喷器技术规范

(1) 额定压力:5MPa。

(2) 额定转速:80rmin。

(3) 最大内径:120mm。

(4) 最大外径:430mm。

(5) 高度:950mm。

(6) 重量:360kg。

(7) 适用管柱:60.3mm、73mm 小钻杆;50.3mm、62mm 油管;64mm、76mm 方钻杆。

(8) 适用介质:修井液、原油、清水等。

(二) FS12-5型旋转防喷器结构及工作原理

FS12-5型旋转防喷器主要由外壳与旋转总成两部分组成。旋转总成由自封头（密封胶芯）、人字密封、承压轴承等组成。

旋转防喷器是依靠密封胶芯自身的收缩、扩张特性，密封作业管柱与套管环行空间，并借助于井压提高密封效果。同时利用承压轴承承担井内管柱负荷并保证旋转灵活。

(三) FS12-5型旋转防喷器的安装

（1）旋转防喷器一般安装在井控系统的最上部，如需要安装防顶装置则将手动安全卡瓦安装在旋转防喷器的上部。

（2）安装前底法兰及钢圈槽、螺栓等均应清洗干净，如果要单独使用旋转防喷器，应通过配合三通将旋转防喷器与井口连接起来。

（3）安装时，钢圈等连接件均应涂润滑脂，螺栓对角应上紧。

（4）安装完毕后，对井口做一次试压5MPa的密封试压，稳压5min后不刺不漏为合格。

(四) 旋转防喷器的操作

1. 下管柱操作

（1）如果所下的工具直径较小（小于110mm），可直接将管柱及工具插入，靠加压装置或管柱自重使管柱及工具通过自封头下入井内。

（2）如果工具直径较大（大于110mm），由于旋转总成自封头的自封作用，使工具不能直接通过，应先将旋转防喷器的卡箍卸掉，再将旋转防喷器总成从壳体中提出，并在管柱下部接上引锥，然后下放，使引锥和管柱通过旋转总成；将旋转总成随同管柱一起提起，卸掉引锥，接上工具；再将管柱和旋转总成同时放入壳体中，装好卡箍，将管柱带上加压装置下放；当管柱靠自重能克服上顶力自由下落时，可不用加压装置自由下行。

2. 旋转作业

管柱下到预计井深后，即可旋转作业。如果旋转作业超过24h，则应接上冷却水循环正常后方可继续旋转作业。

3. 起管柱

起管柱时与正常作业相同，当井内压力作用在管柱上的上顶力略小于管柱重量时，要带上加压装置后才能起管柱。当工具外径小于110mm时，可直接从井内将管柱起完。当工具外径较大时，应卸掉卡箍，将井下工具和旋转总成一起提出，然后将井下工具卸掉，如果是带压作业，起管柱时，应将井下工具起到全封闸板之上，先关闭全封闸板防喷器，然后打开旋转防喷器壳体上的卸压塞，当压力确实降为零后，再起出井下工具。

4. 更换胶芯

更换胶芯的操作步骤如下：卸掉卡箍，将旋转总成从壳体中起出放在支架上，卸去胶芯固定螺丝，取下胶芯更换所需尺寸胶芯。组装是按相反步骤进行。如果是带压作业中途更换胶芯，就首先关闭半封闸板，必要时带上加压装置，打开卸压塞将压力卸去后再更换胶芯。

(五) 旋转防喷器的使用注意事项

(1) 在使用旋转防喷器前应检查卸压塞是否拧紧。

(2) 安装时要保证井架中心、转盘中心、旋转防喷器中心成一条直线，防止在起下管柱过程中碰剐。

(3) 在安装旋转防喷器时，要将连接螺栓上紧上全，防止工作中出事故。

(4) 旋转总成起放时，要扶正，且不能太快，以免损坏胶芯及密封圈。

(5) 更换胶芯应注意安全，防止胶芯或旋转总成翻倒碰伤人。

(6) 在井口压力超过 5MPa 情况下的施工不可将旋转防喷器当半封单闸板使用，以免将旋转防喷器的密封件刺坏。

(7) 在旋转作业时，出现轴承部位或 V 形密封部位温度很高，应停止工作进行检查，及时修理或更换有关零件。

(六) 旋转防喷器的维护保养

(1) 旋转防喷器的易损件有密封件和胶芯。在每次取出旋转总成时，可检查 O 形密封圈有无损坏，如有损坏应及时更换；对于 V 形密封圈应同时进行检查。

(2) 在累计工作 7d 后，应对轴承加注一次甲基润滑脂。

(3) 起下管柱时，应在管柱与旋转防喷器中心管之间加润滑剂，如肥皂水等。

(4) 除对易损件进行随时检查更换外，应在每修完一口井后，对该设备进行一次全面检修。

(七) 旋转防喷器的拆装步骤

检修旋转防喷器时应按下列步骤拆卸：

(1) 拆去卡箍。检查壳体及卡箍、循环水接头、卸压塞。

(2) 提出旋转总成。检查各密封件。

(3) 拆掉旋转胶芯。检查胶芯及连接件。

(4) 拆掉悬挂接头。检查悬挂接头及连接部位。

(5) 拆下 V 形密封压环。检查压环。

(6) 卸掉上压盖。检查上压盖及旋转防喷器上部位置。

(7) 提中心管。拆去轴承上下压盖。

(8) 卸下轴承。检查中心管、上下压盖及轴承。

(9) 取出 V 形密封。检查 V 形密封及密封压环支承环等零件。

(10) 取出各部位 O 形圈。检查 O 形圈。

(11) 将各零件清洗干净，并将壳体清洗干净。

(12) 将损坏零件更换，将各零件涂上润滑脂，并将零件使用情况进行记录，以到故障时及时判断处理。

五、电缆井口防喷器

电缆井口防喷器，用于带压、负压电缆射孔作业井、生产井的电缆测井、试井等的井口防喷。

电缆井口防喷器按连接形式有由壬式、丝扣式、法兰式、卡箍式。按控制形式分为手动和液动；按闸板数量有单闸板、双闸板、三闸板、四闸板之分。

电缆井口防喷器的工作原理及使用注意事项，可参考闸板防喷器的工作原理使用注意事项。

第四节　井下作业井控安全措施

井下作业井控工作是防止井喷或井喷失控的主要措施和手段。新井、新层试油、试气，老井调、补层及已注水开发老油田的井下作业，经常会遇到高压油气水层，极易发生井喷及井喷失控，甚至着火或爆炸事故。作业的对象也越来越复杂，有高压油气井、含有毒有害气体油气井、高危地带油气井、环境敏感地带油气井等，安全及环保等问题时刻随着试油及井下作业工作。

一、关井程序

及时发现溢流是井控技术的关键环节，在作业过程中要有专人观察井口，以便及时发现溢流。发现溢流后要及时发出警报信号（信号统一为：报警—长鸣笛信号，关井—两短鸣笛信号,解除—三短鸣笛信号),按正确的关井方法及时关井,其关井最高压力不得超过井控装备额定工作压力。有怀疑或确认井内已发生井侵,在地面发现溢流显示后,不论溢流大小,都必须尽快关井。

(一) 井口安装防喷器时的关井程序

1. 起下管柱

发信号:司机、班长;

停止作业:全体施工人员;

抢装旋塞阀:司机,一、二岗位;

开节流管汇的放喷闸门:资料员;

关闭防喷器:班长,司机,一、二岗;

关井:资料员;

观察油套管压力:二岗位、资料员。

2. 空井

发信号:司机、班长;

停止作业:全体施工人员;

抢下管柱:司机,一、二岗位;

开节流管汇的放喷闸门:资料员;

关闭防喷器:班长,司机、一、二岗;

关井:资料员;

观察油套管压力:二岗位、资料员。

3. 旋转作业

发信号:司机、班长;

停止作业:全体施工人员;

抢提方钻杆:司机,一、二岗位;

开节流管汇的放喷闸门:资料员;

关闭防喷器:班长,司机、一、二岗;

关井:资料员;

观察油套管压力:二岗位、资料员。

(二) 井口不安装防喷器时的关井程序

1. 起下管柱

发信号:司机、班长;

停止作业：全体施工人员；

抢装油管悬挂器和采油树：司机，一、二岗；

开节流管汇的放喷闸门：资料员；

关闭旋塞阀或简易井口：班长，司机，一、二岗；

关井：资料员，一、二岗；

观察油套管压力：资料员。

2. 空井

发信号：司机、班长；

停止作业：全体施工人员；

抢下管柱或装简易井口：司机，一、二岗；

开节流管汇的放喷闸门：资料员；

关闭旋塞阀或简易井口闸门：班长，司机，一、二岗；

关井：资料员；

观察油套管压力：二岗位、资料员。

二、压井工艺

（一）井被压住的特征

井口进口与出口压力近于相等；进口排量等于出口排量；进口的相对密度约等于出口相对密度；出口无气泡，停泵后井口无溢流。

（二）井喷的预兆

进口排量小，出口溢量大，溢流中气泡增多；进口相对密度大，出口相对密度小；出口喷势逐渐增加；停泵后进口压力逐渐增高。

（三）压井安全注意事项

（1）根据设计要求，配制符合条件的压井液。配制液量通常为井筒容积的 1.5~2 倍。

（2）压井进口管线必须试压达到预计泵压的 1.2~1.5 倍，不刺不漏。

（3）循环压井作业时，水龙头、水龙带应拴保险绳。

（4）对压力较高的井，应先用油嘴控制出口排气，再用清水压井循环除气，后用高密度的压井液压井。

（5）进出口压井液性能、排量一致。要求进出口密度差小于 2%。

(6) 压井中途不宜停泵。

(7) 压井时最高泵压不得超过油层吸水启动压力。为了保护油层避免压井时间过长，必须连续施工。

(8) 挤注法压井的液体注入的深度应控制在油层顶部以上 50m 处。

(9) 若压井失败，必须分析原因，不得盲目加大或降低压井液密度。

(四) 影响压井成败的因素

(1) 压井液性能的影响。

(2) 设备性能的影响。

(3) 施工的因素及井况不明；施工准备不充分；技术措施不当。

三、注水井放喷降压

在注水井上进行修井施工时，须用放喷降压或关井降压的方法来代替压井，使井底压力降为零，以便进行作业。

放喷降压：在修注水井之前，控制油管或套管闸门让井筒以至地层内的液体按一定排量喷出地面，直到井口压力降至为零的过程。

关井降压：修井前一段时间注水井关井停注，使井内压力逐渐扩散而达到降压的目的方法。

注水井放喷降压的方式：一般采用油管放喷，在油管不能放喷时采用套管放喷。油管放喷的优点：见水早，易调节，流速高，携带性强；不磨损套管；不易造成砂卡。

初喷率：指开始放喷时的单位时间内的喷水量。一般初喷率控制在 $3m^3/h$，含沙量在 0.3% 以下。

放喷降压的注意事项：

(1) 放喷降压前做好准备工作，不得盲目施工造成生产或安全事故。

(2) 放喷降压时注意环境保护，不得随意乱放毁坏周围环境。

(3) 放喷降压期间要有专人负责监控，根据情况及时调节喷水方案。

(4) 放喷降压时具体操作人员不得正对着水流喷出方向进行操作，应站在水流方向侧面进行操作。

四、不压井作业工艺技术

(一) 不压井作业技术及意义

不压井作业是在带压环境中，由专业技术人员操作特殊设备起下管柱的一种作业方法。应用不压井作业技术的意义有：

(1) 最大限度地保持油气层原始地层状态，正确评价油气层；
(2) 最大限度地降低作业风险；
(3) 解决了常规压井作业的一些疑难问题；
(4) 避免了压井液的使用，使产层的开采产量和潜能得以最大的保护；
(5) 降低了勘探开发成本，提高了油气田的生产效率和经济效益；
(6) 保护环境，避免了压井液对地面的污染。

(二) 不压井作业应用情况

(1) 用于油气田的高产井、重点井；
(2) 用于注水井；
(3) 用于欠平衡钻井；
(4) 实现不压井状态下的分层压裂；
(5) 实现负压射孔完井；
(6) 用于带压完成落物打捞、磨铣等修井作业。

(三) 不压井作业机简介

不压井作业机是指在井筒内有压力的条件下，进行不压井起下作业、实施增产措施井的一种先进的作业设备。根据不同的使用工况及装备投入，主要有以下三种：

(1) 独立运作型；
(2) 与井架配合使用的；
(3) 与液压修井机配合使用的。

五、作业过程井控安全

作业过程的井控工作主要是指在作业过程中按照设计要求，使用井控装备和工具，并采取相应的措施，快速安全控制井口，以防止发生井涌、井喷、井喷失控和着火或爆炸事故的发生。

第十章　井下作业井控安全

(一) 起管柱作业

(1) 起管柱作业前开井观察30min后，方可起管柱作业。

(2) 起管柱过程中，必须边起边灌；由资料员坐岗观察，计量、灌注操作并填写坐岗记录。

(3) 在起封隔器等大直径工具时，提升速度为0.2~0.3m/s。

(4) 在起组合管柱和工具串管柱作业时，必须配备与防喷器闸板相符合的防喷单根和变扣接头。

(5) 施工作业队未接到下步作业方案时，不得起管柱作业。

(6) 起完管柱后，要立即进行下步作业。

(二) 下管柱作业

(1) 在下管柱作业时，必须配备与防喷器闸板相符合的防喷单根和变扣接头，并按操作规程控制下管速度；

(2) 在下管柱作业时，必须连续作业，现场灌注装置必须有水泥车、电潜泵、高架罐三者之一，有资料员进行灌注观察，并填写坐岗记录。如计量返出量大于油管体积，则按程序进行关井。如漏失则保持连续灌入，漏失严重则要停止作业并采取防漏措施。

(三) 不连续起下作业时的井口控制要求

起下管柱必须连续作业，因特殊情况必须停止作业时，先要灌压井液至井口，然后按以下三种形式控制井口：

1. 油管悬挂器可以通过防喷器操作

(1) 不连续起下作业在8h以内时，用装有旋塞阀的提升短节将油管悬挂器通过防喷器坐入四通内，对角上紧全部顶丝，关闭旋塞阀、防喷器和采油树两翼套管闸门，油、套管装压力表进行监测；

(2) 不连续起下作业超过8h，用装有旋塞阀的提升短节将油管悬挂器通过防喷器坐入四通内，对角上紧全部顶丝，在防喷器上安装简易井口，关闭油、套管闸门，油、套管装压力表进行监测。

2. 油管悬挂器不可以通过防喷器操作

(1) 不连续起下作业在8h以内时，将吊卡坐在防喷器上，关闭旋塞阀、防喷器和采油树两翼套管闸门，油、套管装压力表进行监测；

(2) 不连续起下作业超过8h，卸防喷器装采油树（按卸防喷器装采油树的程序进行操作），油、套管装压力表进行监测。

3. 不装防喷器的作业井

不连续起下作业时必须安装简易井口，油、套管装压力表进行监测。

4. 常规电缆射孔作业

（1）常规电缆射孔要安装防喷器或射孔闸门。

（2）常规电缆射孔过程中井口要有专人负责观察井口显示情况，若液面不在井口，应及时向井筒内灌入同样性能的压井液，保持井筒内静液柱压力不变。

（3）安装射孔防喷器和防喷管进行常规电缆射孔的井，在发生溢流时，应停止射孔，及时起出枪身，来不及起出射孔枪时，应剪断电缆，并迅速关闭射孔闸门或防喷器。

（4）射孔结束，要有专人负责监视井口，确定无异常时，才能卸掉射孔闸门并进行下一步施工作业。

（四）诱喷作业

诱喷作业前，采油树必须安装齐全，上紧各密封部位的螺栓。抽汲诱喷作业，必须装防喷盒、防喷管，防喷管长度大于抽子和加重杆的总长的 1.0m 以上，对气层或地层压力系数大于 1.0 的地层，应控制抽汲强度。每抽汲一次，将抽子起至防喷管内，关闭清蜡闸门，观察 5~10min，无自喷显示时，方可进行下一次抽汲；抽汲出口使用钢制管线与罐连接，并用地锚固定；抽汲放喷管线出口有喷势时，应停止作业。如果防喷管刺漏，应强行起出抽汲工具，关闭清蜡闸门。

用连续油管进行气举排液、替喷等作业时，必须装好连续油管防喷器组，排喷后立即起连续油管至防喷管内，关闭清蜡闸门。油层已射开的井，不允许用空气进行排液，应采用液氮等惰性气体进行排液。

（五）钻塞作业

（1）钻塞前用能平衡目的层地层压力的压井液进行压井。

（2）钻塞作业必须在油管上安装旋塞阀，井口装闸板防喷器和自封封井器。

（3）坐岗观察计量罐的增减情况，增减量为 $1m^3$ 时则停止钻塞作业，循环洗井，出口无灰渣。如条件允许将管柱上提至原灰塞以上，按关井程序进行关井，否则直接关井。

（4）钻穿后，循环洗井一周以上，停泵观察 30min，井口无溢流时方可进行下步施工。

（六）测试作业

（1）APR 地层测试作业，管柱完成后，拆下防喷器，要安装全套采油树。上全

第十章 井下作业井控安全

上紧全部螺栓。

(2) MFE 地层测试作业，开井前安装测试树，并与地面压井节流管汇连接。

(3) 下联作测试管柱时，必须按操作规程控制起下管柱速度，防止出现挤压和激动压力。

(4) 开井后要观察地面出口显示及压力变化，观察密封部位的密封情况，否则进行井下关井。

(5) 开井时如果封隔器失效，环空液面下降，灌满井筒后，应换位坐封，如果无效则立即进行井下关井，压井后重新下入测试管柱。

(6) 试井作业时，必须安装全套采油树并安装防喷管；作业队人员应配合试井人员做好井口的防喷工作；防喷管如有刺漏应起出试井工具，如果压力过大应剪断钢丝或电缆，关闭清蜡闸门。

(七) 套铣、磨铣作业

(1) 磨铣前用能平衡目的层地层压力的压井液进行压井。

(2) 作业时必须安装闸板防喷器，并按设计试压。

(3) 在套铣、磨铣过程中，方钻杆以下安装旋塞阀。

(4) 坐岗观察计量罐的增减情况，当增减量为 $1m^3$ 时则停止套铣、磨铣作业，循环洗至出口无砂、铁屑。如条件允许将管柱上提至原套铣、磨铣井段以上，按关井程序进行井，否则直接关井。

(5) 循环洗井一周以上，停泵观察 30min 后，井口无溢流时方可进行下步施工。

(八) 取换套作业

(1) 作业前调查浅层气深度、压力等详细资料。

(2) 有表套和技套的井必须安装防喷器。

(3) 没有表套和技套的井下入 30m 导管后固井，再安装防喷器，并按设计进行试压。

(4) 取换套作业前，注水泥塞封闭已经打开的油层，水泥塞必须试压合格。

(5) 取换套作业全过程工作液的液柱压力必须大于浅气层的压力。

(6) 作业时随时观察井口有无油气显示。

(7) 坐岗观察计量罐的增减情况，增减量为 $1m^3$ 时则按关井程序关井。

(8) 取换套作业期间必须连续作业。

(九) 起下电泵作业

(1) 起下管柱作业时，执行起下管柱作业的程序。

(2) 井口必须有剪断电缆专用钳子。

(3) 一旦发生紧急情况，立即剪断电缆，按关井程序关井。

(十) 冲砂作业

(1) 冲砂前用能平衡目的层地层压力的压井液进行压井。

(2) 冲砂作业必须安装闸板防喷器和自封封井器，油管要装旋塞阀。

(3) 坐岗观察计量罐的增减情况，增减量为 $1m^3$ 时则停止冲砂作业，循环洗井，直至出口无砂。如条件允许将管柱上提至原砂面以上，按关井程序关井，否则直接关井。

(4) 循环洗井一周以上，停泵观察 30min 后，井口无溢流时方可进行下步施工。

(十一) 丢手封隔器解封作业

(1) 解封前用能平衡目的层地层压力的压井液进行压井。

(2) 丢手封隔器解封作业前，井口要安装防喷器，油管装旋塞阀。

(3) 丢手解封后，进行洗压井作业，观察 30min 无溢流后，方可进行下步施工。

(十二) 拆卸防喷器安装采油树 (不包括四通) 作业

(1) 用设计要求的压井液循环压住井。

(2) 开井观察 30min 后，无溢流显示。

(3) 设备正常，采油树及工具配件齐全。

(4) 施工人员到位，由带班干部指挥。

(5) 保持连续灌压井液到井口。

(6) 油管悬挂器可以通过防喷器。

(十三) 更换采油树作业 (包括四通)

(1) 下入封隔器 (丝堵＋封隔器＋连通短节) 深度：1000m 以下，封闭所有裸露的油层。

(2) 试压检验封隔器密封性，合格后方可更换采油树。

(3) 修井动力工作正常，采油树及配件工具准备齐全。

(4) 施工人员到位，由带班干部指挥，三级和二级单位相关技术人员现场组织。

(5) 灌压井液至井口。

(6) 从拆下原井采油树开始到装上新采油树的时间控制在 10min 之内。

第十一章　试井与地层测试分析

第一节　渗流力学基础与试井分析基础

一、基本渗流规律

地下深处的油气通过天然能量（弹性能、重力能、气体膨胀能）和人工补充能量（如注水）得以采出，油气在产出过程中主要遵循如下规律。

(一) 线性渗流规律——达西定律

达西定律是法国人达西（Darcy）于1856年通过水压稳定流实验得到的。达西定律又称为线性渗流规律，原因是把渗流速度限定在一定范围之内，此时的渗流速度与压力梯度呈线性关系。后人将他的成果进行归纳整理，称之为达西定律。达西定律的前提假设是：① 单相流体；② 流体与岩石之间不发生物理化学反应；③ 流动保持恒温稳定的层流状态。

达西定律是不考虑惯性阻力时的渗流运动方程，其中影响因素渗透率 K 只与孔隙几何形状及大小有关。因此，达西定律只是岩石本身的特性，与通过的流体无关。

(二) 非线性渗流规律

实验发现，当渗流速度增加到一定程度之后，渗流速度和压力梯度之间不呈线性关系，达西定律的条件被破坏，称为非线性渗流。

(三) 低速下的渗流规律

油、气、水在多孔介质中低速渗流往往会随着一些物理化学现象发生，对渗流规律会产生影响。原油中的活性物质在岩石中流动时，会与岩石之间产生吸附作用。这样不仅降低了岩石的渗透率，也对渗流产生很大的影响。因此，必须有一个附加的压力梯度克服吸附层的阻力才能开始流动。吸附层又和渗流速度有关，渗流速度越大，吸附层被破坏越多，因此岩石的渗透率会随着渗流速度的增大而恢复。

水在黏土中渗流也会发生物理化学反应，黏土是由很薄的晶片所组成，它具有吸引水的极性分子的能力，并形成水化膜，由于岩石比面很大，所以影响很大。此时，只有附加一个压力梯度，才能引起水化膜破坏而开始流动。

同一种气体在同一块岩心中，在不同压力差下，测得的渗透率是变化的，渗透率与平均压力的倒数呈线性关系。造成这一现象的主要原因：

（1）达西定律本来就是对液体做试验得来的。液体渗流的特点是层流时靠近孔道壁薄膜是不动的，在孔壁处速度为零。当孔道湿周越大时，液固接触面上所产生的黏滞阻力也越大。而气体渗流则不同，在孔道壁处没有不动的气体，所以孔道壁处速度不为零。因此形成"气体滑脱"效应。这好像在同一压差下，气体比液体渗透率增加一样。

（2）由分子动力学可知，气体分子总在进行无规则的热运动，气体通过孔隙介质时，部分在进行扩散，因为分子的平均自由路程与压力成反比，对于一定孔隙介质，其孔道尺寸是一定的，当压力极低时，气体的平均自由路程达到孔道尺寸，这使气体分子在更大的范围内扩散，可以不受碰撞而自由飞动。因此，更多的气体分子附加到通过多孔介质的气体总量中去，好像增加了气体的渗透率。

（四）两相渗流规律

在油气田开发过程中，两相（油水、油气、汽水）同时渗流是经常发生的，在两相流动中，阻力明显增加。这是因为对其中任何一相来说，另一相可以看成地层骨架的增加，因此孔隙缩小，阻力增加，渗透率减小。对于两相各自渗透率之和，实验证明并不等于单相流动时的绝对渗透率。

1. 毛管阻力

两相渗流时的渗流形态主要是其中一项成柱塞状分散在另一相中流动。这样在两相流动的区域中就形成很多个弯月状的两相分界面。

当润湿角小于90°时，毛管力呈现为动力。当大于90°,时呈现为阻力。在运动状态中，随着速度增加，润湿角逐渐增加，到大于90°时，毛管力就变为阻力。所以一般在渗流运动中，毛管力多以阻力出现。个别弯液面引起的毛管阻力是有限的，但在两相渗流区，两相流体呈分散混杂状态流动，可以有很多处弯液面，但毛管达到一定程度时，就不能忽略。

2. 贾敏效应

两相渗流的另一种渗流形式是，其中一相成液滴或气泡状分散在另一相中运动。当液滴或者气泡在直径变化的毛管中运动，由于变形而产生附加的毛管阻力。

3. 其他方面的附加阻力

在两相渗流区还需要克服一些其他的渗流阻力。例如，在基本是水流动的区域内，还有一些附着在管壁的油滴，这些油滴必须在外力克服阻力后，才能变为可以运动的自由油滴。

综上所述,两相渗流的基本特点是在阻力规律中毛管力不可忽略。

二、建立试井分析径向流动模型的基本方程和基本解

(一) 试井模型的基本假设和支配方程

1. 基本假设

在试井分析中主要用到径向流、线形流、双线形流和球形流四种产层渗流模型。基本假设有:

(1) 流动方向无限大,正交各向异性的均质储层,渗透率和孔隙度为常数,水平渗透率为 Kh、垂直渗透率为 Kv。对于各向同性地层有 KH=Kv。

(2) 单相、微可压缩的流体流动,流体的压缩系数和黏度为常数。

(3) 压力梯度小,忽略重力和井筒储集影响。

(4) 在生产前整个储层中压力处处相等,且等于原始压力。

2. 油气渗流数学模型

建立油气渗流数学模型(基本方程和定解条件)主要用到以下支配方程:

(1) 运动方程:前述基本渗流规律,主要是达西定律;

(2) 状态方程:指弹性可压缩的多孔介质或流体的压力与体积变化规律,对气体而言则是压力、体积、温度的变化规律;

(3) 质量守恒方程:又称连续性方程,对任意体积元,若没有源和汇的存在,那么体积元封闭表面内液体质量变化等于同一时间间隔内液体流入质量与液体流出质量之差;

(4) 能量守恒方程:研究非等温渗流问题时采用;

(5) 其他附加的特性方程:特殊的渗流问题中伴随发生的物理或化学现象附加的方程,如物理化学渗流中的扩散方程等;

(6) 定解条件:指具体问题的边界条件和初始条件。

(二) 稳定状态和不稳定状态条件下径向流模型的定端流量解

根据试井的分类下面主要讨论稳定状态和不稳定状态两种情况下的定端流量解,它们分别适用于产油开始后的不同时期以及不同的假设边界条件。

1. 稳态(稳定状态)情况

稳态情况适用于在外边界完全开放的油藏中,排流的一口井度过了不稳态期后的时期。假设在恒定流量生产的条件下,从油藏采出的流体将完全由通过外边界进

入的流体来补偿。

在推导水平径向流动基本方程的过程中，假定地层各处岩石参数是均匀的，而实际上地层靠近井眼部分(称为变易区)的渗透率与地层深处相比往往相差很大。钻井过程中由于泥浆颗粒的侵入或泥质矿物的膨胀，往往会使得渗透率下降。完井以后采取酸化、压裂等措施，又可能造成变易区污染的扩大。

2. 不稳态(不稳定状态)情况

假设在无限大地层中有一口井，在这口井开井生产前，整个地层具有相同的压力—原始地层压力。

经过简化，油或水在岩层中的渗滤流动可以看成是一种单相弱可压缩且压缩系数为常数的液体在水平、等厚、各向异性的均质弹性孔隙介质中渗流。

三、试井分析的有关概念及基本步骤

(一) 取得试井设计所需的基本资料

测试井的基本情况是测试部门进行施工的必要资料，有的也是有效地进行试井分析不可缺少的基础数据。基础数据不仅是进行设计计算和分析的基础，也是测试获得成功，取得可靠有效资料数据的保证；此外，从测试井的系统观点分析，对于新测试井，应了解钻井工艺(操作和泥浆)对产层损害程度的资料；开发井的测试还应掌握开采历史资料。这些资料对于分析结果的逻辑论证极为有益。

(二) 有关试井分析的基本参数

1. 油层有效渗透率

油层有效渗透率决定了原油通过油层的难易程度。当油层内部尚未出现游离状态的气和水时，K值基本保持不变。等到油层中出现游离气或水时，油层内发生多相流动，油层有效渗透率值就会逐渐缩小，油的流动性变差，从而引起产量的变化，压裂和酸化有可能改变附近井眼的岩石渗透率，从而增加油的产量。

2. 油层有效厚度

对一口井来说，油层有效厚度指的是这口井供油面积范围内所开采油层的平均厚度。在开采过程中，由于种种原因，一部分油层可能由于射孔失效，或被泥浆、砂、蜡等杂物堵塞，其结果使有效厚度减小，因而直接影响产量。在动态分析工作中，很难确定有效厚度的数值，一般根据测井资料或岩心资料判断。在一定条件下也可以通过压力恢复曲线来推算有效厚度的近似值。另外，水平井钻井开采技术被认为是增大泄油厚度的有效手段。

3. 地层原油黏度

地层条件下的原油黏度是影响油藏开采速度和采收率的一个重要参数，它在采油过程中一般不会突然变化。值得注意的是，当油层压力降到饱和压力以下时，由于脱气原油黏度值会逐渐增高，因而降低井的生产能力。这说明了利用注水注气方法不仅可以保持油藏压力，也可以遏制地层原油黏度的升高，从而会起到使油井稳产的目的。目前稠油开采中采用蒸汽浸法，通过向油层注入蒸气提高油的温度，可以降低油的黏度，增加其流动性，从而提高采收率。

4. 表皮系数或井壁阻力系数

设想在井筒周围有一个很小的环状区域，由于多种原因，例如钻井液的侵入、射孔不完善、酸化、压裂等原因，造成了该区域的渗透率与油层不同。因此，当原油从油层流入井筒时，在这里产生一个附加压降。这种现象称为表皮效应（趋肤效应）。用来衡量一口井表皮效应的大小成为表皮系数或井壁阻力系数。它在径向流的理论公式中本来是不必要的，但是，由于我们观测的油层性质参数必然受到靠近井壁处地层状况的影响，所以有必要增加这一项。在一口井的生产过程中，s 值可能发生渐变或突变，从而对油层生产能力起到显著的影响。因此，系数值是一项很值得研究的因素，把它的变化因素搞清楚对于提高油层的产能具有很重要的意义。确定系数值目前最有效的方法是应用压力恢复曲线。

5. 油层压力

油层压力指的是供油边界在油井生产时的瞬时压力。但在实际油井动态分析时常用关井后的井底静压来代替，这样引起的误差一般不会太大。油层压力除了通过注水注气，一般不容易人为地加以改变。但在分析之前必须知道它的变化，确定油层静压值最可靠的方法是直接用深井压力计获得，但在油田具体情况下通常不允许这样做，因此通常采用间接方法，其中比较普遍的是应用压力恢复曲线。

6. 井底流压

一口生产井的井底流压是一项敏感多变的参数，实际上它不是一个独立的变化因素。上述任一参数的变化，垂直管流动态或油嘴流动态，都会使它发生变化。油田管理人员控制自喷井的产量都是通过改变油嘴的尺寸来完成，改变油嘴实际上是为了改变井底流压，因而改变了生产压差，最后使产量有所改变。生产测井测生产剖面时，井底流压是一个必测项目。

7. 井筒储集系数

井筒储集系数指的是井筒储集效应的强弱程度，即井筒靠其中原油的压缩等原因储存原油或靠释放井筒中压缩原油的弹性能量等原因排出原油的能力。

(三) 试井设计

根据测试目的，确定合理的测试时间、压力计性能、计算参数，主要包括井筒储集系数、中期区直线开始时间、最少测试时间、直线结束时间、稳态开始时间、最少探边测试时间、压力计量程、分辨率、精度等。

(四) 试井流动阶段划分及油 (气) 藏的识别

1. 双对数曲线识别法

在双对数曲线上，各种不同类型的油 (气) 藏，它们在各个不同的流动阶段，均有各不相同的形状。因此可以通过双对数曲线分析来判断或识别某些油气藏类型，并且区别各个不同阶段。在每一个不同的阶段都有其不同的流动特征，因此有独特的曲线图。这种在某一情形或某一流动阶段在某种坐标系中的独特的曲线，称为"特种识别曲线图"。据此可以比较准确地识别不同情形和不同流动阶段。

第一阶段 (早期阶段)：即刚刚开井 (压降情形) 或刚刚关井 (恢复情形) 的一段短时间。

第二阶段 (过渡阶段)：井筒附近油层的情况 (如是否形成与井筒相连通的压裂缝，有无与井筒相连通的天然大裂缝，测试井是否完善等)，以及油藏的类型 (如油藏是均质的还是非均质的，属于何种非均质) 等信息，只有从这一阶段的资料才能得到。从这一阶段的资料可以得到的参数有裂缝缝长 (井被裂缝切割情形)、储能比 (裂缝系统储油能力占总储油能力的比例) 和表征原油从基岩系统流到裂缝系统的难易程度的窜流系数λ (双重介质情形) 等。

要进行第一阶段和第二阶段的分析，必须使用高精度压力计，测得早期资料，即刚刚开井或刚刚关井时的压力变化数据。

第三阶段 (中期阶段)：径向流动阶段，就是所熟悉的半对数曲线呈现直线的阶段。

第四阶段 (晚期阶段)：这早在 20 世纪 20 年代就已经为人们所研究的阶段。先把生产井关闭，下入压力计测压，由此获得平均地层压力，然后用物质平衡法估算油藏的储量。但人们很快就认识到所测压力值取决于关井时间的长短。油层的渗透率越低，达到平均地层压力所需的关井时间就越长。

(1) 对于恒压边界，到了后期，流动将会达到稳定流动状态，压力此时只与距离有关，而与时间无关；对于某一固定点，压力是一常数。因此，在双对数曲线上，都出现一条水平直线。

(2) 对于不渗透边界，在这一阶段直线的斜率是径向流动阶段斜率的两倍，呈现上翘趋势。对于封闭系统,在测压降曲线的过程中,此时压降(或压力)与时间呈线性关系。在双对数曲线上,呈现一条斜率为1的直线。

综上所述,双对数曲线的各个部分分别表征各个不同流动阶段的特性;各个不同流动阶段各自有不同的特种识别曲线;从各个不同流动阶段可以求出不同特性参数。

在试井解释中,油(气)藏类型的识别是头等重要的。如果油气藏类型识别错了,一切都是错的。不仅如此,在不同阶段对于不同的油藏通过用半对数分析曲线获得的参数的意义也不一样。

2.压力导数图版识别法

识别油气藏类型,除靠上面所介绍的诊断曲线和特种识别曲线之外,更重要的途径是要靠压力导数曲线来识别。某些在压差曲线上没有明显特征的流动状态,在压力导数曲线上却有非常明显的特征。特别是对于非均质地层,压力导数曲线有非常明显的显示。因此,压力导数解释图版受到了广泛的关注,并迅速在全世界得到应用。

(五)试井解释方法

20世纪五六十年代,世界上普遍使用半对数曲线分析方法来进行试井解释,这就是所谓的"常规试井解释方法",主要内容前面已讲过。但是,此方法有其局限性,当测不到半对数直线段时,常规试井解释就无能为力了。到底半对数曲线是否出现了直线段,直线段何时开始,在似乎出现两条以上直线段的情况下,到底哪一条才是真正的直线段,有时很难判断。

随着科技的发展,试井解释方法在原来常规试井的基础上得到了很大的进步。出现了很多实用的试井解释图版,特别是压力导数解释图版及其拟合分析方法的创立,使试井技术取得了突破性进展。现代试井解释方法的重要手段之一是解释图版拟合,或者称作样板曲线拟合。通过图版拟合,可以得到油藏类型及油井类型、流动阶段等多方面的信息。

概括起来,现代试井解释方法有以下特点:

(1)运用了系统分析概念和数值模拟的方法,大大丰富了试井解释的思想方法和实际内容。

(2)建立了双对数分析方法,用以识别测试层(井)的类型及划分阶段;确定了早期(第一、第二阶段)资料的解释,从过去认为无用的信息中得到了很多有用的信息;通过图版拟合分析和数值模拟(即压力史拟合),从试井资料的总体上进行分析研究。

(3) 包括了并进一步完善了常规试井解释方法, 可以判断是否出现了半对数直线段, 并进一步给出了半对数直线段开始出现的大致时间, 提高了半对数曲线分析的可靠性。

(4) 引用了直角坐标图, 以进一步验证了测试层（井）的类型、流动阶段和特性参数。这就是说, 现代试井解释方法使用了三种曲线图, 即双对数曲线图、半对数曲线图及直角坐标图。

(5) 不仅适用于油、水井, 也适用于气井; 可以解释各种不稳定试井的资料, 如中途测试、生产测试、压降测试、压力恢复测试资料等。

(6) 整个解释的过程是一个"边解释边检验"的过程。几乎每一个流动阶段的识别、每个参数的计算, 都要从两种不同的分析方法分别进行, 再进行对比。在用两种不同方法进行解释得到一致结果之后, 还要经过无量纲 Homer 曲线拟合检验和压力史拟合检验, 从而保证整个解释的可靠性。

第二节 稳定试井分析

一、稳定试井概述

（一）稳定试井做法

稳定试井也称为系统试井。具体做法是: 先一次改变井的工作制度, 待每种工作制度下的生产处于稳定时, 测量其产量和压力及有关的资料; 然后根据这些资料绘制指示曲线、系统试井曲线; 得出井的产能方程, 然后确定井的生产能力, 优化工作制度和油藏参数, 评价油井的产状和油层特性。应用稳定试井方法优点是可以不关井求地层压力, 这样不仅不影响油井生产, 也不会减少产量损失, 高寒地带还可以防止冬季发生结冻事故。对于高含水自喷井, 用稳定试井求地层压力更为方便。影响稳定试井的因素是产量和流动压力, 这就要求油井生产正常, 产量和流动压力必须稳定, 符合下列条件:

(1) 油井在统一制度下, 三天内产量波动不超过 5%;

(2) 两次测得的流动压力波动不超过 1at;

(3) 采油指数变化不超过 15%。

其缺点是耗时费事, 不能求更多的地层参数。

(二) 稳定试井的曲线

稳定试井的曲线主要有：

(1) 指示曲线。生产压差与产量的关系曲线。

(2) 系统试井曲线。产量、流压、含水率、含砂量、生产油气比等与工作制度的各个关系曲线。

(3) 流入动态曲线。流压与产量的关系曲线。

二、油井指示曲线形态

油井指示曲线形态可分为四种类型。

(一) 直线型

直线型曲线过原点。其属于单相流，一般在较小的生产压差条件下形成。直线型指示曲线并不永远存在，当工作强度不断增大时，单相达西流将逐渐转变为单相非达西流或油气两相流。此时，直线型便发生弯曲，形成混合型指示曲线。

(二) 曲线型

过原点的曲线，且凹向压差轴。单相非达西流或油气两相渗流，一般在较大生产压差或流压小于饱和压力时形成。

(三) 混合型

开始为过原点的直线，然后变成凹向压差轴的曲线。直线部分为单相达西流；曲线部分的可能原因有：

(1) 随着生成压差的增大，油藏中出现了单相非达西流，增加了额外的惯性阻力；

(2) 随着生产压差增大，流压低于饱和压力，井壁附近地层出现了油气两相渗流，油相渗透率降低，黏滞阻力增大。

(四) 异常型

过原点凹向产量轴的曲线。可能原因有：

(1) 相应工作制度下的生产为达到稳定，测得的数据不反映测试所要求的条件；这时必须重测。

(2) 新井井壁污染，随着生产压差增大，污染将逐渐排除。

（3）多层合采情况下，随着生产压差的增大，新层投入生产。所以，异常型曲线未必都是错误的，应根据具体情况进行分析。

第三节 钻杆地层测试（DST）

一、测试原理

钻杆测试（试井）分析（Drillstem Testing）是近年来发展起来的一项测试技术，简称 DST 测试。它是在钻井过程中进行的不稳定试井，也称为中途测试，被认为是最好的和最经济的一种临时性的完井手段。它与常规试井最显著的区别是 DST 在地下进行开关井测试，常规试井在地面进行开关井测试。它以钻杆作为油管，利用分隔器和测试阀把井筒钻井液与钻杆空间隔开，在不排除井内钻井液的前提下，对测试层段进行短期模拟生产，它的测试过程与自喷井生产过程类似，借助于地层与井底流压之差取得地层中流体样品资料。在各种工具进行工作时，从正常的钻杆测试资料所得到的资料通常包括地层流体的物理性质（高压物性）、采出量、流动时间、关井时间和显示实测井底压力—时间卡片。

根据地层测试资料可以计算的地层参数有：

（一）渗透率

依据地层测试结果计算出来的渗透率，是地层对实际产出的流体的平均有效渗透率。地层测试时能提供直接计算有效渗透率的唯一评价手段。用完整岩心分析的方法提供绝对渗透率（而不是有效渗透率），不但成本很高，而且只能在取心井上才能得到。

（二）井壁堵塞

机械钻井是不是引起了井壁堵塞，这个问题可以通过实际计算确定。井壁堵塞不仅能够阻碍，也确实阻碍了流体从地层中流出。一口井在测试中产量低，可能是堵塞所造成的，而不是这口井产能很低的缘故。只根据如钻杆测试所测的那种压力变化资料即可确定井壁堵塞，而这对于储层污染与产能预测是至关重要的。

（三）油藏压力

用数学方法确定静止油藏压力是完全可以做到的。在没有测得稳定的油藏压力即静压（稳定关井压力读数）的情形时，不仅可用数学方法确定压力，还可以用来校核其他计算结果。

第十一章　试井与地层测试分析

(四) 衰竭

如果某一油藏很小,以致全部含油面积都能在正常的钻杆测试中受到影响,即将出现压力衰竭现象,这种压力衰竭并将在操作适当的钻杆测试中反映出来。如果在正常的地层测试中流出的流体体积很小,就引起压力衰竭,那就表明这个油藏非常小,而经验已经证明,这样的油藏是没有什么开采价值的。

(五) 研究半径

由于在钻杆测试过程中,地层中的流体发生物理位移,所以,对一定距离内的地层必将产生一定的作用。这一距离称为测试的研究半径。这个参数可用于确定井距的大小,以及其他有关容积的计算中。

(六) 边界显示

如果在测试的研究半径之内,存在着像流体界面之类的边界或其他异常,则它们将在压力分析中反映出来。借助其他的评价资料和解释测试成果的经验,通常可以确定所出现的异常的确切类型。

测试层段的选择是根据裸眼井测井、录井和取心资料,由地质人员按照不同的要求提出的,通常是测井解释的可疑层。DST 测试的成功率较高,因为通常只有一个分隔器,且钻穿地层后,钻井液的浸泡时间较短,滤液对地层的伤害最小。标准测试是由两次流动生产和两次关井组成,有时需要三次关井。每次的时间由现场经验确定。第一次开井的目的是排除口袋中钻井液,大约为 5min,时间拖长会出现游离气并会导致更大的储集效应现象。

第一次关井时,可以得到无井底储存效应的井底压力恢复数据或原始地层压力,这时的测试时间应大于 1h。由于开井时间短 (5min),因此在一般的钻柱测试中,关井 60~90min 后就可以满足半对数分析要求。第二次开井时,先要生产一定数量的地层流体,然后关井,并在开关井过程中进行压力的数据采集。

二、测试资料分析

DST 测试要求不但有一套完整的流动期和恢复期,并且井口总是与大气相通的,一个 DST 试井的流动期可以作为一次段塞流试井。段塞流试井包括从储集层释放有限体积的流体,然后分析压力响应和确定储层参数。假设在非自喷井上进行 DST 试井,如果一个流动期延续足够长,流体就会不断地在井筒里聚集,直到液柱的回压平衡了储层压力为止。这时从液柱中提出部分液体,就会引起流体从储层中流入管柱，从而产生压力干扰。应用 DST 流动期的分析方法分析这一压力响应，可以得到有关储层流动能力和原始地层压力参数。

密闭试井与 DST 试井类似，在流动期井口始终是关闭的。井口密闭试井与段塞试井之间的主要差别是井筒储存。段塞流试井过程中的井筒始终是常数。而井口密闭井的井筒储存是随着液位的上升而变化的。井口密闭井是在井口装上压力计，并在流动期间保持井口关闭，当液体进入管柱中后，管柱中的气体受到压缩，因此井口压力上升，上升速度与流入管柱中的流量有关。因此基于井口压力确定流出地层的流量是可能的。一旦建立了流量与时间的关系，用常规的变流量的试井分析方法去解释这类测试资料是可能的。

根据钻柱地层测试资料计算地层参数的基本方法有两大类：常规分析方法和图版拟合方法。常规分析方法采用 Homer 方法，根据半对数分析图中直线性质的计算地层参数；图版拟合分析是使用各种样板曲线图版进行测试或计算机拟合，从测试资料和图版曲线的拟合值计算地层参数。

第四节　电缆地层测试器

一、电缆地层测试

电缆地层测试是用电缆将测试器下至测试层进行测试，主要用于多油层的地层测试。斯伦贝谢公司推出的重复式地层测试器称作 RFT（Repeat Formation Tester），贝克阿特拉斯公司生产的与 RFT 功能类似的仪器称为 FMT（Formation Multi Tester），它们均可在裸眼井及套管井中进行测试。

电缆地层测试是继钻柱测试之后发展的一种地层测试方法。相比于钻柱测试，它有以下特点：

(1) 可在井下进行多次测试，以及时发现高产层；
(2) 测试效率高，一次测试可在 1.5~3h 内完成；
(3) 油井处在完全控制之下，排除了测试中发生井喷的可能性；
(4) 对地层破坏性小。

但是，电缆式地层测试器也存在不足，如所取的液样少，计算的地层渗透率的精度相对较低等。

二、测试原理

RFT 的测试原理与钻柱测试相似，就是利用地层与测试管路间的巨大压差，将地层流体引入测试器内,从而对地层压力及流量等进行测试。

(1) RFT 井下仪器包括:① 由地面控制的仪器推靠系统;② 液压系统:地层密封器、过滤器、探针等;③ 取样筒:一个容积为 3780cm³,另一个容积为 10409cm³。取样时可以使用水垫及阻流器控制流速。

(2) RFT 仪器的具体测量过程如下:

① 根据自然电位、自然伽马及其他测井曲线,确定应测试地层的深度。

② 封隔器在弹簧压力作用下压在地层上,同时推靠臂推靠在相反的井壁上,固定测试器。此时,封隔器能阻止钻井液的侵入。当探管被压入地层时,地层中的液体经过过滤器进入管线,由此形成地层与预测试室的连通通道。

③ 当探管中的小活塞滑到探管根部时,封隔器继续压向井壁,一直到仪器完全固定于井壁为止,这时压力稍微升高。然后进行第一次预测试,此时,预测试室中的大活塞开始运动,流体以流量 q_1 充满第一预测试室,时间大约为 15min。

④ 第一预测试室充满后,第二预测试室开始工作,流体以流量 q_2 充满第二预测试室,q_2 比 q_1 充大 2~2.5 倍,充满 10cm³ 的空间所需时间约 7s。第二组压力降落数据也被记录下来。

⑤ 当活塞达到底部时,压力便开始恢复,同时记录压力恢复数据。是否结束压力恢复测试可根据地面记录的曲线确定,一般记录到地层压力数据后即可结束测试。

⑥ 若要进行地层取样,可根据记录曲线的形状确定。若仪器的密封性和地层渗透性良好,可打开取样阀取样。

⑦ 打开通向钻井液的平衡阀,再测一次钻井液压力。用活塞推出探头内的液体,过滤器同时被清洗干净。随后收回推靠臂、探管和封隔器,并将仪器移到下一个目的层进行测试。

三、测试成果与解释

电缆地层测试的主要成果包括两大类:一是测试曲线,即压力随时间变化的曲线;二是回收的流体。

(一) 测试曲线

1. 电缆测试曲线的定性分析

与钻柱测试的压力卡片类似,电缆测试曲线可能因探管堵塞、密封失败等因素而出现异常变化,具有此类异常变化的曲线不能用于地层渗透性的定性及定量解释,因此,在对电缆测试曲线进行解释和计算之前,应进行初步的定性分析,以确定是否有使用价值。

2. 电缆测试曲线的定量解释与应用

利用电缆测试器获得的测试时间及压力等资料，可用于解释地层渗透性、确定压力剖面及估算流体密度、分析油藏动态等。

(1) 解释地层渗透率。在测试中，当测试器及地层流体性质等相似时，不同渗透性的地层具有不同的压力测试曲线形态，它们存在明显的差异。这是因为地层的渗透率不同，必然导致地层流体进入测试器的流速也不同，如高渗地层流速大，测试压力恢复快，反之相反，进而导致测试压差出现明显的不同。

电缆地层测试资料的定量解释与钻柱测试定量解释有相似之处，均可用流动阶段及压力恢复阶段的资料进行定量解释。但是，这两种测试器的解释理论却不相同，钻柱测试是以平面径向流为基础，而电缆地层测试时探头附近的流动比较复杂，为准半球形流动或准径向流动。因此，电缆地层测试资料的定量解释要复杂得多。

此处不再详细论述电缆地层测试资料的定量解释方法与理论，其原因主要有两方面：一是经过大量的实践证实，其定量解释（地层渗透率等）的精度较差，远不如钻柱测试的解释精度；二是正因为定量解释的精度差，生产现场往往采用快速直观的解释方法，即往往用经验公式进行定量解释，以反映地层渗透率的相对大小。

(2) 确定压力剖面及估算流体密度。应用电缆地层测试曲线可推算原始地层压力。当地层渗透率较高时，压力恢复很快，最后的恢复压力与地层压力相同；对于低渗透层，压力恢复较慢，需要用压力恢复曲线外推求地层静压力（原理与前述的钻柱测试相同）。

当对不同深度进行测试时，便可得到不同深度的原始地层压力，并将所有测点处的地层压力沿深度连线，即可得到原始地层压力随深度变化的压力剖面。

此外，利用地层压力与深度建立的压力剖面，可以进一步估算储集层流体密度。

(3) 分析油藏生产动态。将不同时期的地层测试压力剖面与原始地层压力剖面进行比较，可以预测产层的流体性质变化，分析油层的递减或动态变化，估计井内层间干扰。

比较两口井之间压力的变化，可以确定地层的连通性或不连续性。如果油藏开采过程中压力递减是均匀的，则所得的压力分布平行于原始流体压力梯度线；相反，若递减不均匀，这时压力不再是单一的压力梯度。

油藏开采一段时间后，除中间的油层外，油藏压力已衰减，气油界面下移，油水界面上升，含水区段的不渗透层可能限制自然水驱或注水水驱的效率。若一口井采用多层合采方式，且各层具有独立的压力系统，那么油井的生产特性会受压力分布的影响。该井中上层压力比下层压力递减大，上层已衰竭，电缆地层测试求得的地层压力低于井筒内的流动压力，生产时该层不仅不会产油，而且会吸入下层产出的流体,这一现象称为"倒灌"。

(二) 回收的流体

流体取到地面后,首先准确计量油、气、水的体积,然后采用分析仪器测定地层流体的黏度和油的密度。当地层测试回收流体的数量超过 1000mL 时,便能进行准确的定量分析。

1. 估算地层水回收量与产水量

地层测试器回收的水一般是钻井滤液和地层水的混合物。如果地层水的数量很小,则多半是钻井滤液;如果回收水的数量很大,可以通过分析确定矿化度,并查出其电阻率或直接测量,然后根据测井资料或邻井的测试资料确定地层水电阻率。和钻井滤液电阻率,这样便可以计算出地层水相对体积。

2. 预测地层的产液性质

根据地层测试器回收到的流体类型和体积,可以判断地层的产液性质,有以下几种情况:

(1) 是只回收到油和气,显然属于油气层。

(2) 是回收到油和水。若仅为钻井滤液,则地层产纯油;若有地层水,其含量超过回收流体体积的 15%,则地层产油和水。

(3) 是回收到的是气和水。若气量很少且地层水体积很大,地层将产水,这时的气只是水中的溶解气;若回收气的体积较大且只有少量的钻井滤液,则地层可能只产气,并且可能需要采取增产措施提高产气量;当回收到的气体体积较大且地层水的体积超过回收流体体积的 15% 时,地层可能产气和水。

(4) 所回收到的是油、气、水,地层产出的流体将主要取决于回收到的流体的数量。

(三) 压降测试的影响因素

1. 探测范围

RFT 测试中,地层流体通过探针流动,大多数情况下属于球形流动,并且主要压降发生在探针附近(约 50% 的压降发生在探针半径 0.55cm 范围以内)。因此靠近探针的地层条件将极大地影响压降测试结果,而深部地层条件的影响则是有限的。

2. 泥浆中固体颗粒浸入的影响

钻井泥浆中的一些极为细小的悬浮物可以通过井壁泥饼进入地层,堵塞孔隙,流动通道变小,其结果使压降增大,渗透率降低。

3. 探针定位时的挤压作用的影响

如果在软地层中测试，由于探针挤压作用，使探针附近的岩石受到压缩，渗透率降低。相反，如果在硬地层中测试，探针的压入可能在其附近产生微细裂缝，其结果使渗透率计算值偏高。

4. 含水饱和度的影响

地层相对渗透率的变化与含水饱和度有关，压降法计算的渗透率反映的是可流动地层的有效渗透率。由于油水的相对渗透率随含水饱和度变化，侵入带中的含油饱和度往往接近残余油饱和度，因此侵入带中的总有效渗透率可能明显低于绝对渗透率。

(四) 压力恢复曲线分析

预测试室两个流动期结束后，预测试室被充满，地层中液体停止流向 RFT 系统，探针附近压力开始恢复，通过扩散最终达到同地层压力平衡。压力波在地层中的传播方式有两种：球形传播和柱形传播。

在厚地层中测试时，泄流半径未达到不渗透界面，恢复期压力波呈球形传播。在薄地层中测试时，流动传播半径超出地层不渗透界面，恢复期压力波到达层面之前呈球形传播，压力波到达层面之后呈柱形传播。

1. 柱形 (径向) 压力恢复曲线解释

柱形流动，即径向流动的压力恢复，是当探头向外传播的压力遇到上、下部的不渗透界面时，球形传播就会转变成为径向柱形压力传播。所以此时是 RFT 测试中的一种特例。

2. 压力恢复半径

压力在地层内以球形流动模式恢复，影响恢复曲线斜率最大的因素是地层渗透率，而流动扰动影响不大的地方，对斜率影响不大。因此压力恢复半径可分为最小半径和最大半径两个概念。

3. 不渗透界面影响

电缆测试存在不渗透界面的影响问题。不同于常规试井的是，RFT 试井仅在探针周围局部点区发生。一般认为，常规试井的不渗透界面影响发生在径向边界处，而 RPT 试井的不渗透边界常在轴向不渗透的上下层面产生干扰。

实际测试时，可能遇到以下情况：

(1) 探针位于薄层中间，流动扰动先以球形传播，很快达到界面，然后向外扩张。流动期主要以径向形式发生。

(2) 探针位于中厚层界面附近，流动扰动以球形模式传播，传播中可能遇到一个不渗透界面。

（3）探针位于中，厚层中间，距离地层界面较远时，流动扰动以球形模式传播，压力波未达到界面，观察不到界面反应。

4. 侵入带的影响

在压力动态分析时，一般假设为单相流动。然而油层井壁附近是两相流动，即泥浆滤液及原油。在预测试中，由于抽液量极少（20cm³），大多数情况下所抽取的液体均是滤液，其结果是井壁附近饱和度剖面的变化观察不出来。

通过两相三维无限油藏数值模拟研究表明：多数球形恢复能够观察不渗透边界的影响，侵入带比非侵入带具有更高的流动性。如果原油黏度是泥浆滤液黏度的两倍左右时，那么压力波到达相变带所引起的反应将同不渗透界面反应一样。因此，为了判别球形恢复曲线晚期段压力特性变化，最好是确定侵入带的深度，同时确定不渗透界面离探头的距离。

5. 三种分析方法的简要讨论

压降分析、球形压力恢复分析和柱形压力恢复分析三种估算渗透率的方法，通常提供不同的渗透率值。将这三种值与岩心分析进行比较，会有或大或小的差异，对于这些差异，应该有一个更清醒的认识。

首先，电缆地层测试与其他测井方法一样，都是对地层情况有条件地反映。这些条件包括仪器特性、测试方法、测量环境和测量对象。目前预测试取样的压降探测半径只有20cm，而压力恢复的探测半径也只有1m左右。探测半径的差异说明了压力下降和压力恢复反映了不同范围内的岩石渗透率，并且受到的影响因素也不尽相同。由于压降的探测半径特别小，受到泥饼、地层表皮损害和泥浆滤液的影响特别大，所以压降分析的可靠性特别低。柱形压力恢复主要受地层水平径向渗透率的影响，而球形压力恢复分析同时受到径向和垂向渗透率的影响，因此比前者受到地层各向异性的影响就要大一些。另外，就本质而言，电缆地层测试只能反映其探测范围内可动流体的相渗透率，压力下降，压力恢复、可动流体的相态以及饱和度都不尽相同，因此会造成差异，它们和岩心分析渗透率相比，所反映的对象不同，求出的渗透率意义也会有差别，所以不会完全吻合。

其次，就解释方法来看，都是将实际的复杂情况简化为一定的理想条件下，先通过理论分析建立解释模型，然后将测试记录数据转换为渗透率。不同的解释模型与实际情况的拟合程度不同，计算过程所用的中间参数的精度及累积误差有所差异，因此即使同一研究对象的计算结果也会有差异。

四、地层测试器的其他应用

电缆地层测试器可以测量地层压力传播数据，采集地层流体样品，从而对地层的有效渗透率、生产率，地层的连通情况、衰竭情况等做出评价，为建立最佳的完井和开发方案提供依据。特别是在求取地层有效渗透率和油气生产率方面，它在测井方法中可以说是独一无二的。

电缆地层测试器预测试的压力记录包括三项不同的信息，即井内静液柱压力、地层关井压力和预测试室抽液所诱发的短暂地层压力变化。通过对井中若干个测量点的预测试压力的定性分析，不仅可以估计井内地层的压力分布，而且还可以了解地层的渗透性，同时鉴别油藏中的可动流体及气、油、水接触面，估计油藏垂向连通程度，研究油层的生产特性及油藏的递减方式。

(一) 判断地层渗透性

预测试的模拟压力曲线给出了探头附近地层渗透性的非常好的快速直观之估计。高渗透性地层（大于 $100 \times 10^{-3} \mu m^2$）的典型显示，预测试室活塞抽动时引起的压降很小，关井后很快又恢复到地层压力；中等渗透性地层（约 $10 \times 10^{-3} \mu m^2$）的典型显示，关井后恢复到地层压力较慢；低渗透性地层（约 $1 \times 10^{-3} \mu m^2$）的预测试显示，关井后恢复到地层压力更慢；极低渗透性地层（约 $0.1 \times 10^{-3} \mu m^2$ 或以下），不仅压力降低大，而且压力恢复至地层压力所需的时间特别长。当致密层的预测试压力显示接近零读数时，表明没有渗透性。

(二) 鉴别油藏的流体性质、相界面及垂向连通性

根据电缆地层测试原理，预测试记录的地层关井压力在中、高渗透层基本上就是地层静压；而低渗透层的测试往往未达到稳定，需要用压力恢复曲线图外推求出地层静压力。将井剖面上所有测试点的地层压力按深度作图，便可以识别地层的流体性质（气、油或水），并确定不同相之间界面的位置（汽油界面或油水界面）。

地层静压力也就是地层孔隙中流体的压力。电缆地层测试反映油藏中可动的连续相的压力，合成的流动流体压力梯度在某种程度上等于侵入带之外的地层压力梯度。因而，压力梯度可以用地层流体密度解释。

(三) 分析油藏生产动态

不同开采时期电缆地层测试得到的井内压力分布剖面同原始地层压力剖面比较，都可以分析油层的衰竭情况，预测油层产出流体性质的变化，估计井内层间干扰。通过从一口井到另一口井的压力变化比较，可以扩大电缆地层测试结果在油藏管理中的应用，横向连通的油层具有均匀的油藏压力分布，不连续性则指示断层或其他非渗透性隔层存在。

如果油藏开采过程中压力递减是均匀的,则所得的压力分布平行于原始流体梯度。相反,若递减不均匀,这时的压力分布会复杂化。油藏开采一段时间后的压力分布,指示出除中间的油层外,油藏压力已衰减,气—油界面下移,而油—水界面上升,含水区段的不渗透隔层可能限制自然水驱或注水水驱的效率。在油区可以根据压力是否仍然保持或接近原始地层压力来加以识别。

如果一口油井开采是多层合采,各层具有独立的压力系统,且递减速度不同,则油井的生产特性会受压力分布的影响。有的油层已经衰竭,地层压力低于井筒内的流动压力,生产期间该层不仅产油,而且会吸入其他油层产出的流体而形成"倒灌"现象。

(四) 分析裂缝性储层的生产特征

裂缝性储层由渗透性的裂缝系统和低渗透性的岩块组成。岩块尺寸大小由裂缝密度所控制,如果岩石破碎构成网状裂缝—孔隙性储层,则与砂岩储层的特征近似。就一般裂缝性储层而言,裂缝孔隙度虽小但渗透率很高,控制着储层的生产特征。电缆地层测试反映了裂缝性储层中可动流体的响应,包括裂缝内的流体和岩块内可动流体,因而有可能对储层的生产机理作进一步了解。

油在通过裂缝系统运移过程中,首先驱走裂缝内的水,然后替代岩块内的水,直到重力—毛细管压力平衡为止。因此,岩块的底部通常全含水,上部才可能含油,中间存在一个过渡带。在生产过程中,含水层水的膨胀或注入水会不断进入裂缝系统,因而裂缝系统的汽油界面和油水界面以及岩块的含水饱和度将不断地变化。由于每一岩块的底层水的压力和裂缝系统内同一深度的流体压力相等,因此,电缆地层测试得到的总的压力梯度对应于裂缝系统内流体的压力梯度。

由于大部分自然裂缝性储层的岩石基块渗透率较低,能够有效地观察预测试的压力恢复,对压力恢复响应进行分析将增强对储层生产机理的评价,除可以确定岩石基本的渗透率之外,在有利条件下还可以估计岩块的尺寸大小。

第五节　射孔完井与产能预测

常用的完井方法有射孔完井法、裸眼井完井法、衬管完井法及砾石充填完井法等。此节着重就射孔完井进行介绍。

一、射孔完井技术简介

射孔技术的发展经历了三个阶段：第一阶段是早期的机械射孔枪阶段，第二阶段是子弹射孔枪阶段，第三阶段是目前几乎所有完井都使用的聚能射孔枪阶段。聚能射孔弹的设计也从早期的棒载式喷射弹发展到目前所用的高效、高能的聚能射孔弹。聚能射孔弹由外壳、炸药、雷管及金属聚能罩四部分组成。

把聚能射孔弹装进射孔枪后，沿着枪身拉一根导爆索，使它的每个射孔弹的起爆部分相连。在目的层段，通电引爆电雷管引燃导爆索，导爆索冲击波前，传播速度大约是700m/s，压力约为15~20GPa。这个波前将引燃炸药，在聚能罩锥顶达到最大速度和压力，即速度达到8000m/s，压力为30GPa。在这样的速度和压力下，射孔弹的外壳和聚能罩只能产生很小的机械阻力，其外壳向外推出，聚能罩朝着射孔弹对称轴向内崩碎。在聚能罩锥顶附近中点处，其压力壳增大100GPa，这将把金属分成两种轴向流，向前运动的喷射流和相对于冲击点向后的段塞流。在聚能罩崩碎期间，这种喷射流和段塞流累积形成一种连续的、快速运动的金属流。喷射流顶部的运动速度为7000m/s，而其尾部的速度大约为500m/s。由于喷射流和尾部之间的速度差异而导致喷射流的长度迅速增加。喷射流以100GPa的冲击力冲击套管和储层岩石，在如此大的压力下，套管和地层物质只可能作塑性流动，并径向离开喷射流的冲击点。当喷射流前端冲击井壁时，将它们穿透，同时在作用过程中消耗自身的能量。喷射流的后续部分继续进行穿透，一直到整个喷射流的能量消耗完为止。这种射孔是通过金属喷射流迫使地层向四周分开完成的，在这个过程中，温度、爆炸气体对射孔没有贡献。聚能射孔理论假定金属喷射流和储层岩石都可以看成流体。伯努里方程可用于喷射流与储层岩石间的相互作用，研究指出，用致密和较长的喷射流壳可增加总的射孔穿透深度。

射孔时要考虑两个主要因素：射孔密度和射孔相位。单位长度上的射孔数称为射孔密度。射孔孔眼之间的夹角定义为相位角。这两个参数与产层产液量密切相关，主要取决于射孔枪的结构。除储层的特性之外，射孔枪到套管的间距、井内流体的密度和压力、套管的硬度及壁厚等因素，都会影响射孔孔口直径和射孔深度。由于通过完井液时喷射流要消耗一定的能量，所以射孔孔口和深度受射孔枪外壁射孔套管壁距离的影响。

对于子弹式射孔器，当射孔枪身与套管间的间隙超过12mm时，子弹的射出速度和穿透能力将产生较大的损失。计算结果表明：当间隙为零时，其穿透深度比间隙为12mm时的穿透深度增加15%；当间隙增大到25mm和50mm时，相应的穿透深度比间隙为12mm时降低25%和30%。对于聚能射孔器，特别是过油管射孔器，如果间隙过大将导致不适当的穿透深度、孔眼尺寸和不规则的孔眼。当射孔枪贴在套管壁进行射孔时，穿透深度可达 150mm，孔径为 7.5mm。当间隙较大时，穿透深度下降至 36~95mm，孔径下降到 2~4.5mm。经验表明，对于聚能射孔器，0 或 12.7mm 的间隙可提供最大的穿透深度和孔径。在实际射孔中，一般可以利用弹簧式偏移器和磁铁定位器对间隙进行控制。

目前主要采用三种基本的射孔方法：过电缆套管射孔枪射孔、过油管射孔枪射孔和油管传输射孔。

(1) 电缆套管射孔技术。电缆套管射孔枪射孔是一种标准的射孔技术。在下油管和安装井口装置之前，首先用电缆把套管射孔枪下到产层的位置，然后点火射孔。

(2) 过油管射孔技术。首先安装井口装置并下入生产油管，然后用能在油管中通过的小直径射孔枪进行射孔。

(3) 油管传输射孔技术。射孔时把射孔枪安装在油管的底部下到井中，达到预定深度时，打开枪身上的封隔器，并且完成该井的投产准备工作，其中包括在油管中建立合适的负压差条件，然后点火射孔。

射孔时，通常用自然伽马曲线控制射孔深度，这一方法的优点是：① 可应用大孔径、高性能，高孔密的套管射孔枪在负压差条件下进行射孔，及时对孔眼进行清理；② 在射孔前可安装井口装置并打开生产封隔器；③ 一次下井可对大段地层进行射孔；④ 适用于水平井和斜井。

这一方法的缺点是：射孔成本高；只有把枪从井中取出后才能证实射孔的效果；与电缆套管射孔枪相比，很难精确控制射孔枪的深度且较费时。

二、射孔优化设计

进行射孔前，需要进行方案设计，射孔优化设计就是针对地层的性质，根据现有的条件选择出一种能使射孔产能达到最大化的方案。它主要包括射孔前的准备、优选射孔参数和射孔工艺等。

(一) 射孔设计的准备

能否进行有效的射孔优化设计，主要取决于三方面的情况：一是对储集层和地层流体下射孔规律的定量认识程度；二是射孔参数、地层及流体参数和损害参数等信息获取的准确程度；三是可供选择的射孔枪的品种、类型及射孔液、射孔工艺配套的系列化程度。因此在射孔前需要进行以下准备工作：

(1) 射孔弹的岩心靶射孔试验。该试验能了解射孔弹在不同条件下射孔岩心的穿透深度、孔眼直径，以及不同压差和射孔液下的岩心射孔流动效率等。试验中应该考虑所设计井的实际井下温度—压力并模拟上覆岩层压力。根据实际岩心的射孔观察，确定压实带厚度和压实程度。

（2）测井分析。根据测井曲线可以了解油、气、水层和地层中的敏感性矿物，为射孔深度控制和射孔液的选择提供依据。对于泥质砂岩地层，先用测井资料确定泥质含量、砂质含量和泥质分布指数，并确定砂岩层的孔隙度和含水饱和度；对裂缝性地层，应确定裂缝密度、裂缝方位和裂缝组合参数。通过测井分析还可以确定储层的钻井损害深度和程度。

（3）裸眼井中途试井。利用中途试井方法，确定地层的损害程度（表皮系数），确定地层渗透率等参数。如果本井无法进行中途试井，可以借用邻井相同层位的中途试井资料推测本井的钻井损害数据。

（4）套管损害试验。在模拟井眼中，进行高温、高压条件下射孔对套管损害的试验，获取各种枪、弹对套管损害程度数据及允许使用的最高孔密数据。

（二）射孔参数的优化选择

射孔参数包括孔深、孔密、孔径、相位角和射孔格式，优选射孔参数时应尽可能同时考虑钻井损害、射孔损害及地层非均质性的影响，根据需要和可能进行最优化设计。

1. 普通砂岩地层射孔参数的优选

（1）孔深、孔密的选择。在射孔孔眼穿透钻井损害带之后，射孔完井的产能将有较大的提高。在孔深大于46cm之后，再靠增加孔深来提高产能，其效果就不明显了，对于输送砂岩，孔眼太深会降低井眼的稳定性。因此，孔深的选择以超过钻井损害带又不影响孔眼的稳定性为宜。当孔密增大到一定程度时，增产效果就不明显了，而且孔密太大还会造成套管损害。通常认为26～39孔/m的孔密是射孔成本最低，产能最大的理想的射孔密度。

（2）相位角的选择。由于射孔的相位角可以人为地控制，所以选择适当的相位角对提高射孔完井的产能是至关重要的。通常情况下，在均质地层中90°相位角最佳；在非均质严重的地层中，120°相位角最好；在射孔密度较高的情况下或在疏松砂岩地层中，60°相位角最好，60°相位角也是维持套管强度的最佳相位角。

（3）孔径和射孔格式的选择。一般的研究认为孔径对产能的影响不大，但当孔径较小时，增大孔径也会使油井产能得到改善。对于一般的砂岩地层选择孔径在0.63～1.27cm较好，但对于稠油井、高含蜡井及出砂严重的油井，为减少摩擦阻力，降低流速，减少冲刷作用和携砂能力，应采用直径为1.9cm或更大的孔眼。关于射孔格式的选择，K.C.Hong利用有限差分模型研究了平面简单布孔和交错布孔的两种射孔格式,认为交错布孔优于平面简单布孔。在螺旋、交错和简单三种布孔格式之间,螺旋布孔优于交错布孔,而交错布孔又优于平面简单布孔。由于螺旋布孔是在枪身的每个平面上只能射一个孔,在枪身变形小,有利于施工,因此最优的选择是螺旋布孔。

2. 非均质、非达西流的气井射孔参数

气井射孔参数的优选必须考虑紊流效应,对低渗透率气层应采用深穿透、高孔密和中等孔径的射孔程序。对高渗透率气层应采用中等孔深、高孔密、较大孔径的射孔程序。并以90°螺旋排列射孔最好。研究表明,当孔眼未穿透钻井损害带时,影响产能的因素依次是钻井损害—孔深—生产压差(紊流效应)—孔密—射孔损害—孔径—相位角;当孔眼穿透钻井损害带后影响产能的主次顺序为孔密—生产压差(紊流效应)—孔深—射孔损害—孔径—相位角—钻井损害。

3. 裂缝性储层射孔参数的选择

裂缝性储层射孔完井的产能完全取决于射孔孔眼和裂缝系统的连通情况,而这又取决于射孔参数与裂缝类型、裂缝方位、裂缝密度等因素。

4. 泥质夹层储集层射孔参数的优选

储集层中泥岩夹层的存在极大地阻碍了流体的垂向流动,同时造成严重的各向异性。泥岩和砂岩分布的相对厚度和相对位置对射孔完井产能影响极大。这种地层射孔参数的优选必须和实际地层的砂岩、泥岩分布相结合。

(三) 射孔负压的选择

负压射孔即在油气层压力大于井内钻井液柱压力条件下所进行的射孔。在这一条件下,地层流体产生负压冲击回流冲洗孔眼附近地层和孔眼内的爆炸物,不仅畅通了油流通道,同时避免了井内流体进入地层,防止油层内发生土锁和水锁效应,从而达到提高油气井产能的目的。实践证明,负压射孔是降低射孔损害、减少孔眼堵塞、提高油气产能的最佳射孔方法之一。负压射孔的关键问题是消除射孔损害需要多大的负压。一方面,当负压合适时,可以得到纯净的无损害孔眼(射孔后进行酸化处理,其产能增加量不超过10%的孔眼),并可以消除对孔眼周围的渗透率损害,这就是油井产能达到最大所需的最小负压差;另一方面,过大的负压差会造成地层机械破损、套管破裂、井内封隔器或其他仪器脱落,以及储层出砂等问题,因此要兼顾两方面。

(四) 射孔工艺的选择

实际射孔工艺中,应先根据实际情况分析各种工艺的产能效果,然后确定最佳射孔工艺。有效射孔的关键是射孔方案的设计,为了设计一种有效的射孔方法,必须考虑地层性质、用于地层的完井方法、井内设备和射孔时井的状态等因素,并研究各种可采用的射孔技术。

1. 地层性质

射孔方法设计时要考虑地层性质,主要包括岩性深度、孔隙流体和压力。如果要预测射孔弹所产生的穿透深度,则必须首先掌握地层的声速、体积密度和抗压强度。其他需要收集的信息包括地层是否有裂缝存在,是否含有泥质条带,是不是重复完井的地层,在邻近井中的状态如何,所用的射孔设备和技术怎样、效果如何等。这些信息有助于选择射孔枪、射孔弹和压力设备。

2. 完井类型

完井的主要目的是建立地层和井眼之间的通道。完井类型有三种:自然完井,砂控完井和强化完井。完井类型对射孔工艺的选择具有重要的意义。

(1) 自然完井:也被称为裸眼完井,是一种不需要砂控和强化的完井方法。

(2) 砂控完井:在非压实地层中,如果地层和井眼之间有显著的压力存在,则会出现出砂现象。由于这个压力差与射孔截面积成反比,因此可以通过增大总的射孔面积来减少出砂的可能。通常采用砂控方法是用砾石填充,目的是防止孔眼周围的损害。当孔眼周围发生损害时,碎屑物质堵塞孔眼,甚至堵塞套管和油管。砂控完井时,孔密越高,孔眼直径越大,射孔面积越大,在这种情况下,孔眼几何因素的重要性依次是孔眼直径、孔密、相位和穿透深度。

(3) 强化完井:强化完井包括酸化和水力压裂,其目的是增大流体从地层流向井眼通道的数量和尺寸。酸化、压裂都需要在高压下向地层中注入大量的流体,在需要强化的地层,孔眼的直径和分布很重要,通过选择孔眼直径和密度控制孔眼周围的压力差。

3. 井的状态

地层性质和完井类型决定着射孔过程中的孔眼的几何因素,而井的状态通常决定着射孔枪的尺寸和类型。在射孔中必须考虑井眼管材的条件、尺寸、规格、管道中的障碍物、井眼的倾斜、固井的质量和流体的类型等。

4. 射孔深度的控制

准确确定射孔枪的深度是射孔施工的关键。如果射孔枪的深度位置不正确,会出现误射孔,使整个射孔工作失败。射孔深度控制的方法主要是利用自然伽马和套管接箍曲线。

套管接箍曲线是由磁性定位器测得的,磁性定位器沿着油井套管内壁,由地面绞车牵引,自上而下滑行,当经过套管接箍时,其线圈便产生一个感应电动势,它通过电缆输入地面仪器而被记录下来。在地面仪器记录这个信号的同时，根据电缆下入井内的长度，即可确定信号所对应的接箍深度。

射孔的放射性校深是以定位射孔方法为基础进行的，定位射孔后是通过确定油气层附近套管接箍的位置，间接地确定油气层的位置。

射孔是油井下入套管固井后进行的，因此套管和目的层的相对位置固定不变。目的层的深度可由完井测井曲线来获得。套管的长度和套管的接箍深度由前次测井曲线确定。经深度标准化校正后的测井电缆，可以认为先后两次下井所测得的目的深度和套管接箍深度都是准确的。利用简单的换算，可以得到目的层及其相邻的套管接箍之间的相对深度差。所以只要能确定待射孔的目的层邻近套管的接箍，就等于找到了要射孔的目的层段。

由于测定套管接箍的前次曲线与确定的目的层的完井曲线不是同一电缆在同一次下井过程中测得的，所以两者之间存在着深度误差，这个误差必须进行校正，才能准确地确定射孔目的层段。实际工作中采用的是利用下套管前测得的中子伽马（或者自然伽马）曲线与下套管后测得的中子伽马（或自然伽马）曲线进行对比，使前次曲线与确定的套管接箍深度和完井测井深度统一起来。

三、射孔参数对地层产能的影响

射孔作业的目的是在对产能损害较小的情况下，在产层和井眼之间建立一个良好的流体通道，从而保证产层正常生产。决定流体在射孔孔眼中的流动效率的主要几何因素主要有射孔深度、射孔密度、射孔相位和孔眼直径。这四种因素对油井产量的影响程度取决于完井类型，地层特性及钻井、固井作业对地层的污染程度。

（一）射孔深度对产能的影响

由于流体是三维的，因此射孔后的产量与不下套管裸眼井完井时的产量有较大的差异。流体的流动不是径向流，而是向各个炮眼汇聚，因此射孔后的产量与为下套管前的径向流完井时的产量有较大的差异。

射孔孔眼的深度是影响产能的一个重要的因素。在有钻井伤害而无射孔伤害时，只有当射孔孔眼深度超过伤害带的 40% 或 50% 时，井的产能才不会降低，并且随着孔深的增加而增加，但当孔深增加到一定程度后，产能基本稳定。

通常情况下同时存在钻井伤害和射孔伤害，此时即使孔眼完全穿过伤害带，油井产能仍然低于无损害时的产能。现场施工中，在有钻井伤害时，都必须进行深度穿透无损害作业，使孔眼完全穿透伤害带，因此在有钻井伤害的井中，采用穿透深度大的射孔方法比采用射孔密度大的方法更有效。

(二) 射孔密度对产能的影响

一般情况下，获得最大产能需要有较高的射孔密度，但在选择射孔密度时，不能无限制地增加密度，应考虑以下几种因素：

(1) 孔密太大容易造成套管损害；
(2) 孔密太大成本较高；
(3) 孔密太大会使将来的作业复杂化。

(三) 孔径对产能的影响

孔径是指射孔枪在地层中产生孔眼直径，它对油井的产能也有关系，但不如孔深和孔密的影响大。

(四) 射孔格式对产能的影响

射孔格式是指射孔孔眼的排列方式，目前使用的射孔格式主要有平面排列、交错排列和螺旋排列三种。交错排列方式指的是在以水平面内的射孔孔眼与邻近水平面内射孔孔眼间的夹角为 90 或者 180°；螺旋排列方式是指射孔孔眼沿着枪身纵向分散开并分布于枪的四周，孔眼的环形分布可以是顺时针螺旋，也可以是逆时针螺旋，或者是两者结合。螺旋排列射孔是通过射孔枪的射孔部件实现的，射孔部件绕着垂直轴在水平方向分散排列，排列特征是射孔枪内射孔部件相互间的水平夹角为 15°。平面排列方式即射孔孔眼在同一水平面内排列。射孔格式对产能影响较小，无论是孔眼穿过损害带还是未穿过损害带，射孔格式都是影响产能的次要因素。不过螺旋射孔可以有效地进行水泥修补作业，在重复射孔井段基本上消除了孔眼相互重叠的可能性，因此螺旋射孔更好一些。

(五) 地层性质对产能的影响

1. 各向异性和泥质夹层对产能的影响

地层的各向异性是指地层的垂向渗透率和水平渗透率的差异。由于地层沉积过程中构造应力的作用，在均质和非均质储层中都会出现各向异性地层。其特征是流体在各个方向上的传播速度不同。各向异性的程度用水平渗透率和垂直渗透率的比值评价。在孔密、孔深和相位等参数相同时，随着各向异性程度的增加，油气井产能下降。增加射孔密度、提高孔眼深度都可以使产能增加，而且增加射孔密度对提高产能更有效，因此在各向异性地层中，提高射孔密度是改善油气井产能的一个重要途径。

第十一章 试井与地层测试分析

地层中都不同程度含有泥质,这种泥质均匀地分布于整个地层中,也可能是以连续的夹层或以不连续的泥质条带的形式存在于地层中。相对于砂岩来说,泥质不具有渗透性,因此,它们在横向上的连续性和空间分布会极大地改变地层流体的流动特性,从而影响油气井的产能。首先,在砂泥岩交互的地层中射孔时,存在一个孔眼的上限和下限问题。上限指的是有效孔眼最多的情况,这种情况下砂岩中的孔眼数量较少。下限指的是有效孔眼最少的情况。通常情况下,随着射孔密度增加,砂岩中的有效孔眼数增加。实验表明,在射孔密度很高时,孔眼上限和孔眼下限显示的有效孔眼数相差不大,因此在泥质砂岩地层中,若要获得较多的有效孔眼,必须提高射孔密度。但是对厚度很大的砂泥岩薄互层,这些地层有不同的泥质含量和分布,有时用较低的射孔密度就可以有效地开采出某些连续的砂岩层,所以从经济角度讲,对数百米的砂泥岩薄互层射孔,详细研究最佳射孔密度是重要的。其次,在一大段地层内,应用较高的射孔密度射孔会损坏套管和水泥环。因此在含有泥质夹层的地层射孔,必须合理兼顾,既要保证套管完好,又要获得较高产能。

2. 泥质含量和分布指数对产能的影响

泥质砂岩地层中,泥质含量和泥质分布指数对射孔完井的产能也有一定影响。

3. 地层裂缝对产能的影响

在非均质地层中,由构造应力引起的网状裂缝和缝合裂缝带对射孔产能有很大的影响。这些裂缝可能是平行的,也可能是垂直的。裂缝的方位、间隔和渗透率对产能都有很大的影响,下面介绍几种情况:

(1)一组垂直裂缝地层。对这类地层,射孔孔眼可能和裂缝平行,也可能和裂缝面垂直。在裂缝之间的间隔较小的情况下,由于裂缝和孔眼平行,其间没有直接的连通通道,所以产能较低,而裂缝和孔眼垂直时产能较高。在裂缝间隔较大时,裂缝与孔眼平行时的产能和裂缝与孔眼垂直时的产能之间没有太大的差别。通常情况下,与裂缝垂直(相交)于射孔孔眼的产能比裂缝平行于射孔孔眼的产能高。

对于裂缝和射孔孔眼平行的地层,由于液体可通过的面积有限且与裂缝没有连通,因此,流体流动比较困难,此时孔深严重地影响产能,孔深增加时,产能增幅较大。对于这种地层,其产能几乎与射孔密度无关。如果孔眼和裂缝相交。由于孔眼与裂缝直接连通,当裂缝间隔较小且孔深较大时,其产能较大,甚至其完井动态比裸眼井完井还好。

(2)一组水平裂缝。对于有水平裂缝的情况,地层的产能和射孔深度的关系密切,孔深增加,产能增加。由于水平裂缝不会改变地层的垂向连通性,因此射孔密度对产能的影响较大。在裂缝间隔较小的地层,由于孔眼与裂缝直接连通的概率加大,而且孔眼与裂缝间的平均距离减小,所以高密度射孔完井效果更好。

总之，裂缝储集层射孔完井的产能取决于裂缝的类型和密度。在裂缝密度较高的地层，射孔完井的产能较高。射孔穿透深度总是一个最重要的参数，如果垂直裂缝可提供较好的垂向连通性，则射孔密度相对来说并不重要。

(六) 紊流及相关参数对产能的影响

流体在多孔岩石介质中流动时，流量随着压差的增大而呈线性增加，在这种条件下流体的流动称为达西流动。当流量增加达一定值时，流量不再随着液体的压力差或气体的压力差的增大而线性增加。这时，压力差的增加比流量的增加要快许多。

流体在地层中以紊流方式流动时，流体质点碰撞产生的附加阻力比由黏性产生的阻力大许多，所以碰撞将使流体前进的阻力急剧加大，不能满足达西定律。在紊流状态下，产能受上文所述的影响因素之外，还要受流体性质、流体速度及地层渗透性大小的影响。

1. 紊流条件下射孔参数的影响

在紊流条件下，射孔参数 (孔深、孔密、孔径和相位角等) 对射孔完井的产能有较大影响，并且和无紊流时射孔参数对产能的影响不同。

(1) 井眼附近流体流动速度高，从而导致在高渗透性地层中紊流对产能的影响增大。

(2) 紊流条件下，孔深对产能的影响较为明显，孔深越小，紊流使产能下降越大，随着孔深的增加，紊流的影响逐渐减小。有紊流时的产能随孔深的增加幅度比无紊流时大。

(3) 有紊流情况下，孔深较小时相位对产能的影响不大，孔深较大时才体现出相位的影响。

2. 紊流条件下，地层的各相异性对产能有较大的影响

地层的渗透不同 (特别是水平渗透率不同) 时，紊流对产能的影响较大。在通常情况下，水平渗透率较小时，紊流对流量的影响较小，而随着渗透率的增大，紊流将明显导致产能的下降。此外，压力差对紊流条件下的气体流量也有较大的影响。

第十二章 油田开发指标综合预测方法

第一节 油田开发动态指标综合预测方法

一、对油田开发规律的认识

(一) 油田开发基本规律

1. 油水两相渗流规律——相对渗透率曲线

相对渗透率曲线反映了水驱油过程中把达西定律引用、推广到多相流中的基础参数变化。它是从试验过程中得到的,不仅是研究水驱油机理的一项基本规律,也是评价油田开发效果的关键参数。到目前为止,相对渗透率曲线大体有九项用途。

(1) 油藏分析,特别是油藏模拟的重要参数;
(2) 计算含水率、分流量;
(3) 估算油藏含水上升率;
(4) 估算采油指数、采液指数;
(5) 判断润湿性;
(6) 计算流度和流度比,包括端点流度比和过程流度比;
(7) 判断束缚水饱和度;
(8) 判断残余油饱和度;
(9) 水驱特征曲线的理论基础。

当然,相对渗透率曲线还有很多问题需要研究,进一步发展研究的空间还很大,如长期水冲刷后相对渗透率曲线的变化、压力梯度对相对渗透率曲线的影响等。

2. 流体流量之间变化规律——水驱特征曲线

采油过程中水驱特征曲线反映了水驱油田开发过程中累计产油量、累计产水量之间的统计规律。

由于累计产油量、累计产水量、累计产液量、累计水油比、累计液油比、含水率之间的相互密切关系,所以研究工作者在原始水驱特征曲线的基础上,利用上述这些参数之间的关系,引申和发展出一组这些参数之间的规律性关系。通过它们之间的不同组合绘制出关系曲线,在不同坐标上表示,就可出现易于定量描述的直线段，利用这些直线段的特征可以预测出很多油田参数。

实践证明水驱特征曲线有以下几个特点：

（1）水驱特征曲线具有可叠加性规律；

（2）在油藏进行调整措施后有中途转折性的规律；

（3）水驱特征曲线直线段出现时间具有规律性；

（4）特高含水期水驱特征曲线有上翘规律；

（5）水驱特征曲线和油水相对渗透率曲线有内在联系，油水相对渗透率曲线是水驱特征曲线的理论基础。

3. 油田产量变化规律——递减曲线

研究产量递减规律的方法一般是从总结油田生产经验入手，先是绘制产量与时间关系曲线，或绘制产量与累计产量关系曲线，然后选择恰当的标准曲线或标准公式来描述这一段关系曲线。在此基础上，根据标准曲线和公式外推以预测今后的产量变化趋势。

递减曲线法评估储量主要用于开发时间较长、有一定油水运动规律的油气藏，评估的储量具有时效性，一般为一年。多采用结果偏保守的指数递减曲线法计算储量。

4. 油层工作方式规律——流入动态曲线

所谓油层工作方式，也就是油层中各种流体在油层多孔介质中、在稳定流条件下从油层流入井底的规律。它是根据多种流体（包括单相、两相、可压缩、不可压缩、牛顿、非牛顿流体等）在各种地下多孔介质中的稳定渗流微分方程式求解出的单井平面径向流动条件下油井稳定产量和压力值（或压差值）的关系式或关系曲线，也叫指示曲线。根据该关系式可求出油、水井的采油指数、吸水指数及井附近的平均地层参数等。

这种根据油井产量、油层压力、井底流压建立产量和生产压差之间的关系就是过去所说的稳定试井，它是通过人为地改变油井工作方式，在各种工作方式下测量其相应的稳定产量和压力值，根据这些数据绘制出指示曲线，并列出流动方程。

5. 单井瞬时压力变化规律——压力恢复（降落）曲线

油井压力恢复（降落）曲线就是通常所说的不稳定试井曲线，它反映了流体在地下多孔介质中渗流的基本规律。就其范畴来讲属于地下渗流力学的反问题。压力恢复曲线试井是运用已知的渗流规律来分析、判断、推测多孔介质的相关系数（如渗透率、流动系数、导压系数和油层边界等）。如果给这种不稳定试井方法下个定义，可以这样认为：以渗流力学理论为基础，以多种压力测试包括流量测试仪表为研究手段，通过对生产井和注入井测油层压力恢复及降落曲线或井间层间干扰曲线，研

第十二章 油田开发指标综合预测方法

究油层各种物理参数及生产能力的方法。

6. 油层孔隙结构特征规律——毛细管压力曲线

通常可以把孔隙介质中的毛细管压力简单地定义为两种互不相溶流体分界面上存在的压力差。在孔隙中或毛细管里，由于毛细管表面对两相流体的润湿性不同，而形成弯液面，两相之间形成压力差，这个压力差就是毛细管压力。由于非润湿相界面总是凸形，所以非润湿相压力大于润湿相压力，故一般把毛细管压力写成非润湿相压力减去润湿相压力，为正值。

毛细管压力曲线的用途很多，它不仅是水驱油过程中不可忽视的研究手段，也是研究油水过渡带和其中饱和度变化不可缺少的资料，但更重要的是通过毛细管压力曲线的测试和分析研究来表征储集层岩石的孔隙结构。

(二) 油田开发工作的规律性认识

1. 不断认识的开发历程

由于油田具有复杂性，特别是严重的油层非均质性，所以必须通过开发逐步加深对油田的认识。

在漫长的油田开发过程中，随着科学进步和技术创新，认识油田的方法和技术不断改进，对油田的认识程度不断深化细化。

随着油田开发的进行，油、气、水在地下分布不断变化，储集层多孔介质的性质（如油层孔隙结构、岩石润湿性等）也都不断发生变化，因此也要在开发过程中不断加深对油田的认识。

因此，油田开发的历程就是不断认识油田的过程，油田开发没有结束，对油田的认识就不会停止。

2. 先易后难的开发程序

油田开发过程中对油藏地质的认识是不断深化的。开发初期由于资料较少，对于大面积分布的好油层认识比较清楚，对于零散分布的差油层认识较差；对于大的断块和纯油区认识得比较清楚，对于小断块和油水过渡带认识较差。因此，为减少风险、提高效益，油田开发一般都是以大面积分布、储量丰度比较大的主力油层纯油区为目标部署基础井网。一方面可以迅速形成产能并获得最佳的投资回报；另一方面由于资料增多，可以进一步清楚地认识差油层和相应储量，为以后开发创造条件。对于断块油藏也是如此。

这种先肥后瘦、先易后难的开发程序是油田合理开发的基本原则，这不仅是客观认识油藏过程尽快获得较大经济效益决定的，也是开发技术不断创新决定的。

3. 分而治之的开发方法

油藏开发方法有很多共性，但开发好油藏要研究每个油藏每个区块及每个油层的个性即特殊性，只有采取具体情况具体分析、不同情况区别对待、分而治之的开发方法，这样才能取得更好的开发效果。

分而治之的开发方法是由油藏地质特点、开发方式及开发效果决定的，不仅是油田合理开发、制定不同开发规则和开发方案的需求，也是采取不同作业区管理模式的需求。

复杂断块油藏更要因地制宜，区别对待，不同断块采取不同开发对策和注采井网，甚至是一块一策、一井一法，不同性质的矛盾采用不同的方法解决就是典型的分而治之的方法。

4. 物质平衡的驱动方式

目前油田开发的最好方式是利用一种驱油剂驱替油层中的原油。最常用的驱油剂就是水，当然，也有注气、注化学剂等驱油方式。为了使驱油剂达到最好的效果，需要研究驱油剂的作用机理、物理化学性质等诸多因素。另外，还有一个很重要的基础问题，就是无论选择何种注入剂都必须保持油层有足够的能量，使注入剂和采出油量保持注采平衡，从而不使地下储集层体积产生亏空或亏空过多。这就是驱替剂驱油过程中需要遵循物质平衡驱动方式的基本规律，也就是说应该要求驱替剂的注入量与原油及随原油的采出物基本达到平衡，保持注采比基本上等于1。

水驱油田保持比较充足的能量，需要保持较高地层压力，采取早期注水保持地层压力与原始地层压力接近为最好。

（1）保持地层压力与原始地层压力接近，才能使原油生产达到足够高的生产压差，保证足够高的油井产量。

（2）保持油层压力与原始地层压力接近，才能使开采过程中不至于因地层压力下降过多甚至低于饱和压力而出现地下原油大量脱气、明显改变原油性质的不利局面。

（3）压力敏感性强的变形介质油层，如果地层压力过低，就会因渗透率下降而影响原油产能和采收率。

总之，物质平衡的驱动方式是油田开发的基本规律。因为它是在油藏工程中应用的物理学基本定律，无论是在渗流力学领域，还是在油藏工程方法领域，它都是研究问题和解决问题的基本条件。

5. 逐步强化的开发手段

油田认识程度与油田实际情况相比总有一定的差距，可以说，直到油田开发结束，人们对油田的一些情况还认识不清楚。

第十二章 油田开发指标综合预测方法

油藏的差异性和对油藏认识的间接性、不确定性造成预测结果的不确定性或概率性，因而形成油田开发的风险性，所以初始的油田开发方案设计不可能一成不变地在油田开发全过程中执行。油田总是要不断进行开发调整，经过各类油田长期开发实践，认识一条很重要的油田开发定律就是"逐步强化的开采手段"。

(1) 开发层系由粗到细。合理划分和组合开发层系，不仅是从开发部署上解决多油层非均质性的基本措施，也是油田开发设计的首要内容。油田开发工作者确定了比较科学的开发层系划分与组合的原则和方法，也通过实践逐步认识细分开发层系的重要性。但是油田开发初期很难一次就把油田开发层系划分得很好，因为开发初期资料比较少，不可能超越当时对油层的认识程度，所以初期开发层系划分很不完善，一般划分得都比较粗，称为基础井网。先经过一定开采阶段对地下情况进一步认识，再根据油层特点及动用状况逐步进行层系细分调整。

(2) 开发井网由稀到密。井网密度问题一直是油田开发工作者关心和争论的问题。随着油田地质研究的深化和开发经验的积累，针对非均质油田，提出油田井网密度主要应取决于储集层的地质特点和储集层中流体的性质，以及油藏极限可采储量的丰度和构成。一般来说，储集层的分层性越强、连续性越差、渗透率越低、原油黏度越高，要求的注采井距就越小，采用的井网就越密。由于开发初期受油层状况认识的局限，一开始不可能采用较密的井网，一般都是随着开发进程，对油层认识深化细化，所以为了提高发育比较差的油层水驱控制程度，改善开发效果和提高采收率，再逐步加密井网。

(3) 注采系统由弱到强。注水井与采油井的相对位置关系及它们之间的数量比例组成注采系统，也就是平时说的注水方式。不同的注水方式和注采井数比是反映注采强度的主要标志。

为了尽快收回投资，取得较好的经济效益，注水开发油田在开发初期一般尽可能地多布油井，少布注水井。如过去行列注水时大多采用两排注水井夹三排生产井，面积注水时，多采用反九点法，注采井数比为 1∶3。随着油田含水率上升，特别是进入特高含水期，采液量增长较快，注采系统不适应的矛盾日益明显，表现为注水量满足不了产液量增长的需要，压力系统不合理，因此必须进行注采系统调整，强化注采系统，转注部分油井或新钻部分注水井增加注水井点，使注水量能够满足采液量增长的需要。

另外，在相同的井网条件下，注水井数少，对油层的水驱控制程度也低，因此，逐步强化注采系统还可以增加可采储量和提高采收率。

在多层非均质条件下，开发初期注采井网只能对一些主要油层形成比较完善的注采系统，很难兼顾绝大多数油层，因此，随着开发过程的推移，需要不断完善注采系统。现在已经提出了按单砂层完善注采系统的设想和做法，其目的是提高油层动用状况和增加油田采收率，从这种意义上看，也是要逐步强化注采系统。

总之，世界上的大油田注采系统的发展趋势都是一样的，都符合由弱到强的变化规律。

（4）生产压差由小到大。生产压差是影响油田采油速度的关键因素。在井数一定的条件下，要想提高采液量和采油速度，只有通过放大生产压差来实现。在水驱油田油水黏度比较大的条件下，油井开采的两条基本规律是：

①随着油层内含水饱和度的增加，地层内的流动阻力逐渐缩小，采液指数不断增加，只有通过不断放大生产压差，才能保持采液量不断提高，从而保证油井的产量稳定或提高。

②油井生产时，特别是在自喷开采条件下，随着油井含水增加，井筒内液柱回压不断加大，井底压力不断提高，只有不断放大生产压差，才能解放油井的生产能力，使采液量和采油量有所增加，这样做也能减少层间干扰，充分发挥不同渗透率油层的作用。

总之，注水开发油田从提高采油速度的角度必须不断增大油井生产压差，而且从注水开发油田的客观规律来看，也必须随着含水率的增加，不断地适当放大油井的生产压差。

（5）调整措施由少到多。到油田开发晚期，由于含水高，含油潜力区多呈分散状，要想控含水量递减，保持油田一定的采油速度，必须采取越来越多的调整挖潜技术措施，工作量也越来越大。

通过上述分析看出，反映多层非均质油田开发趋势的内容可归纳为六句话，即开采对象由易到难，开发层系由粗到细，开发井网由稀到密，注采系统由弱到强，生产压差由小到大，调整挖潜措施由少到多。

未来的油田开发工作，在继续用注入剂驱油开采时，应该遵循如下原则：

①增加储集层驱替通道，即增加驱油的渗流通道。研究增加驱油的宏观和微观渗流通道。

②增加驱动压差，即增加驱动压力梯度，增大注入井和采油井的生产压差。

③增加注入和采出井的渗流面积，大力发展复杂结构井。

④在经济允许的条件下增加注入剂驱油的冲洗倍数。

⑤增加驱油注入剂的驱油效率，尽量把油层中的残余油多采出一些。

二、油田开发过程中的相关指标

在油田开发过程中，根据实际生产资料统计出的一系列说明油田开发情况的数据称为开发指标。可以利用开发指标的大小和变化情况对油田开发效果进行分析和评价。

(一) 产量方面的指标

产量方面的指标主要有以下几项:

(1) 日产能力。油田内所有油井(除了计划暂闭井和报废井)每天应该生产的油量总和叫油田的日生产能力,单位为 t/d。

(2) 日产水平。油田的实际日产量叫日产水平,单位为 tv/d。

日产能力代表应该出多少油。但由于各种因素实际上并没有产出预算的油。日产能力和日产水平的差别越小,说明油田开发工作做得越好。

(3) 折算年产量。折算年产量是一个预计性的指标,即根据今年的情况预计明年的产量,根据折算年产量制订下一年的生产计划。对于老油田,还要考虑年递减率。

(4) 生产规模。所有油田生产能力的总和乘以采油时率(某一时段内的有效生产时间)就是生产规模。

(5) 平均单井产量。油田实际产量除以实际生产井的井数得到平均单井产量。

(6) 综合气油比。综合气油比是实际总产气量与实际总产油量之比,单位为 m^3/t,表示油田天然能量的消耗情况。

(7) 累积气油比。累积气油比是累积产气量与累积产油量之比,表示油田投入开发以来天然能量总的消耗情况。

(8) 采油速度。采油速度是指年采出油量与地质储量之比,它是衡量油田开采快慢的指标。采油速度可分为油田采油速度、切割区采油速度、排间采油速度和油井采油速度,通常用百分数表示。只要把目前日采油量或月采油量折算成年采油量,就可以算出采油速度。正常生产时间要除去测压、维修等关井时间。

(9) 采出程度。采出程度是指油田某时刻累积采油量与地质储量之比,反映油田储量的采出情况,用百分数表示。

(10) 采收率。油田采出来的油量与地质储量的比值称为采收率。油井未见水阶段的采收率叫无水采收率。无水采收率等于油井见水之前的累积采油量与地质储量之比。油田开发结束时达到的采收率叫最终采收率。最终采收率等于开发终结时的累积采油量与地质储量之比。最终采收率是衡量油田开发效率的指标,受许多因素影响。只要充分发挥人的主观能动性,采用合理的开发方式和先进的工艺技术,就能提高采收率。

(11) 采油指数。采油指数是指单位生产压差下的日产油量,单位是 t/(MPa)。采油指数的变化表明油田驱动方式的改变。

(二) 有关水的指标

有关水的指标有以下几项：

(1) 产水量。产水量表示油田出水的多少。日产水量表示每天出多少水。累积产水量是指油田从投入开发以来一共出了多少水。单位为 m^3 或 $10m^3$。

(2) 综合含水率。综合含水率是指产水量占油水混合总产量的百分比，表示油田出水或水淹的程度。

(3) 注入量。一天向油层注入的水量叫日注入量，一个月向油层注入的水量叫月注入量。从注水开始到目前注入的总水量叫累积注入量。

(4) 注入速度。注入速度等于年注入量与油层总孔隙体积之比。

(5) 注入程度。注入程度等于累积注入量与油层总孔隙体积之比。

(6) 注采比。注入量与采出量之比叫注采比。采出量是指采出油、气、水的地下体积。

(7) 水驱油效率。水淹油层体积内采出的油量与原始含油量之比叫水驱油效率。

(8) 吸水指数。单位注水压差下的日注水量叫油层的吸水指数。反映油层的吸水能力。

(9) 注水强度。注水井单位有效厚度油层的日注入量叫注水强度，单位为 $m^3/(d \cdot m)$。注水强度是否合适直接影响油层压力的稳定。利用注水强度可调节含水上升速度。

(10) 水油比。水油比是指产水量与产油量之比，单位为 m^3/t，表示每采出一吨油要采出多少水。

(11) 含水上升率。油田见水后，每采出1%的地质储量含水率上升的百分数称为含水上升率，反映不同时期油田含水上升的快慢，是衡量油田注水效果的重要指标。

(12) 注水利用率。注水利用率表示注入水中有多少留在地下起驱油作用，用以衡量注水效果。

(三) 压力和压差方面的指标

压力与压差方面的指标有以下几项：

(1) 原始地层压力。开发前从探井中测得的油层中部压力称为原始地层压力，用以衡量油田的驱动能力和油井的自喷能力。原始地层压力一般随油层埋藏深度的增加而增加。油层投入开发以后，由于地层压力发生变化，原始地层压力无法直接测量，可以根据油层中部深度计算。

(2) 目前地层压力。油田投入开发以后，某一时期测得的油层中部压力，称为该时期的目前地层压力。

(3) 静止压力。油井关井后，压力恢复到稳定状态时所测得的油层中部的压力称为静止压力，也叫油层压力，简称静压。在油田开发过程中，静压是衡量地层能量的标志。静压的变化与注入和采出的油、气、水体积有关。如果采出体积大于注入体积，油层产生亏空，那么静压就会比原始地层压力低。为了及时掌握地下动态，油井需要定期测静压。

(4) 折算压力。大多数油田由许多油层组成，有的埋藏深、压力高，有的埋藏浅、压力低。由于每口井油层中部的海拔不一样，计算出的同一油层的原始地层压力有高有低。仅仅根据实测压力不能进行井与井的对比、研究油田动态变化。为了便于井之间的压力对比，把所有井的实测压力折算到同一海拔高度，这种折算后的压力叫作折算压力。

(5) 流动压力。油井正常生产时所测得的油层中部的压力称为流动压力，简称流压。流入井底的油是依靠流动压力举升到地面的。流压的高低直接反映油井的自喷能力。

(6) 饱和压力。在油层高压条件下，天然气溶解在原油中。原油从油层流至井口的过程中压力不断降低。当压力降到一定程度时，天然气就从原油中分离出来，对应的压力就叫饱和压力。对于油田开发来说，如果油田的饱和压力低，就可以使用较大的油嘴放大生产压差开采，地层内不易脱气，因此大大提高了油井产量和油田的采油速度。但不利的是，饱和压力低的井自喷能力较弱。

(7) 油管压力。油气从井底流到井口后的剩余压力称为油管压力，简称油压。油压可以借助于井口的油压表测出。油压的大小取决于流压的高低，而流压又与静止压力的大小有关，因此可以根据油压的变化来分析地下动态。

(8) 套管压力。套管压力表示油气在井口油套管环形空间内的剩余压力，又叫压缩气体压力，简称套压。在油井脱气不严重的情况下，套压的高低也表示油井能量的大小。油压和套压可以比较直观地反映出油井的生产状况。在油井的日常管理中，要及时、准确地观察和记录油压、套压，并分析其变化原因。

(9) 回压。下游压力对流动的上游压力来说都可以看成回压。回压是流体在管道中的流动阻力造成的。矿场上所说的回压通常是指干线回压，是出油干线的压力对井口油管压力的一种反压力。回压还与管径，管子的长度，流体黏度、温度等因素有关。

(10) 总压差。原始地层压力与目前地层压力的差值叫总压差。对于依靠天然能量开发的油田来说，总压差代表能量的消耗，所以目前地层压力总是低于原始地层压力。对注水开发的油田来说，是在注水保持地层压力的情况下进行开发的，目前地层压力往往保持在原始地层压力附近。当注入量大于采出量时，目前地层压力超过原始地层压力。当注入量小于采出量时，地层产生亏空，使目前地层压力低于原始地层压力。

(11) 采油压差。油井关井时，油层压力处于平衡状态。当油井开井生产后，井底压力突然下降，由于油层内的压力仍然很高，就形成压力差。该压力差叫作采油压差，又称为生产压差或工作压差。在相同的地质条件下，采油压差越大，油井的产量越高。但在地层压力一定的情况下，当采油压差大到一定程度，即流动压力低于饱和压力时，井底甚至油层中就会脱气、出砂、气油比上升，油井产量不再增加或增加很少。这对合理采油、保持油井长期稳产、高产很不利。因此，必须根据采油速度和生产能力制定合理的采油压差，不能任意放大。

(12) 注水压差。是指注水井井底流动压力与注水井目前的地层压力之差称为注水压差。

(13) 流饱压差。流动压力与饱和压力的差值叫流饱压差。流饱压差是衡量油井生产是否合理的重要条件。当流动压力高于饱和压力时，原油中的溶解气不会在井底分离出来，生产气油比就低。如果流动压力低于饱和压力，溶解气就会在油层里分离出来，生产气油比就高，致使原油黏度增高、流动阻力增大，从而影响产量。因此，要根据油田的具体情况，规定在一定的流饱压差界限内采油。

(14) 地饱压差。目前地层压力与饱和压力的差值称为地饱压差。地饱压差是衡量油层生产是否合理的重要标准。如果油田在地层压力低于饱和压力的条件下生产，油层里的原油就要脱气，原油黏度就会增高，严重时油层就会结蜡，从而降低采收率。所以在这种条件下采油是不合理的。一旦出现这种情况，必须采取措施调整注采比，以恢复地层压力。

(15) 流压梯度。流压梯度是指油井正常生产时每米液柱所产生的压力。选不同两点测得的压差与距离之比即为流压梯度。用它可以推算出油层中部的流压。根据流压梯度的变化，还可以判断油井是否见水，见水油井的流压梯度会增大。

(16) 静压梯度。静压梯度是指油井关井后，井底压力恢复到稳定时，每米液柱所产生的压力。静压梯度可以用来计算静压。

三、产量变化研究

油气田产量是油气田开发管理的重要指标，油气田开发管理工作者最关心的是油气田产量的变化。根据油气田产量变化可将油气田开发分为四种模式：投产即进入递减；投产后经过一段稳产后进入递减；投产后产量随时间增长，当达到最大值

第十二章 油田开发指标综合预测方法

后进入递减；投产后产量随时间增加，经过一段稳产期后进入递减。目前预测产量变化常用的有四种方法：Arps 递减法、预测模型法、预测模型与水驱曲线联解法及系统模型法。当油田进入高含水期后，油田产量一般都呈递减趋势，因此石油研究工作者采用多个指标对产量变化趋势进行评价，并对其计算方法进行系统研究。

(一) 产量变化指标

根据产量的构成，可将产量变化描述为自然递减、综合递减和总递减。

1. 自然递减

在没有新井投产及各种增产措施情况下的产量变化称之为自然递减，扣除新井及各种增产措施产量之后的阶段产油量与上一阶段产油量之差除以上一阶段的产油量称为自然递减率。根据行业标准，自然递减率有两种表述方法。

日产水平折算年自然递减率与年对年自然递减率的定义类似，只是阶段产油量是用日产水平与阶段时间乘积折算而得的，其表达式为：

$$D_{an} = -\frac{q_{01} - (q_{02} - q_{03} - q_{04})}{q_{01}} \times 100\% \tag{12-1}$$

式中：D_{an}——年自然递减率，%；

q_{01}——上年核实年产油量，10^4t；

q_{02}——当年核实年产油量，10^4t；

q_{03}——当年新井年产油量，10^4t；

q_{04}——当年措施井年产油量，10^4t。

2. 综合递减

综合递减是指没有新井投产时的老井产量递减。综合递减反映了油田某阶段地下油水运动、分布状况及生产动态特征。由于综合递减扣除了当年新井的产油量，仅考虑老井产油量，因此其反映了在原有井网条件下地下油水分布状况。如果年产油量变化不大或保持上升趋势，而综合递减率较大，说明井网不够完善，储量控制低，原油产量是靠新井产量接替的，有部署新井挖潜的潜力，而老井的开发效果没有得到改善；相反，如果产油量变化不大，而综合递减率较小，则说明产量主要依靠老井措施完成的，老井实施措施效果较好。

产量综合递减率的大小不仅受人为因素的影响，还与开发阶段有密切关系。在油田开发初期，地下存有大面积的可动油，通过注采结构优化技术就较容易维持原油产量，实现较低产量综合递减率的目标；在油田开发中期，虽然高渗主力层已全面见水，但由于水淹程度低，可动油饱和度较高，主力层仍可继续发挥主力油层的作用，通过注采结构调整，也可实现综合递减率较低的目标；而当油田进入高含水期，由于长期注水，主力层水淹严重，地下油水分布复杂，剩余油零散分布，大规格的剩余油已经很少，主要存在于注采井网控制不住、断层或透镜体边部和局部微高点处，通过注采结构调整挖潜难度很大，所以原油产量递减将加快，综合递减可能处于很大的范围。

与自然递减率表达方式类似，按行业标准，综合递减通常也有两种表达式，即年对年综合递减和日产水平折算综合递减。

（1）年对年综合递减率。年对年综合递减率是指扣除当年新井产量的年产油量除以上一年的总产量，其表达式为：

$$D_{ac} = -\frac{q_{01} - (q_{02} - q_{03})}{q_{01}} \times 100\% \tag{12-2}$$

式中：D_{ac}——年综合递减率，%；

其他符号同前。

（2）日产水平折算年综合递减率。与年对年综合递减率的定义类似，只是阶段产油量是用日产水平与阶段时间乘积折算而得的，其表达式为：

$$D_{ac} = -\frac{q_{01} - (q_{02} - q_{03})}{q_{01}} \times 100\% \tag{12-3}$$

式中：q_{01}——标定日产水平折算的当年产油量，10^4t；

其他符号同前。

3. 总递减

总递减反映了油田产量总体变化趋势，其包括新井产量、措施产量在内的所有产量，是一个油田生产的所有潜力，因此，总递减大小直接反映了油田整体产能。如果总递减率很大，说明油田后备资源不足，开发形势严重；相反，如果总递减率很小，说明油田有一定的后备资源量，储采比相对合理。

与其他两项递减描述方式类似，总递减也分为年对年总递减和日产水平折算总递减。

（1）年对年总递减率。年对年总递减率是指当年总产油量除以上一年的总产油量，其表达式为：

$$D_{at} = -\frac{q_{01} - q_{02}}{q_{01}} \times 100\% \tag{12-4}$$

式中：D_{at}——年总递减率，%；

其他符号同前。

（2）日产水平折算年总递减率。与年对年总递减率的定义类似，只是阶段产油量是用日产水平与阶段时间乘积折算而得的，其表达式为：

$$D_{at} = -\frac{q_{01} - q_{02}}{q_{01}} \times 100\% \tag{12-5}$$

式中：q_{01}——标定日产水平折算的当年产油量；
其他符号同前。

(二) Arps 递减法

通过大量的实际矿场生产资料的统计，对于油田生产业已进入稳定递减的产量递减问题，J.J.Arps 提出了解析表达式，并根据递减指数的不同，将递减大体上分为三种类型：指数递减、双曲递减和调和递减。目前 Arps 递减法不仅被国内外广泛采用，还用于油田产量变化研究、开发指标预测以及可采储量预测。

当油气田产量进入递减阶段之后，其递减率表达式为：

$$D = -\frac{1}{Q_o}\frac{dQ_o}{dt} = KQ_o^n \tag{12-6}$$

式中：D——产量递减率，小数；
Q_o——油产量，t/d；
K——比例常数；
n——递减指数，$(0 \leq n \leq 1)$。

四、储采状况指标研究

储采状况间接地反映着一个油田的开发"寿命"，在很大程度上综合性地反映了油田勘探开发形势。储采状况不仅深刻地影响着石油工作者在勘探开发方面的行为，也迫使石油工作者在勘探开发方面不断提出相应的对策和决策，从而提高油田开发水平。因此，石油工作者提出多项指标来客观地评价储采状况，比较常用的指标有储采平衡系数、储采比、剩余可采储量采油速度等。

(一) 储采比

储采比是产量保证程度的一项指标，表示当年剩余可采储量以该年的产量生产，还能维持生产多少年。在实际应用中，以当年年初（或上年年底）剩余的可采储量除以当年年产量，其数学表达式为：

$$R_{Rp} = \frac{N_R - N_p + Q_o}{Q_o} \tag{12-7}$$

式中：R_{Rp}——储采比，年；

N_R——可采储量，1×10^4t；

N_P——当年采储量，1×10^4t；

其他符号同前。

目前对于合理储采比下限值还没有一个统一的认识，一般认为油田保持稳产的最后一年所对应的储采比为油田保持稳产时所需的最小储采比，油田要保持相对的稳产，储采比必须大于或等于此值，否则油田产量将出现递减。国外石油公司油田稳产储采比下限值一般在20左右，我国油田稳产储采比下限值一般在13左右。目前合理储采比下限值的计算多用Arps双曲递减和指数递减来确定。

（二）剩余可采储量采油速度

剩余可采储量采油速度是指年产油量占剩余可采储量的百分数，是表示油田开发快慢的指标，其反映了油田的综合开发效果。根据剩余可采储量采油速度和储采比的定义，剩余可采储量采油速度与储采比呈倒数关系。当知道合理储采比的下限值后，可以求出剩余可采储量采油速度的上限值。国外石油公司油田稳产储采比下限值一般在10左右，油田进入递减阶段后，剩余可采储量采油速度应达到10%，才能够减缓油田的递减速度；进入递减阶段后，我国油田储采比一般在13左右，那么剩余可采储量采油速度应达到8左右。

五、采收率预测

采收率是受多种因素影响的综合性指标，对于注水开发油田主要取决于油藏地质特征、井网密度、地质储量动用程度、注水波及系数和水驱油效率及工艺技术等因素。

（一）经验公式法

经验公式法是利用油藏地质参数和开发参数评价水驱油藏采收率的简易方法，它是通过大量实际生产数据，根据统计学原理而得到的，目前常用的水驱采收率预测经验公式有十多种。

经验公式一：适用于原油性质好、油层物性好的油藏。

$$E_R = 0.27191 \lg k - 0.1355 \lg \mu_o - 1.5380\varphi - 0.001144 h_e + 0.255699 S_{wi} + 0.11403 \quad (12-8)$$

经验公式二：美国石油学会（API）采收率委员会相关经验公式

$$E_R = 0.3225 \left[\frac{\phi(1-S_{wi})}{B_{oi}} \right]^{0.0422} \times \left(\frac{K\mu_{wi}}{\mu_{oi}} \right)^{0.077} \times S_{wi}^{-0.1903} \times \left(\frac{p_i}{p_{abn}} \right)^{-0.2159} \quad (12-9)$$

经验公式三：俞启泰、林志芳等人根据我国 25 个油田的资料得出的采收率的经验公式：

$$E_R = 0.6911 \times (0.5757 - 0.157 \cdot \lg \mu_R + 0.03753 \lg K) \tag{12-10}$$

经验公式四：1996 年，陈元千等人根据我国东部地区 150 个水驱油藏实际资料，统计得出了考虑井网密度对采收率影响的经验公式：

$$E_R = 0.05842 + 0.08461 \log \frac{k}{\mu_o} + 0.3464\phi + 0.003871S \tag{12-11}$$

经验公式五：由乌拉尔－伏尔加地区 95 个水驱砂岩油藏得到的相关经验公式：

$$E_R = 0.12 \lg \frac{kh_e}{\mu_o} + 0.16 \tag{12-12}$$

经验公式六：西西伯利亚地区 77 个水驱砂岩油藏得到的相关经验公式：

$$E_R = 0.15 \lg \frac{kh_e}{\mu_o} + 0.032 \tag{12-13}$$

经验公式七：

$$E_R = 0.214289 (\frac{k}{\mu_o})^{0.1316} \tag{12-14}$$

参数应用范围：$k = 20 \sim 5000 \times 10^{-3} \mu m^2$；$\mu_o = 0.5 \sim 76$ MPa。

经验公式八：适用于中高渗砂岩油藏。

$$E_R = 0.274 - 0.1116 \lg \mu_R + 0.09746 \lg k - 0.0001802 h_e \times f - 0.06741 V_k + 0.0001675T \tag{12-15}$$

经验公式九：

$$E_R = 0.1748 + 0.3354 R_s + 0.058591 \lg \frac{k}{\mu_o} - 0.005241 f - 0.3058 \varphi - 0.000216 p_i \tag{12-16}$$

参数应用范围：$k = 11 \sim 5726 \times 10^{-3} \mu m^2$；$\mu_o = 0.38 \sim 72.9$ MPa。

$R_s = 25\% \sim 100\%$；$f = 2.0 \sim 28.1 ha/well$；$P_i = 3.7 \sim 57.9$ MPa。

经验公式十：

$$E_R = 0.135 + 0.165 \lg \frac{k}{\mu_R} \tag{12-17}$$

经验公式十一：

$$E_R = (0.1698 + 0.16625 \lg \frac{k}{\mu_o}) e^{-\frac{0.792}{f_n}(\frac{k}{\mu_o})^{-0.253}} \tag{12-18}$$

式中：φ——孔隙度，小数；

h_e——有效厚度，m；

P_i——原始地层压力，MPa；

P_{abn}——废弃地层压力，MPa；

S——井网密度，well/km²；

V_k——渗透率变异系数，小数；

T——地层温度，℃；

f——井网密度，ha/well；

f_n——开井井网密度，well/km²；

其他符号同前。

（二）驱油效率法

根据水驱油室内实验，确定驱油效率，再根据丙型水驱特征曲线或确定水驱油平面与垂向波及系数经验公式求出波及体积，从而可预测水驱采收率。

$$E_R = E_d \times E_v = E_d \times E_{pa} \times E_{za} \tag{12-19}$$

式中：E_d——洗油效率，小数；

E_v——波及体积，小数；

E_{pa}——平面波及体积，小数；

E_{za}——纵向波及体积，小数。

六、油田开发动态指标预测方法

油田开发动态指标预测方法很多，按照文献的划分方式一生产实践中的使用习惯，将其规划分为11种类型：类比法、经验公式法、图版法、实验室法和水动力学概算法5类不需要油藏开发生产数据的方法，即油藏数据模拟法、水驱特征曲线法、递减规律法、预测模型法、联解法和物质平衡法6类需使用油藏开发生产数据的方法。下面介绍几种常用方法。

（一）油藏数值模拟方法

油藏数值模拟方法的主要原理是运用偏微分组描述油藏开采状态，通过计算机数值求解得开发指标。它包括概算法和历史拟合法，前者通常在编制开发方案时应用，后者则在开发过程中使用。在深入分析和深刻认识油藏的基础上，如果拟合过程中，能准确地输入真实可靠的静、动态参数，并依据充分地调整参数，那么历史拟合的动态分析可以做得非常精细，可给出分层、分井区的动态状况，并提供各种开发动态数据分布图，如剩余油饱和度分布图等，其功能远非一般动态分析预测方法所能达到。它不仅机理明确，而且可以考虑油层非均质性和复杂的边界条件，能够考虑黏滞力、重力和毛管力的综合影响，能够给出油层各处的饱和度分布和压力分布及各井的开采指标。与其他方法相比，其缺点是需要很多的输入数据，计算工作量大，费用高。由于计算机技术的发展和并行计算技术的日渐成熟，至今它仍是开发动态指标预测的重要方法。目前它能用于较大规模或区块的整体预测，这种方法主要用于油田开发方案设计与调整过程中的开发指标预测、各种措施的机理分析与效果预测。

(二) 水驱特征曲线的基本原理

水驱特征曲线的基本原理是水驱油藏的含水率达到一定程度后，累计产油量、累计产液量、水油比等动态指标之间在不同的坐标系中会有比较明显的直线关系。其直线方程可利用回归分析方法确定，并依此预测产油、含水之间相对变化，进而预测油田可采储量或其他开发指标的变化。水驱特征曲线法虽然是从统计规律出发，但已十分适用，已成为每年可采储量标定工作中约定俗成的必用方法。这类方法又分成一般水驱特征曲线法和广义水驱特征曲线法，其表达方式有很多种，俞启泰先生归纳多达30余种。

生产实践表明，水驱特征曲线方法对于大多数水驱油田开发中后期的开发指标预测比较有效，简单易行，深受矿场人员欢迎。但要注意，只有在油藏稳定的水驱状况下，即油藏的注采系统不作重大改变时，才能应用水驱特征曲线法。

(三) 递减规律法

递减规律法常用来描述原油开采过程中产量随时间的递减情况，它适用于油气产量的稳定递减阶段的各种类型油气藏，尤其阿尔普产量递减是国内外油田开发中应用最为广泛的方法。这类方法通常又可分成递减曲线法和衰减曲线法。

上述方程有人认为是经验性的，但也有人运用渗流理论证明了它们。国内外大量的长期油(气)田开发实践的统计资料和研究结果证明：多数油(气)田(井)的生产后期产量自然递减符合双曲递减，因而对它的研究最多。俞启泰先生统计归纳，关于递减曲线的描述与预测方法可分成11大类、52种单独方法，其中国内推出的就有12种。尽管该方法种类很多，但都只是形式不同，本质上仍是Arps总结出的递减规律。

生产实际表明，在一定条件下，持续采取与预测前相同强度的调整增产措施或不采取任何调整增产措施的情况下，产量递减方程仅使用产量变化历史数据外推就可以进行油藏动态预测。

(四) 物质平衡法

物质平衡法是通过物质平衡方程来实现的。传统的物质平衡方程或储罐模型，即零维模型，是油藏或排驱体积的数学表示形式。该模型的基本原理是质量守恒，即在一定的开采阶段后，在油藏中剩余物质的量（油、气或水）等于油藏中原始物质量，再加上由于注入或侵入作用而增加的物质的量。在忽略油层非均质性和压力分布差别的情况下可以使用，一般用于弹性驱动、溶解气驱动和油田的宏观的开发指标变化趋势的预测或开发机理研究。这类方法机理比较明确，但其预测精度和可靠性取决于有关数据的准确性和基本假设的符合程度，且不能给出非均质油层的精细预测，致使其应用受到很大限制。

七、水驱特征曲线与递减规律法综合预测

(一) 问题的提出

近年来，产量衰减曲线及水驱特征曲线方法在油藏动态分析、预测中得到广泛应用，并被作为标定可采储量的重要方法。然而，水驱特征曲线只能用来预测不同含水率时的采出程度，在动态变化中缺少时间的概念；而产量衰减曲线虽然可以用来预测递减后不同开发年限的采油速度和采出程度，但缺少综合含水率这项重要指标，而且预测的最终采收率往往比实际值偏高，因此两种方法都存在不足。如果能将两种方法结合起来，则可扬长避短、互相补充，不仅可以用来预测不同开发年限的综合含水率、采油速度和采出程度，还可用来预测油田剩余开采年限及废弃时的采油速度和最终可采储量，使经验预测方法更加完善。

(二) 两种方法的综合应用

当油田产量出现递减时，水驱特征曲线通常也出现了直线段。对于同一油田，在同一开发时间或含水条件下，其采出程度是一定的。将产量衰减曲线与水驱特征曲线结合起来，不仅可以弥补各自的不足，也为油田开发后期动态指标的预测提供有效的方法，从而指导对油田的合理开发。

第二节　水驱特征曲线与 wang-Li 模型的联合应用

一、水驱特征曲线

(一) 水驱曲线

由于水驱曲线是根据水驱油渗流理论得出的宏观表达式，因此可以应用水驱曲线方法进行水驱动用地质储量，进而可求得水驱储量动用程度。

1. 甲型水驱曲线

甲型水驱曲线是目前最被广泛采用的用来计算水驱储量动用程度的关系曲线，其表达式为：

$$\lg W_p = A_1 + B_1 N_p \tag{12-20}$$

式中：W_p——累计产水量，10^4m^3；

N_p——累计产油量，10^4m^3；

A_1、B_1——拟合系数。

2. 乙型水驱曲线

乙型水驱曲线数学表达式为：

$$\lg L_p = A_2 + B_2 N_p \tag{12-21}$$

式中：L_p——累计产液量，10^4m^3；

A_2、B_2——拟合系数。

其他符号同前。

3. 丙型水驱曲线

丙型水驱曲线学表达式为：

$$\frac{L_p}{N_p} = A_3 + B_3 L_p \tag{12-22}$$

式中：N_{om}——可动油储量，10^4m^3；

A_3、B_3——拟合系数。

其他符号同前。

(二) 存水率与水驱指标

注好水是注水油藏开发管理的一项重要任务，注入水利用状况是注水油藏开发效果评价的一项重要指标。如果大量注入水被无效采出，将大大增大注水费用，使开发效果变差，因此注入水利用状况将直接影响注水油藏开发效果。为了提高注入水利用率，正确、客观地评价注入水利用状况，石油工程师做了大量研究工作，应用多种参数对注入水利用状况进行评价。目前较常用的参数有存水率、水驱指数及耗水率等。

1. 存水率

存水率直接反映了注入水利用状况，它是衡量注水开发油田水驱开发效果的一项重要指标，存水率越高，注入水利用率越高，水驱开发效果越好。存水率大小同注水开发油田的综合含水率一样，与开发阶段有关。在油田注水开发过程中，随着油田的不断开采，综合含水不断上升，注入水排出量也不断增大，含水率越高，排出量越大，地下存水率越小。一般情况下，在油田开发初期，注入水排出量少，存水率高，在开发后期，注入水被大量无效采出，存水率变低。在油田实际应用中，将油田实际存水率与理论存水率进行对比分析，可直接判断注入水利用状况和开发效果。目前计算理论存水率常用的有四种方法，即定义法、经验公式法、含水率曲线法和水驱特征曲线法。

(1) 定义法。存水率为"注入"水存留在地层中的比率，可分为累积存水率和阶段存水率。累积存水率是指累积注水量和累积采水量之差与累积注水量之比，通常将累积存水率称之为存水率，它相当于苏联提出的"注入"效率系数；阶段存水率是指阶段注水量与阶段采水量之差和阶段注水量之比，反映阶段注入水利用效果。

在实际应用中，根据油田实际油水黏度比，求得理论存水率与采出程度的关系曲线，将实际存水率与采出程度的关系曲线与理论曲线对比，可判断注入水利用率和开发效果。

(2) 水驱特征曲线法。水驱特征曲线是注水油藏开发效果评价应用最广泛的特征曲线，应用水驱特征曲线可以推导出累积存水率与含水率的关系曲线。

2. 水驱指数

水驱指数反映了由水驱替所采油量占总采油量的比重，其定义为存入地下水量与采出地下原油体积之比，即水驱指数=（累积注水量+累积水侵量−累积产水量）/累积采出地下原油体积。

在中低含水期，注采比对水驱指数与含水率关系曲线影响不大，而高含水期时，注采比对水驱指数与含水率关系曲线影响非常明显。对于不同的注采比，水驱指数随着含水率变化具有不同的规律。当注采比大于1时，水驱指数随含水率增加而增大；当注采比等于1时，水驱指数等于1，与含水率无关；当注采比小于1时，水驱指数随含水率增加而减小。在实际应用中，将实际水驱指数与含水率的关系曲线与理论曲线对比分析，当实际水驱指数随含水率的增加而减小时，说明实际油田天然能量不充足，注水量不够，应加强注水，提高注水量；相反，当实际水驱指数随含水率的增加而增加时，说明注入水和天然能量侵入水充足，不用增加注水量。

(三) 水驱特征曲线分析

水驱开发油田是补充地层能量，提高原油采收率的重要手段，自20世纪20、30年代油田注水在美国获得工业应用以来，目前世界范围内广泛应用注水采油。含水率的变化规律不仅可以反映出油层中油水运动的规律，也可以反映出油田开发效果的好坏。因此，研究含水规律对于指导油田注水开发具有重要的意义。

生产实践表明，一个天然水驱或人工水驱的油藏，当它已全面开发并进入稳定生产以后，其含水率达到一定程度并逐步上升时，在单对数坐标纸上以积累产水量的对数为纵坐标，以积累产油量（或者采出程度）为横坐标，则二者之关系是一条直线，该曲线称为水驱特征曲线。而这一曲线的形态及位置，综合反映了储层地质特征、油水分布以及性质、开发方式及工艺措施的水平。

(四) 水驱特征曲线的应用

1. 常见水驱特征曲线的应用

水驱特征曲线都可以应用在水驱油田的开发过程中，水驱特征曲线一般可以预测可采储量（或者标定可采储量）以及采收率、油藏未来的动态等。

水驱曲线法不在于多，而在预测结果的可靠性，不同的油田区块，有不同的适合该油田区块的水驱特征曲线。一般来说，对于某个具体油田或者区块，要进行水驱特征曲线的优选和评价。

在应用水驱特征曲线时，每一次预测的起点均应保持不变，要讲究规范性，切忌随意选择，否则会引起直线斜率的差别较大，进而影响预测的结果差别较大。一般来说，当油田含水率达到50%之后，才会出现有代表性的水驱曲线直线段，并可用于有关的预测。

另外，在含水率达到95%以后时，部分水驱特征曲线的直线段将发生上翘，因此不宜将含水极限定为98%，而应采用国外通用的95%作为外推确定可采储量的基础。

2. 校正水驱特征曲线的应用

在应用水驱特征曲线的时候，一般不能建立各项开发指标与开发时间的关系，这就使水驱特征曲线在油田开发指标预测的应用中受到了很大程度的限制。目前，国内外很多学者，以水驱特征曲线为桥梁，应用水驱特征曲线和产量预测模型联解，并获得较为合理的预测结果。许多优秀的含水率预测模型，如 Logistic 模型、Gompertz 模型、Usha 模型等，可以比较准确地进行含水率的历史拟合，并由此建立含水率随开发时间的关系，当得到了不同开发时间的含水率后，就可以进一步利用水驱特征曲线经过推导得到的可采储量与含水率之间的关系，计算不同年份的含水率、累积可采储量、年产油量、年产水量等开发指标。

二、水驱特征曲线与 wang-Li 模型的联合应用

对于同一油田，在某一开发时间或含水率条件下其累计采油量是一定的，因此可将甲型水驱特征曲线与 Wang-Li 产量模型联合求出油田含水率与开发时间的关系，便可以确定油田不同开发年限的主要开发指标，其中包括含水率、年产油量、累计采油量及可采储量。

水驱特征曲线与 Wang-Li 产量模型联立可以预测油田不同开发年限的年产油量、累计产油量和含水率。预测曲线与油田开发实际数据基本是符合的。其中，累计产油量因受随机因素影响较小，预测值与实际值符合程度较高；年产油量与含水率因受随机因素影响较大，其符合程度略差。

根据 Wang-Li 产量模型所预测的油田可采储量，与丙型水驱特征曲线预测结果很相近，而甲型水驱特征曲线的预测就有些偏高。

将 Wang-Li 产量模型与甲型或丙型水驱特征曲线结合在一起应用，既可以给出油田不同开发年限的含水率、年产油量和累计产油量，还可以给出油田的可采储量，是预测油田开发动态的一种较好方法。

第三节　水驱特征曲线与产量递减曲线的联合应用

一、产量递减规律分析

无论何种储集类型，也无论何种驱动类型的油气田，随着开发的深入发展，都会进入产量递减阶段。根据该阶段的产量和累积产量的数据，并利用产量递减分析法，既可预测油田未来时间的产量和累积产量的变化，又可对油田的可采储量和剩余可采储量做出有效的预测。本章将介绍油田产量递减规律分析方法，以及递减规

第十二章　油田开发指标综合预测方法

律的判别与应用等。

一个油藏所能提供的产量大小，是油藏工程人员首先关心的一个问题。油田开发工作者的任务就是在已探明的构造和储量的基础上，制定合理的油田开发方案，并运用先进的开采工艺和技术，使油田能够以较好的技术经济指标满足市场和国家对原油生产的要求。

油田在开发初期总要经历一个逐步建设投产和形成生产规模的时期。在这一时期中，油田的产量逐步上升并趋于稳定，达到其设计的生产能力。所以油田生产的第一时期是产量上升时期。在此之后，油井的生产往往都按配产指标进行有控制的工作，再加上其他增产稳产措施的保证，如注水保持压力等，这样油田不但进入了一个相对稳定生产的阶段，并且能保持一个相当长的时期。在这之后，由于地下剩余储量的不断减少及单位采油量能耗的增加或采油工艺技术和增产措施已达到技术极限，油田将进入后期的递减生产阶段。总之，一个油田的产量一般都要经历上升、稳定和下降三个阶段。各阶段开始出现的时间及延续的长短以及采出油量的多少，将视地质条件的差异、开发设计是否符合客观规律，以及所采取工艺措施是否合理有效而有所不同。

这里所要讨论的是产量下降阶段的生产规律。不同的递减规律对产量和最终采收率的影响不同，所以研究它们的递减规律，将使人们能够预测今后产量的变化及可采储量的大小。

研究产量递减规律的方法一般是：首先，绘制产量与时间的关系曲线，其次，绘制产量与累积产量的关系曲线，最后，选择恰当的标准曲线或标准公式来描述这一段关系曲线。其中最通常的做法有两种，一种方法是标准曲线拟合法，一种是坐标变换法。坐标变换法的基本思路是根据产量变化的实际趋势，选择一种较好的坐标系统使产量曲线在此坐标系统中最好变成一条直线或接近一条直线，这样就有可能写出产量变化的解析公式，这就是油田产量变化规律（如指数递减、双曲线递减等）。分别依其产量（或初始产量）或递减率的大小，绘制比较复杂的、覆盖较宽的标准曲线图版，这些图版往往可以通用。在进行油田产量实际分析时，只需将产量曲线绘在比例与标准曲线相同的另一图上，然后与标准曲线进行拟合，根据被拟合曲线的基本参数就可确定实际油藏的变化规律，并可以进行预测。

（一）产量递减规律

在油藏开发过程中，预测油藏产量递减趋势不仅是油藏开发分析和油藏动态预测的主要内容之一，也是编制油藏开发规划、设计油藏开发调整方案的主要依据，产量递减方程可以很好地描述油藏产量递减规律。研究产量递减规律的方法一般是：

首先绘制产量与时间的关系曲线，或产量与累积产量的关系曲线，然后将产量递减部分的曲线变成直线；也就是要选择一种坐标，使其能接近直线。目前采用的有三种坐标——普通坐标、半对数坐标及双对数坐标。然后写出直线的方程，也就是找出油田产量与时间的经验关系式，进而可以预测油田未来的动态指标。

(二) 油田产量递减影响因素分析

一个油田投入开发后随着产能建设的结束，由于地下的剩余油越来越少，产量递减是不可避免的，油田产量递减率大小的影响因素很多，所以从理论上分析各种因素对产量的影响，应用灰色关联分析法对油区整装构造油藏、中高渗透断块油藏、低渗透油藏各种因素影响的大小进行研究，找出控制产量递减的主要因素，对于把握油田的开发趋势，科学合理地开发油田具有重要意义。

1. 影响产量递减的单因素分析

(1) 储采比。油田储采比的大小，直接关系油田稳产期结束后产量递减速度的快慢。储采比越高，油田稳产的余地就越大；较低的储采比，会使油田以很快的速度递减。

(2) 采油速度。对于某油田或区块，若某阶段不考虑新增探明地质储量或新增动用地质储量，则该油田或区块的地质储量在该阶段是不变的。

产量递减率受到前一年和当年采油速度的制约。前一年采油速度愈大，则产量递减越大，反之则小。而当年的采油速度越高，则产量递减越小。因此，若初期采油速度高，就要采取相应措施，使以后的采油速度不要减小过大。

(3) 含水上升率。对于给定的油田，油藏性质及地质特征一定，在不采取各种措施情况下，影响产量主要因素是生产油井数、生产压差和油相相对渗透率。产量变化视三种因素的综合变化结果而定。若三个因素的综合变化结果是上升或稳定的，则产油量亦是上升或稳定的，若三个因素综合变化结果是下降的，则产油量也是下降的。

在生产油井数和生产压差不变的情况下，影响递减率大小的主要因素是油相相对渗透率，而油相相对渗透率是随着含水的变化而变化的，因而凡是影响含水变化的因素势必影响到油田的产量递减率，即产量递减率的大小是受到含水上升率和采油速度的影响的。

① 在年产液量较稳定时，产量递减率的大小与含水上升率有关：含水上升率大，含水上升较快，产量递减率也较大，反之亦然。

② 在含水上升率相同的情况下，采油速度快，产量递减率大。

(4) 产液量。油田产液量取决于油田开发井数及油井的生产压差、采液指数和生产效率。这几项参数的变化决定着产液量的变化。而这几项参数的变化，是受油

第十二章 油田开发指标综合预测方法

田地质、开发条件、工艺技术条件、开发调整部署和开发调整措施安排等因素制约的。因此，在一定意义上油田产液量变化，主要受按照开发生产的要求所采取的开发调整措施所控制，或者说，在地质条件允许范围内主要受人为因素控制。要保持油田稳产，必须保证产液量增长倍数起码等于（或者大于）含油百分数减少倍数的倒数。在一定时期内，若通过控制使含水上升值在阶段末越小，则保持稳产所需要的液量增长率亦可越低。

2. 不同类型油田产量影响因素的灰色关联分析

为了分析各种影响因素对产量的影响程度，找出影响产量的主要控制因素，所以引入灰色关联分析的方法。

灰色关联分析的目的是寻求系统中各因素之间的主要关系，找出显著影响目标值的重要因素，从而找出掌握事物的主要特征，促进和引导系统迅速而有效地发展。

通过灰色关联分析，可以确定两个系统或两个因素关联性的大小的量度，即关联度。它描述了系统发展过程中因素间相对变化的情况，如果两者在发展过程中，前者变化对后者引起了较大相对变化（反之亦然），则认为两者关联度大。即关联度越大，影响程度也越大。通过对影响胜利油田产量的六个影响因素进行分析，可以得到不同类型油田各个影响因素与年产油量的灰色关联度。在各类油田中，采油速度、储采比这两个因素与年产油量的关联度相对较大，因而对年产油量的影响较大，因此，这两个因素是影响油田年产油量的主要因素。

(1) 地质因素分析。地质因素：主要体现在地下原油黏度、油藏渗透率、平均单井射开厚度上。油藏的渗透率越高，采油速度越大；单井射开厚度越大，采油速度越高，引起的产量递减越小；地下原油黏度越低，即油水黏度比越小，可以改善产量递减状况。此外储量系数也反映了油藏的特征。随着开发进行尤其是地层压力下降，油井含水增加等均会影响到参数的改变。

(2) 渗流系统分析。渗流系统：主要体现在油水相对渗透率曲线、油水黏度比上。相渗曲线往往和油水黏度比影响交织在一起，共同影响油藏产量的变化。在含水饱和度大于20%以后，随着含水饱和度的增加，相对流动系数增加，而且油水黏度比越大，该系数增加得越快，导致产量递减的就愈快。

(3) 开发系统。开发系统：主要体现在单井控制半径、井底半径和表皮系数、井网密度、生产压差和单井生产时间上。井网密度越大，单井控制范围越小，增加井网密度可以减小单井控制范围，提高采油速度，减小递减；放大生产压差，即提高地层压力、降低井底流压，因不同的油田、生产层位及采油速度，随着油井含水的增加，井底流压亦会不断上升，这时为降低流压就必须提高采液量，从而减缓产量递减；油井生产时间越长，即油井利用率和油井时率越大，油水井管理越好，越能改善产量递减状况；供给半径、井底半径及表皮系数的变化与影响主要表现在表皮系数上，改善油井完善程度，表皮系数降低，递减率减小。

（4）系统表观参数。系统表观参数：主要体现在递减率、综合含水率、采出程度上。含水上升不仅影响井底流压上升，还使采油指数不断下降，产量递减加大。含水的升高主要与油藏地层非均质性、油藏的驱替方式、油藏类型、油水黏度比、相渗曲线形式等有关，这些因素中，主要的影响因素是油水黏度比，不同的油田含水变化规律有差异，油水黏度比大的油藏含水上升迅速，而低油水黏度比的油藏，含水上升相对缓慢。

3. 减缓产量递减的途径

（1）提高井网密度。合理的井网密度就是在获得最佳经济效益的前提下满足地质条件需要的井网密度。极限井网密度就是在投入产出平衡的边际经济条件下满足地质条件需要的井网密度。因此，确定井网密度要同时满足地质条件、开发需求与经济条件。

（2）放大生产压差。提高地层压力主要是向油层注水或注气或注其他注入剂，采用合理的注采比，适时地补充地层能量。在注水达一定阶段就要增加注水井点，改变液流方向，提高波及体积和地层压力。合理而有效地注水是提高地层压力的重要途径。降低流压主要方法是放大油井工作制度、泵升级或换大泵、调整筒泵、泵挂加深、减少井底回压，如油井降凝、降黏、清防蜡和降低油井综合含水等。不同的油田、区块、生产层位以及对采油速度的不同要求，将需要相应的生产压差。

（3）降低综合含水及相对流动系数。在含水饱和度大于20%以后，随着含水饱和度的增加，相对流动系数是增加的。而且油水黏度比越大，该系数增加得越快。采取加密井网增加低含水井产量；平面调整及周期注水改变液流方向和压力场，从而改变水线推进状况；关闭高含水井，封窜及封堵油井高含水层；注水井调剖和调整注水结构等措施就可有效地控制含水上升速度。

（4）提高有效渗透率、增加有效出油厚度和降低地下原油黏度。采用水力压裂、高能气体压裂、酸化及化学法、物理法解堵等措施提高有效渗透率；采取补孔等物理和化学解堵等措施增加有效出油厚度。另外，要合理地细分层，减少层间干扰，也是提高有效出油厚度的办法。要降低地下原油黏度除控制在饱和压力以上生产，控制含水上升外，就要采取提高地层温度如注热水、热驱等以及采用化学降黏剂、微生物分解等，要从不同的角度采取措施使地下原油黏度降低。

二、联合应用

使用年产油量与含水率联合预测结果和用差分法预测的年产油量，两者与实际

第十二章　油田开发指标综合预测方法

值都很相近。这表明使用综合预测可以很好地解决但是用一种预测方法造成的问题。

（1）任何油气田产量出现递减以后，无因次累计产油量与无因次开发时间在直角坐标中都是一条通过坐标原点斜率为1的直线，无因次递减方程涵盖了所有的递减规律（指数递减与双曲线递减）。用这个方程可以预测油田未来不同开发年限的累计产油量与年产油量。

（2）将无因次产量递减方程与甲型、丙型水驱特征曲线相结合，得到了预测油田含水率随开发时间变化的经验公式，可以很好地拟合与预测油田未来含水率的变化，使含水率无法预测的问题得到了解决。

参考文献

[1] 黄红兵，李源流. 低渗油田注水开发动态分析方法与实例解析 [M]. 北京：北京工业大学出版社，2021.

[2] 李斌，刘伟，毕永斌，等. 油田开发系统论 [M]. 北京：石油工业出版社，2023.

[3] 李斌，刘伟，毕永斌，等. 油田开发项目综合评价 [M]. 北京：石油工业出版社，2019.

[4] 窦宏恩. 油田开发基础理论下 [M]. 北京：石油工业出版社，2019.

[5] 马建波. 油田低成本开采技术的应用 [M]. 东营：中国石油大学出版社，2020.

[6] 刘中云，王世洁. 塔河油田超深层稠油开采技术实践 [M]. 北京：科学出版社，2020.

[7] 杨智光. 气体钻井技术及其在大庆油田的应用 [M]. 北京：石油工业出版社，2021.

[8] 周丽萍. 油气开采新技术 [M]. 北京：石油工业出版社，2020.

[9] 刘均荣，陈德春. 海洋油气开采工程 [M]. 东营：中国石油大学出版社，2019.

[10] 马天然，刘卫群，李福林. 注气开采煤层气多场耦合模型研究及应用 [M]. 徐州：中国矿业大学出版社，2019.

[11] 曲国辉，江楠，王东琪，等. 非常规油气开发理论与开采技术 [M]. 北京：石油工业出版社，2022.

[12] 万里平，文云飞，桑琴. 油气开采井筒腐蚀结垢与堵塞机理 [M]. 北京：化学工业出版社，2023.

[13] 李中，文敏，谢仁军，等. 深水油气开采井筒长效流动保障技术 [M]. 北京：地质出版社，2022.

[14] 高树生. 油气田钻井作业安全培训读本 [M]. 北京：经济日报出版社，2019.

[15] 应急管理部培训中心. 陆上石油天然气开采单位安全生产管理人员安全培训教材 [M]. 徐州：中国矿业大学出版社，2021.

[16] 王贺华，肖武，闵超，等. 数据驱动的油田开发规划预测与优化 [M]. 北京：石油工业出版社，2020.

[17] 姬生柱，刘性全，陈峰.大庆油田长垣东部低渗透油田开发技术论文集 [M].北京：石油工业出版社，2022.

[18] 侯春华.油田开发增量项目系统评价方法 [M].西安：西安交通大学出版社，2019.

[19] 魏晨吉.油田开发动态数据建模 [M].北京：石油工业出版社，2019.

[20] 吕伟峰.CT 技术在油田开发实验中的应用 [M].北京：石油工业出版社，2020.

[21] 王凤兰，姜岩，陈树民，等.大庆长垣陆相砂岩老油田开发地震理论与实践 [M].北京：石油工业出版社，2022.

[22] 邹才能.非常规油气勘探开发 [M].北京：石油工业出版社，2019.

[23] 唐玮，冯金德，唐红君，等.中国油气开发战略 [M].北京：石油工业出版社，2022.

[24] 焦方正.油气体积开发理论与实践 [M].北京：石油工业出版社，2022.

[25] 穆龙新.海外油气勘探开发战略与技术 [M].北京：石油工业出版社，2020.

[26] 张烈辉，黄旭日，刘合，等.油气开发技术进展 [M].北京：石油工业出版社，2018.

[27] 李家强.油气开发资源计划指标体系 [M].北京：中国纺织出版社，2018.

[28] 陈德春.采油采气工程设计与应用 [M].东营：中国石油大学出版社，2017.

[29] 黄伟和.钻井工程设备与工具 [M].北京：石油工业出版社，2018.

[30] 叶哲伟.油气开采井下工艺与工具 [M].北京：石油工业出版社，2018.

[31] 黄伟和.钻井工程工艺 [M].第 2 版.北京：石油工业出版社，2020.

[32] 黄维和，王立昕.油气储运 [M].北京：石油工业出版社，2019.

[33] 潘晓梅.油气长距离管道输送 [M].北京：石油工业出版社，2018.

[34] 辛艳萍，彭朋，史培玉.油气管道输送 [M].第 2 版.北京：石油工业出版社，2018.

[35] 胡军，郝林，申得济.油气输送管道完整性管理 [M].北京：石油工业出版社，2021.

[36] 孟江，龙学渊，黄茜，等.油气管道输送技术 [M].第 2 版.北京：中国石化出版社，2021.